能率变换原理
及其在材料成形中的应用

章顺虎　著

北　京

冶金工业出版社

2023

内 容 提 要

本书主要内容包括材料变形力学基础与材料成形过程分析方法、能率泛函变分原理、比能率取代法与根矢量分解法、比能率的开发与应用部分、根矢量内积法在材料成形中的应用、人工智能与传统方法相结合的原理及应用实例。

本书可供从事材料成形工作的科研人员、高等院校教师和研究生参考阅读，也可作为材料加工工程专业研究生的教学参考书。

图书在版编目(CIP)数据

能率变换原理及其在材料成形中的应用/章顺虎著 . —北京：冶金工业出版社，2021.11（2023.9 重印）

ISBN 978-7-5024-8914-4

Ⅰ.①能… Ⅱ.①章… Ⅲ.①工程材料—成形—研究 Ⅳ.①TB3

中国版本图书馆 CIP 数据核字（2021）第 179006 号

能率变换原理及其在材料成形中的应用

出版发行	冶金工业出版社		电　话	(010)64027926
地　址	北京市东城区嵩祝院北巷 39 号		邮　编	100009
网　址	www.mip1953.com		电子信箱	service@ mip1953.com

责任编辑　卢　敏　姜恺宁　美术编辑　彭子赫　版式设计　郑小利
责任校对　王永欣　责任印制　窦　唯
北京建宏印刷有限公司印刷
2021 年 11 月第 1 版，2023 年 9 月第 2 次印刷
710mm×1000mm　1/16；16.5 印张；321 千字；252 页
定价 86.00 元

投稿电话　(010)64027932　投稿信箱　tougao@cnmip.com.cn
营销中心电话　(010)64044283
冶金工业出版社天猫旗舰店　yjgycbs.tmall.com
（本书如有印装质量问题，本社营销中心负责退换）

前　言

材料成形过程的优化与控制需要依赖准确可靠的力能参数模型。相应的建模过程既依赖于变形参数的准确描述，又需要借助有效的演算方法。目前，力能参数的主要求解方法有工程法、滑移线法及能量法。其中，由于速度场的设定较为容易，使得基于其上的能量法解析成为当前获取力能参数的主流方法。然而，由于存在非线性Mises比能率以常规方法难以求解的问题，制约了相应力能参数的导出，最终只能诉诸于计算机而获得数值解。

应当指出，数值解仅能给出某一具体工艺条件下的离散数值结果，且计算时间较长，难以在线应用。尽管解析解的导出还存在一定的困难，但解析过程能够给出函数制约关系明确的表达式，能够较好地反映过程的普遍规律，因而具有不可替代性。从二者的相互关系来看，数值解与解析解是相辅相成的，不能厚此薄彼、彼此取代。从理论发展的长远角度来看，数值解是手段，解析解才是目的。面对学科发展中不断涌现出的各类难题，探索解析解的脚步不应停止。

在上述认识的驱动下，作者正视解析求解中存在的难点，从Mises比能率非线性的源头及其自身表达式的数学特点出发，分别提出了比能率取代与根矢量分解两种新解法，成功导出了轧制、拉拔、锻造等成形过程的力能参数，揭示了一些前人未曾给出的参数规律，为工艺参数的优化提供了科学依据。在此思路下，作者获得了不少原始创新成果，并在实际生产中发挥了很好的作用，为本书积累了宝贵素材。

作者从现有取得的成果中深切体会到：新解法具有良好的普适性。正是这一初衷，作者萌发了撰写本书的想法。作者按照循序渐进的编写原则，在介绍材料成形力学基础与能量法解析基本理论的基础上，重点阐明了新方法的原理，给出了新方法在几种典型成形过程的应用实例，希望能给读者带来有益的启示。另外，书中也介绍了近年来作者在理论建模中引入人工智能技术的一些最新成果，以期为相关研究人员或技术人员提供有益参考。

本书所涉及的研究工作，得到了江苏省优秀青年资金（BK20180095）、国家自然科学基金（52074187、U1960105、51504156）的共同支持，在此深表谢意。东北大学赵德文教授与冶金工业出版社卢敏女士对本书提出了很多宝贵意见，使书稿的质量有了很大提高，作者在此表示感谢。

本书在编写时，力求内容逻辑清楚、文字的叙述简明扼要、导出的模型准确可靠。本书的前2章为基础章节，其中第2章系统介绍了目前已有的主要分析方法，并评述了各自特点，为引出本书的新方法以及开展不同解法结果之间的对比奠定基础。第3章的能率泛函变分原理既是能量法解析的基础，也是本书开展能率变换解析的理论基础。第4~8章是本书的核心章节，呈现的内容或并列或递进，共同证实了新方法在解决现有难题上的有效性与普适性。全书撰写成稿中，反复斟酌，不断优化改进，力求精益求精。但由于作者水平有限，书中难免存在不足，敬请读者批评指正。希望本书的出版能够对材料成形理论和技术的进步起到推进作用，能够为本领域学者的相关研究提供参考。

作　者

2021 年 6 月

目　录

1　变形力学基础 ··· 1

　1.1　应力与应变基础 ·· 1

　　1.1.1　一点应力状态 ·· 1

　　1.1.2　应变状态的基本概念 ····································· 6

　　1.1.3　下标记号与求和约定 ····································· 7

　1.2　基于应力的方程 ·· 9

　　1.2.1　力平衡方程 ··· 9

　　1.2.2　边界条件及接触摩擦 ····································· 11

　　1.2.3　屈服准则 ··· 13

　1.3　基于应变的方程 ·· 18

　　1.3.1　几何方程 ··· 18

　　1.3.2　体积不变条件 ··· 21

　　1.3.3　变形协调方程 ··· 21

　1.4　应力与应变关系 ·· 24

　　1.4.1　本构方程 ··· 24

　　1.4.2　等效应力与等效应变 ····································· 25

　　1.4.3　变形抗力模型 ··· 26

　参考文献 ··· 28

2　材料成形过程分析方法 ·· 29

　2.1　工程法 ··· 29

　　2.1.1　基本假设 ··· 29

　　2.1.2　主要解析步骤 ··· 30

　　2.1.3　应用实例——粗糙砧面压缩薄件 ····················· 30

　　2.1.4　解法评价 ··· 31

　2.2　平均能量法 ·· 32

　2.3　滑移线法 ··· 32

　　2.3.1　基本假设 ··· 32

　　2.3.2　基本概念与基本方程 ····································· 33

　　2.3.3　滑移线场的一般求解步骤 …………………………………… 37
　　2.3.4　应用实例——平冲头压入半无限体 …………………………… 39
　　2.3.5　解法评价 ……………………………………………………… 42
2.4　极限分析法 …………………………………………………………… 42
　　2.4.1　上界法解析步骤与基本公式 …………………………………… 42
　　2.4.2　上界法应用实例 ………………………………………………… 43
2.5　下界法与实例 ………………………………………………………… 46
2.6　解法评价 ……………………………………………………………… 48
2.7　变分法 ………………………………………………………………… 49
　　2.7.1　基本解析步骤 …………………………………………………… 49
　　2.7.2　应用实例——正多边形棱柱体镦粗 …………………………… 49
　　2.7.3　解法评价 ………………………………………………………… 51
2.8　有限元法 ……………………………………………………………… 52
　　2.8.1　基本内容 ………………………………………………………… 52
　　2.8.2　基本解析步骤与评价 …………………………………………… 53
参考文献 …………………………………………………………………… 53

3　能率泛函塑性变分原理 ……………………………………………… 54
3.1　泛函变分与极值条件 ………………………………………………… 54
　　3.1.1　泛函的概念 ……………………………………………………… 54
　　3.1.2　自变函数的变分 ………………………………………………… 55
　　3.1.3　泛函的变分 ……………………………………………………… 56
　　3.1.4　泛函变分运算规则 ……………………………………………… 58
　　3.1.5　泛函的极值条件 ………………………………………………… 59
3.2　基本引理与欧拉方程 ………………………………………………… 59
　　3.2.1　变分计算基本引理 ……………………………………………… 59
　　3.2.2　欧拉方程 ………………………………………………………… 59
　　3.2.3　泛函的条件极值 ………………………………………………… 61
3.3　泛函极值的直接解法 ………………………………………………… 62
　　3.3.1　差分法 …………………………………………………………… 62
　　3.3.2　里兹法 …………………………………………………………… 63
　　3.3.3　康托罗维奇法 …………………………………………………… 64
　　3.3.4　有限元法 ………………………………………………………… 65
　　3.3.5　搜索法 …………………………………………………………… 65

3.3.6　综合引例 ·· 66
3.4　成形边值问题的提法 ··· 69
　3.4.1　方程组与边界条件 ·· 69
　3.4.2　变形区边界的划分 ·· 71
　3.4.3　基本术语及定义 ·· 71
3.5　虚功原理与极值定理 ··· 72
　3.5.1　基本能量方程 ·· 72
　3.5.2　虚功（率）方程 ·· 73
　3.5.3　虚功（率）方程的不同形式 ·································· 73
　3.5.4　对虚功方程的理解 ·· 74
　3.5.5　下界定理 ·· 75
　3.5.6　上界定理 ·· 75
3.6　虚速度与变分预备定理 ··· 76
　3.6.1　质点系运动的约束条件 ······································ 76
　3.6.2　虚速度原理 ·· 77
　3.6.3　虚速度场特征 ·· 78
　3.6.4　变分预备定理 ·· 79
3.7　材料成形的变分原理 ··· 81
　3.7.1　体积可压缩材料的变分原理 ·································· 81
　3.7.2　 体积不可压缩材料变分原理 ·································· 83
　3.7.3　最小能原理 ·· 84
3.8　刚-塑性材料的变分原理 ·· 85
　3.8.1　第一变分原理 ·· 85
　3.8.2　完全广义变分原理 ·· 88
　3.8.3　不完全广义变分原理 ·· 89
　3.8.4　刚-塑性材料第二变分原理 ···································· 89
　3.8.5　轧制变分原理具体形式 ······································ 90
3.9　刚-黏塑性材料变分原理 ·· 91
　3.9.1　刚-黏塑性材料变分原理 ······································ 91
　3.9.2　刚-黏塑性材料不完全广义变分原理 ···························· 93
3.10　弹-塑性硬化材料的变分原理 ····································· 94
　3.10.1　全量理论最小能原理 ·· 94
　3.10.2　增量理论的最小能原理 ······································ 94

参考文献 ··· 96

4 能率变换法的原理 ··· 97
  4.1 刚-塑性材料成形能率泛函 ···································· 97
  4.2 比能率取代法 ··· 98
    4.2.1 Tresca 比能率 ·· 98
    4.2.2 TSS 比能率 ·· 100
    4.2.3 比能率取代法的实质 ··································· 101
  4.3 根矢量分解法 ··· 102
    4.3.1 张量化矢量 ·· 102
    4.3.2 矢量再分解 ·· 103
  参考文献 ··· 105

5 屈服准则及其比能率线性化 ································· 106
  5.1 已有屈服准则的不足 ·· 106
    5.1.1 Tresca 屈服准则 ······································ 106
    5.1.2 Mises 屈服准则 ······································· 107
    5.1.3 TSS 屈服准则 ··· 108
  5.2 几何逼近屈服准则 ··· 109
    5.2.1 EA 屈服准则 ·· 109
    5.2.2 EP 屈服准则 ·· 113
    5.2.3 GA 屈服准则 ·· 118
    5.2.4 CA 屈服准则 ·· 123
  5.3 数学插值屈服准则 ··· 130
    5.3.1 MY 屈服准则 ··· 130
    5.3.2 WA 屈服准则 ··· 134
    5.3.3 IM 屈服准则 ·· 139
  参考文献 ··· 145

6 比能率取代法在材料成形中的应用 ······················ 147
  6.1 MY 准则解析板材轧制力 ··································· 147
    6.1.1 整体加权速度场 ······································ 147
    6.1.2 成形功率泛函 ··· 149
    6.1.3 总能量泛函 ·· 151
    6.1.4 实验验证与分析讨论 ··································· 152
  6.2 GA 准则解析板材轧制力（考虑变形渗透） ··············· 155
    6.2.1 运动学参数设定 ······································ 155

6.2.2　变形渗透率的引入 …………………………………… 157

6.2.3　各功率泛函的计算 …………………………………… 158

6.2.4　实验验证 …………………………………………… 162

6.2.5　分析及讨论 …………………………………………… 162

6.3　IM 准则解析厚板轧制力 …………………………………… 165

6.3.1　椭圆速度场 …………………………………………… 165

6.3.2　内部变形功率 ………………………………………… 167

6.3.3　摩擦功率 ……………………………………………… 168

6.3.4　剪切功率 ……………………………………………… 169

6.3.5　总功率泛函及其变分 ………………………………… 169

6.3.6　实验验证与分析讨论 ………………………………… 170

6.4　MY 准则解析缺陷压合 …………………………………… 172

6.4.1　中心缺陷速度场 ……………………………………… 172

6.4.2　能率泛函分析 ………………………………………… 174

6.4.3　分析与讨论 …………………………………………… 179

6.5　WA 准则解析三维锻造 …………………………………… 181

6.5.1　三维锻造数学描述 …………………………………… 181

6.5.2　锻造力 ………………………………………………… 182

6.5.3　实验与讨论 …………………………………………… 185

6.6　MY 准则解析双抛物线模拉拔 …………………………… 187

6.6.1　模面函数与速度场 …………………………………… 187

6.6.2　内部变形功率 ………………………………………… 190

6.6.3　断面剪切功率 ………………………………………… 191

6.6.4　模面接触摩擦功率 …………………………………… 191

6.6.5　外加拉拔力 …………………………………………… 192

6.6.6　最佳模半角 …………………………………………… 193

6.6.7　分析与讨论 …………………………………………… 194

6.6.8　数值模拟 ……………………………………………… 194

参考文献 ………………………………………………………… 197

7　根矢量分解法在材料成形中的应用 ………………………… 199

7.1　板材轧制流函数解析 ……………………………………… 199

7.1.1　二维流函数速度场 …………………………………… 199

7.1.2　内部变形功率 ………………………………………… 200

7.1.3　摩擦功率 ……………………………………………… 201

7.1.4　剪切功率 ··· 202

7.1.5　总功率泛函及其最小化 ··· 203

7.1.6　实验验证与分析讨论 ··· 204

7.2　厚板二次函数速度场解析 ·· 206

7.2.1　二次函数速度场的提出与验证 ·································· 206

7.2.2　轧制总功率计算 ··· 209

7.3　厚板差温轧制正弦速度场解析 ··· 223

7.3.1　正弦速度场的提出 ··· 223

7.3.2　轧制功率计算 ·· 225

7.3.3　模型验证与参数分析 ·· 229

7.4　锥模拉拔 ··· 232

7.4.1　柱坐标速度场 ·· 232

7.4.2　变形功率与应力状态系数 ·· 233

7.4.3　采用中值定理 ·· 235

7.4.4　算例与比较 ··· 236

参考文献 ·· 238

8　人工智能与传统方法相结合在轧制过程中的应用 ··············· 239

8.1　人工智能与传统方法相结合的原理 ··································· 239

8.1.1　神经网络与数学模型结合改进轧制力预设定 ·············· 239

8.1.2　轧制力智能纠偏网络 ·· 241

8.1.3　神经网络与数学模型结合预测带钢卷曲温度 ·············· 243

8.1.4　神经网络与有限元结合用于在线参数预报 ·················· 245

8.2　轧制力整合建模实例 ··· 245

8.2.1　基于大数据的神经网络建模 ····································· 246

8.2.2　整合模型的构建与讨论 ··· 249

参考文献 ·· 252

1 变形力学基础

变形力学基础包括应力与应变的数学描述、变形力学方程或条件以及描述应力与应变关系的方程。这些都是求解材料成形力能参数的基础，因而有必要在本章专门介绍。

1.1 应力与应变基础

1.1.1 一点应力状态

1.1.1.1 一点应力状态

一点应力状态是指变形体内，一点附近的受力情况。直角坐标系中的应力状态是以单元六面体应力来表示，各面上作用有 3 个与坐标轴方向一致的应力，如图 1-1 所示[1]。

由于这个六面体的应力状态实际上表示的是个点，所以相对面上的应力则可按照一阶泰勒公式展开

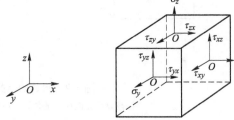

图 1-1　点的应力状态

得到。据此，原本需要 18 个应力分量来表示的受力状态仅需 9 个应力分量来表示。又因剪应力互等，即 $\tau_{xy} = \tau_{yx}$、$\tau_{yz} = \tau_{zy}$、$\tau_{zx} = \tau_{xz}$，则 9 个应力分量中只有 6 个是独立的，即 σ_x、σ_y、σ_z、τ_{xy}、τ_{yz}、τ_{zx}。由此可见，一点的受力状态可以由相互独立的 6 个独立分量来完全表达。图 1-1 中，应力名称及正负的规定为：σ_x、σ_y、σ_z 为正应力或法线应力，与作用面法线方向一致为正，相反为负；τ_{xy}、τ_{yz}、τ_{zx} 为剪应力或切应力，与坐标轴方向一致的为正，反之为负。

1.1.1.2 斜截面上的应力

若在六面体的一角，沿微分面 abc 截割，见图 1-2a，则得如图 1-2b 所示的小四面体。为了与三个坐标面上的应力平衡，微分斜面 abc 上应出现全应力 S。设斜面法线 N 与坐标轴 x、y、z 的夹角为 α_x、α_y、α_z（也是斜面法向与三垂直面法向的夹角，即二面角），且可令各夹角的余弦值为

$$
\left.\begin{array}{l}
\cos\alpha_x = l \\
\cos\alpha_y = m \\
\cos\alpha_z = n
\end{array}\right\}
\tag{1-1}
$$

为简化，设斜面 abc 的面积为单位 1，则四面体其他三个坐标平面 Oac、Obc、Oab 的面积分别为 l、m、n。现求四面体斜面上的应力与另外三个坐标平面上应力间的关系式。全应力 S 可分解为 S_x、S_y、S_z 三分量，显然

$$
S^2 = S_x^2 + S_y^2 + S_z^2
\tag{1-2}
$$

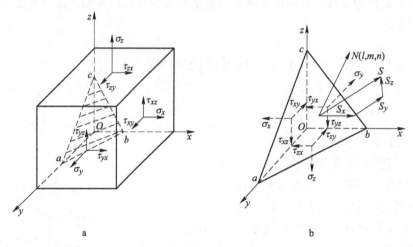

图 1-2　斜截面上的应力状态

a—截取单元四面体的位置；b—单元四面体上的应力

当四面体处于受力平衡状态时，各轴向上应力分量在各自面上的作用力之和应等于零，即 $\sum F_x = 0$，$\sum F_y = 0$，$\sum F_z = 0$，故得

$$
\left.\begin{array}{l}
S_x = \sigma_x l + \tau_{yx} m + \tau_{zx} n \\
S_y = \tau_{xy} l + \sigma_y m + \tau_{zy} n \\
S_z = \tau_{xz} l + \tau_{yz} m + \sigma_z n
\end{array}\right\}
\tag{1-3}
$$

上式也可写成下列矩阵形式

$$
\begin{bmatrix}
\sigma_x & \tau_{yx} & \tau_{zx} \\
\tau_{xy} & \sigma_y & \tau_{zy} \\
\tau_{xz} & \tau_{yz} & \sigma_z
\end{bmatrix}
\begin{bmatrix}
l \\ m \\ n
\end{bmatrix}
=
\begin{bmatrix}
S_x \\ S_y \\ S_z
\end{bmatrix}
\tag{1-4}
$$

S_x、S_y、S_z 往斜面法线投影的代数和即是斜面上的正应力，于是

$$
\sigma_N = S_x l + S_y m + S_z n
\tag{1-5}
$$

将式（1-3）的 S_x、S_y、S_z 值代入上式，并注意到 $\tau_{xy} = \tau_{yx}$，$\tau_{zx} = \tau_{xz}$，$\tau_{yz} = \tau_{zy}$，则

$$\sigma_N = \sigma_x l^2 + \sigma_y m^2 + \sigma_z n^2 + 2(\tau_{xy}lm + \tau_{yz}mn + \tau_{zx}nl) \tag{1-6}$$

因为 $S^2 = \sigma_N^2 + \tau_N^2$，而 $S^2 = S_x^2 + S_y^2 + S_z^2$，

所以

$$\tau_N = \sqrt{S^2 - \sigma^2} = \sqrt{S_x^2 + S_y^2 + S_z^2 - \sigma_N^2} \tag{1-7}$$

从以上各式可见，只要斜截面上的方位已知，则斜截面上各应力分量就可由单元四面体坐标系中 3 个相互垂直平面上的应力来确定。

1.1.1.3 主应力

过一点可作无数微分面，其中的一组面上，只有法线应力而无切应力，这种面称为主微分面或主平面，其上的法向应力即全应力，称为主应力，面的法向则为应力主轴。

一点在主轴坐标系下的应力状态与在 x、y、z 坐标系下的应力状态是等价的。如果微分面 abc（图1-3）为主微分面，以 σ 表示主应力，则待定的 σ 在各坐标轴上的投影为

$$\left.\begin{array}{l} S_x = \sigma l \\ S_y = \sigma m \\ S_z = \sigma n \end{array}\right\} \tag{1-8}$$

代入式（1-3），得

$$\left.\begin{array}{l} (\sigma_x - \sigma)l + \tau_{yx}m + \tau_{zx}n = 0 \\ \tau_{xy}l + (\sigma_y - \sigma)m + \tau_{zy}n = 0 \\ \tau_{xz}l + \tau_{yz}m + (\sigma_z - \sigma)n = 0 \end{array}\right\} \tag{1-9}$$

各方向余弦间存在下述关系

$$l^2 + m^2 + n^2 = 1 \tag{1-10}$$

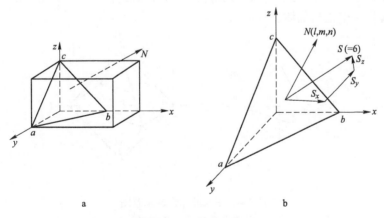

a b

图1-3 主坐标系中任意微分面上的应力

a—单元四面体的位置；b—单元四面体上的应力

可由式（1-9）、式（1-10）来求解 σ、l、m、n。齐次方程式（1-9）不能有 $l = m = n = 0$ 这样的解，因这与式（1-10）相抵触。要使方程式（1-9）有非零解，则必须取这个方程组的系数行列式等于零，即

$$\begin{vmatrix} \sigma_x - \sigma & \tau_{yx} & \tau_{zx} \\ \tau_{xy} & \sigma_y - \sigma & \tau_{zy} \\ \tau_{xz} & \tau_{yz} & \sigma_z - \sigma \end{vmatrix} = 0 \tag{1-11}$$

将行列式展开，得一个含 σ 的三次方程

$$\sigma^3 - I_1\sigma^2 - I_2\sigma - I_3 = 0 \tag{1-12}$$

式中　$I_1 = \sigma_x + \sigma_y + \sigma_z$

$I_2 = -(\sigma_x\sigma_y + \sigma_y\sigma_z + \sigma_z\sigma_x) + \tau_{xy}^2 + \tau_{yz}^2 + \tau_{zx}^2$

$I_3 = \sigma_x\sigma_y\sigma_z + 2\tau_{xy}\tau_{yz}\tau_{zx} - \sigma_x\tau_{yz}^2 - \sigma_y\tau_{zx}^2 - \sigma_z\tau_{xy}^2$

上列 σ 的三次方程称为这个应力状态的特征方程，它有三个实根 σ_1、σ_2、σ_3，即所求主应力。该特征方程表明，只要 x、y、z 坐标系下的 6 个独立应力分量给定，则根据特征方程即可确定对应的三个主应力分量。

1.1.1.4　八面体应力

与主轴成等倾平面（外法线与主轴夹角的 3 个方向余弦的绝对值相等的平面）上的应力在塑性理论中具有特别重要的意义，即其上的受力具有特殊性，因而需要在本节专门讲述。将坐标原点与物体中所考察的点相重合，并使坐标面与过该点的主微分面重合。在此坐标系中，作八个倾斜的微分平面，它们与主微分平面同样倾斜，即所有这些面的方向余弦都相等（$l = m = n$）。这八个面形成一个正八面体（图 1-4），在这些面上的应力，称为八面体应力。在此可以看出，一点可以看作一个正八面体。

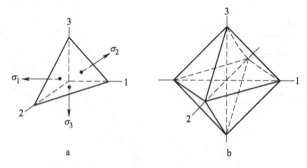

图 1-4　正八面体形成示意图

a—微分平面；b—正八面体

由于这些斜微分面上的法线方向余弦相等，于是得

$$l = \pm \frac{1}{\sqrt{3}}$$
$$m = \pm \frac{1}{\sqrt{3}}$$
$$n = \pm \frac{1}{\sqrt{3}}$$

$$(1-13)$$

将这些数值代入式（1-6），得八面体面上正应力

$$\sigma_8 = \frac{1}{3}(\sigma_1 + \sigma_2 + \sigma_3) = \frac{1}{3}(\sigma_x + \sigma_y + \sigma_z) = \sigma_m \qquad (1-14)$$

所以正八面体面上的正应力，等于平均正应力（或称平均应力）。从塑性变形的观点来看，物体的变形包括体积改变和形状改变两部分，这个应力只能引起物体体积的改变（造成物体膨胀或缩小），而不能引起形状的变化。

将 $l = m = n = \pm \frac{1}{\sqrt{3}}$ 值代入式（1-7），得八面体面上的切应力

$$\tau_8 = \frac{1}{3}\sqrt{(\sigma_1 - \sigma_2)^2 + (\sigma_2 - \sigma_3)^2 + (\sigma_3 - \sigma_1)^2} \qquad (1-15)$$

1.1.1.5 主剪应力

通过一个坐标轴与其他两个坐标轴成45°及135°的微分面称为主剪平面。这样的平面有 3 对，如图 1-5 所示。

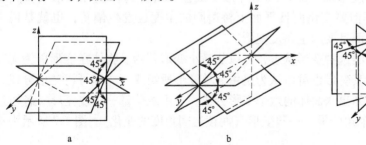

图 1-5　一点附近的主剪平面

a—$l=0$, $m=\pm\frac{1}{\sqrt{2}}$, $n=\pm\frac{1}{\sqrt{2}}$; b—$l=\pm\frac{1}{\sqrt{2}}$, $m=0$, $n=\pm\frac{1}{\sqrt{2}}$; c—$l=\pm\frac{1}{\sqrt{2}}$, $m=\pm\frac{1}{\sqrt{2}}$, $n=0$

这些面上的主剪应力可按下式计算

$$\tau_{23} = \pm \frac{\sigma_2 - \sigma_3}{2}$$
$$\tau_{12} = \pm \frac{\sigma_1 - \sigma_2}{2}$$
$$\tau_{13} = \pm \frac{\sigma_1 - \sigma_3}{2}$$

$$(1-16)$$

如果 $\sigma_1 > \sigma_2 > \sigma_3$，则最大剪应力为 τ_{13}，作用于平分最大与最小主应力夹角微分平面上，其值等于该两主应力之差的一半。最大剪应力常用 τ_{max} 表示，即 $\tau_{max} = \tau_{13}$。它是重要的塑性条件之一，称为最大剪应力理论。

1.1.2 应变状态的基本概念

将矩形六面体在平锤下进行镦粗，其塑性变形前后物体的形状如图 1-6 所示。

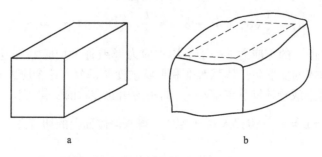

a   b

图 1-6 矩形件塑性变形前后形状
a—变形前；b—变形后

研究变形前、后两种情况可以看出，物体受镦粗而产生塑性变形后，其高度减小，长度、宽度增加，原来规则外形变成扭歪的。物体塑性变形后，其线尺寸（各棱边）不但要变化而且平面上棱边间的角度也发生偏转，也就是说不但要产生线变形，而且要产生角度变形。

要研究物体的这种变形状态，可以从微小变形开始。物体在变形前为无限小的单元六面体，其变形也可以认为是由简单变形所组成，亦即可将变形分成若干分量。这样，可列出六面体的六个变形分量：三个线分量——线变形（各棱边尺寸的变化）；三个角分量——角变形（两棱边间角度的变化）。图 1-7 所示为这些分量及其标号。

以字母 ε_x 表示各棱边的相对变化（第一类变形），其下标表示伸长的方向或与棱边平行的轴向。规定伸长的线应变为正，缩短的线应变为负。

当六面体产生如图 1-7 所示的第一类基本变形时，其体积及形状都发生改变，如果原始形状为立方体，变形后就成为平行六面体。

两棱边之间（即两轴向之间）角度的改变量称为角变形（第二类变形）。两轴正向夹角的减小作为正的角变形，若此夹角增大，则为负的角变形。以标号 γ_{xy} 或 γ_{yx} 表示投影在平面 xy 上角变形（称为工程剪应变）；同样，在其余 yz 及 zx 平面上的角变形记作 γ_{yz} 或 γ_{zy}，γ_{zx} 或 γ_{xz}。角变形只引起单元体形状的改变，而不引起体积的变化。只有当各边都有伸长的变形（或都有缩短的变形）时，才可能得到体积变形。

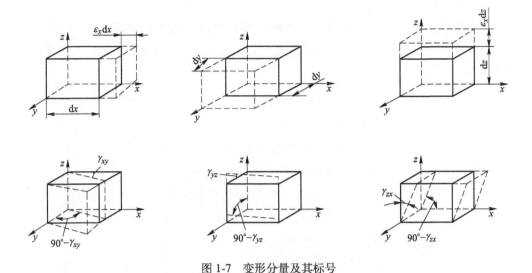

图 1-7 变形分量及其标号

需要指出的是，为了得到在剪应力作用下的净角度变化，即纯剪应变，需要扣除刚性转动分量。纯剪应变与角应变具有如下关系：

$$
\left.
\begin{aligned}
\varepsilon_{xz} &= \varepsilon_{zx} = \frac{1}{2}\gamma_{x0z} \\[2mm]
\varepsilon_{xy} &= \varepsilon_{yx} = \frac{1}{2}\gamma_{x0y} \\[2mm]
\varepsilon_{zy} &= \varepsilon_{yz} = \frac{1}{2}\gamma_{y0z}
\end{aligned}
\right\}
\tag{1-17}
$$

1.1.3 下标记号与求和约定

1.1.3.1 下标记号

在数学上，对含有三个独立变量的集 a_1、a_2、a_3，可以标记为 a_i，其中 $i = 1, 2, 3$。对于九个分量的集 a_{11}、a_{12}、a_{13}、a_{21}、a_{22}、a_{23}、a_{31}、a_{32}、a_{33}，则可以采用两个下标来表示，如 a_{ij}，其中 $i = 1, 2, 3; j = 1, 2, 3$。如果是含有 27 个量的集，就可以用三个下标来表示，如 a_{ijk}。对于 81 个量的集，则可以用四个下标表示，如 a_{ijkl}。对于九个分量的矩阵可写成[2]：

$$
a_{ij} =
\begin{bmatrix}
a_{11} & a_{12} & a_{13} \\
a_{21} & a_{22} & a_{23} \\
a_{31} & a_{32} & a_{33}
\end{bmatrix}
\tag{1-18}
$$

该矩阵称为张量。

1.1.3.2　求和约定

在数学上，当同一项中有一个下标出现两次时，则对此下标从 $1\sim3$ 求和，并限定在同一项中不能有同一下标出现三次或三次以上时为求和约定。对于求和的表达式，则为

$$\left.\begin{aligned}
a_{ii} &= a_{11} + a_{12} + a_{13} \\
a_i b_i &= a_1 b_1 + a_2 b_2 + a_3 b_3 \\
a_{ij} b_j &= a_{i1} b_1 + a_{i2} b_2 + a_{i3} b_3 \\
a_{ij} b_i c_j &= a_{11} b_1 c_1 + a_{12} b_1 c_2 + a_{13} b_1 c_3 + \\
&\quad\ a_{21} b_2 c_1 + a_{22} b_2 c_2 + a_{23} b_2 c_3 + \\
&\quad\ a_{31} b_3 c_1 + a_{32} b_3 c_2 + a_{33} b_3 c_3 \\
a_{ii}^2 &= a_{11}^2 + a_{22}^2 + a_{33}^2 \\
(a_{ii})^2 &= (a_{11} + a_{22} + a_{33})^2 \\
a_{ij} b_{ij} &= a_{11} b_{11} + a_{22} b_{22} + a_{33} b_{33} + \\
&\quad\ 2(a_{23} b_{23} + a_{31} b_{31} + a_{12} b_{12})
\end{aligned}\right\} \tag{1-19}$$

求和规则也适用于含有导数的项，如

$$\left.\begin{aligned}
a_{i,i} &= \frac{\partial a_i}{\partial x_i} = \frac{\partial a_1}{\partial x_1} + \frac{\partial a_2}{\partial x_2} + \frac{\partial a_3}{\partial x_3} \\[2mm]
a_{ij,j} &= \frac{\partial a_{ij}}{\partial x_j} = \frac{\partial a_{i1}}{\partial x_1} + \frac{\partial a_{i2}}{\partial x_2} + \frac{\partial a_{i3}}{\partial x_3} \\[2mm]
a_{i,jj} &= \frac{\partial^2 a_i}{\partial x_j \partial x_j} = \frac{\partial^2 a_i}{\partial x_1^2} + \frac{\partial^2 a_i}{\partial x_2^2} + \frac{\partial^2 a_i}{\partial x_3^2}
\end{aligned}\right\} \tag{1-20}$$

应当指出，求和约定是对重复下标求和。例如，在 $a_{i,i}$ 中对 i 求和，对 $a_{ij,j}$ 中，则对 j 求和。把式中同一项不重复出现的下标称为自由下标。用自由标号的一般项，可取 1、2、3 或 x、y、z 中的任意值，在同一方程各项的自由标号应相同。如 $x_i = c_{ij} y_j$ 可表示为下列方程：

$$\left.\begin{aligned}
x_1 &= c_{11} y_1 + c_{12} y_2 + c_{13} y_3 \\
x_2 &= c_{21} y_1 + c_{22} y_2 + c_{23} y_3 \\
x_3 &= c_{31} y_1 + c_{32} y_2 + c_{33} y_3
\end{aligned}\right\} \tag{1-21}$$

1.2 基于应力的方程

1.2.1 力平衡方程

1.2.1.1 直角坐标系下的力平衡方程

力的平衡方程亦称为力的微分平衡方程，是描述变形体内正应力与切应力的内在联系和平衡关系的方程，它由微分体变形的力的平衡关系 $\sum F_x = 0$、$\sum F_y = 0$、$\sum F_z = 0$ 推导整理而得，可用来求解变形区内的应力分布。

图 1-8 是从变形体内取一个微小的体素，具有微小尺寸 $\mathrm{d}x$、$\mathrm{d}y$、$\mathrm{d}z$。因为变形体受力作用处于平衡状态，因此按照 $\sum F_x = 0$、$\sum F_y = 0$、$\sum F_z = 0$ 可得[3]

$$\left.\begin{array}{l} \dfrac{\partial \sigma_x}{\partial x} + \dfrac{\partial \tau_{yx}}{\partial y} + \dfrac{\partial \tau_{zx}}{\partial z} = 0 \\[2mm] \dfrac{\partial \tau_{xy}}{\partial x} + \dfrac{\partial \sigma_y}{\partial y} + \dfrac{\partial \tau_{zy}}{\partial z} = 0 \\[2mm] \dfrac{\partial \tau_{xz}}{\partial x} + \dfrac{\partial \tau_{yz}}{\partial y} + \dfrac{\partial \sigma_z}{\partial z} = 0 \end{array}\right\} \tag{1-22}$$

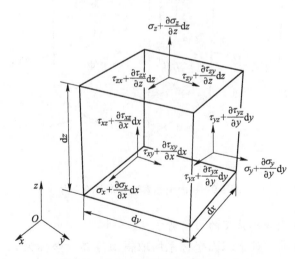

图 1-8 直角坐标微分体面上的应力

1.2.1.2 圆柱坐标系下的力平衡方程

圆柱坐标系微分体上的应力如图 1-9 所示。与直角坐标系平衡方程的推导一

样，将柱表面上的应力在 x、y、z 方向进行力的平衡，即

$$\sum F_r = 0, \sum F_\theta = 0, \sum F_z = 0 \tag{1-23}$$

注意 r 方向是在 $\mathrm{d}\theta/2$ 上，当夹角 $\mathrm{d}\theta$ 很微小时，略去高次项，整理得到柱坐标系下力的平衡方程：

$$\left.\begin{array}{l} \dfrac{\partial \sigma_r}{\partial r} + \dfrac{1}{r} \dfrac{\partial \tau_{\theta r}}{\partial \theta} + \dfrac{\partial \tau_{zr}}{\partial z} + \dfrac{\sigma_r - \sigma_\theta}{r} = 0 \\[4mm] \dfrac{\partial \tau_{r\theta}}{\partial r} + \dfrac{1}{r} \dfrac{\partial \sigma_\theta}{\partial \theta} + \dfrac{\partial \tau_{z\theta}}{\partial z} + \dfrac{\tau_{r\theta}}{r} = 0 \\[4mm] \dfrac{\partial \tau_{rz}}{\partial r} + \dfrac{1}{r} \dfrac{\partial \tau_{\theta z}}{\partial \theta} + \dfrac{\partial \sigma_z}{\partial z} + \dfrac{\tau_{rz}}{r} = 0 \end{array}\right\} \tag{1-24}$$

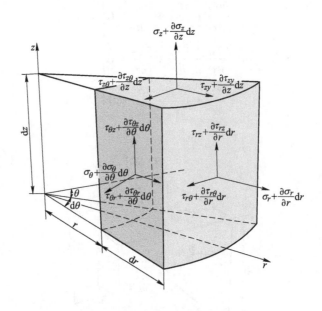

图 1-9　柱面坐标系微分体上的应力

1.2.1.3　球面坐标系下的力平衡方程

如图 1-10 所示，对于球面坐标系所取得微分体，坐标为 r、ω、θ。特点是坐标面间不垂直，球的内面和外面面积不相等。和柱面坐标系的推导一样，通过力的平衡：$\sum F_r = 0$、$\sum F_\omega = 0$、$\sum F_\theta = 0$，略去 $\mathrm{d}\omega$、$\mathrm{d}\theta$ 的高次项，整理后得到球面坐标系力的平衡方程如下

$$\frac{\partial \sigma_r}{\partial r} + \frac{1}{r\sin\theta}\frac{\partial \tau_{\omega r}}{\partial \omega} + \frac{1}{r}\frac{\partial \tau_{\theta r}}{\partial \theta} + \frac{1}{r}\left[2\sigma_r - (\sigma_\omega + \sigma_\theta) + \tau_{\theta r}\cot\theta\right] = 0$$

$$\frac{\partial \tau_{r\theta}}{\partial r} + \frac{1}{r}\frac{\partial \sigma_\theta}{\partial \theta} + \frac{1}{r\sin\theta}\frac{\partial \tau_{\omega\theta}}{\partial \omega} + \frac{1}{r}\left[3\tau_{r\theta} + (\sigma_\theta - \sigma_\omega)\cot\theta\right] = 0 \qquad (1\text{-}25)$$

$$\frac{\partial \tau_{\theta\omega}}{\partial r} + \frac{1}{r}\frac{\partial \tau_{\theta\omega}}{\partial \theta} + \frac{1}{r\sin\theta}\frac{\partial \sigma_\omega}{\partial \omega} + \frac{1}{r}(3\tau_{r\omega} + 2\tau_{\theta\omega}\cot\theta) = 0$$

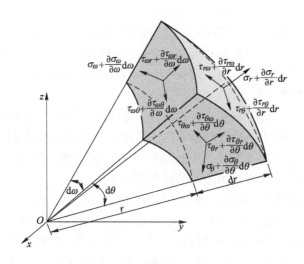

图 1-10 球面坐标系微分体上的应力

1.2.2 边界条件及接触摩擦

1.2.2.1 应力边界条件

变形体是在外力作用下开始变形的，物体受外力作用的表面，包括固定工具面、可动工具面和附加外力的作用面。它们的特点是有外应力的作用。如图 1-11 所示，受外力作用的接触面为斜面 abc，该斜面上作用的外应力分量为 p_x、p_y、p_z，而该点的六面体面 aOc、bOc、aOb 上的九个应力分量为 σ_x、σ_y、σ_z、τ_{xy}、τ_{yx}、τ_{yz}、τ_{zy}、τ_{zx}、τ_{xz}。当在外力作用下，变形体处于平衡时，必须满足下列条件

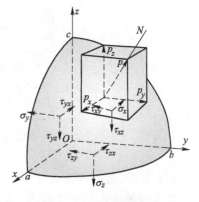

图 1-11 应力边界条件

$$p_x = \sigma_x l + \tau_{yx} m + \tau_{zx} n$$
$$p_y = \tau_{xy} l + \sigma_y m + \tau_{zy} n$$
$$p_z = \tau_{xz} l + \tau_{yz} m + \sigma_z n$$

(1-26)

或

$$\begin{pmatrix} p_x \\ p_y \\ p_z \end{pmatrix} = \begin{pmatrix} \sigma_x & \tau_{yx} & \tau_{zx} \\ \tau_{xy} & \sigma_y & \tau_{zy} \\ \tau_{xz} & \tau_{yz} & \sigma_z \end{pmatrix} \begin{pmatrix} l \\ m \\ n \end{pmatrix}$$

(1-27)

式中，l、m、n 为方向余弦；斜面上作用的应力满足 $p^2 = p_x^2 + p_y^2 + p_z^2$。以上两式称为应力边界条件。固定工具面和可动工具面上的外应力往往是未知的，作用面上的应力通常取作平均单位压力，即 $p = \bar{p}$。自由表面上的应力为零，即 $p = 0$。

1.2.2.2 速度边界条件

速度边界条件亦即位移速度边界条件，是能量法解析中所必需的条件。在已知位移速度的边界面内，速度间断面的法线速度必须相等，即速度是连续的。速度的边界条件是，在固定工具的接触面上 $v_i = 0$。在可动工具的接触面上 $v_i = v_0$，v_0 是工具的运动速度。对自由表面的边界速度是未知的。

此外，对刚塑性变形体内，变形区与刚性区之间的界面上，或变形区内一些特异分割面上的法线速度是连续的，即 $v_{n1} = v_{n2}$；但切线速度是不连续的，即 $v_{t1} \neq v_{t2}$，称这样的边界面为速度不连续面，或速度间断面。其速度不连续量为 $\Delta v_t = v_{t2} - v_{t1}$，如图 1-12 所示，可以通过 ab 界面的秒流量相等来证明。从区域②以合速度 v_2 进入 ab 面的体积为 $abcd$，以合速度 v_1 从 ab 面流出的体积为 $abef$，两者体积相等则流量相等。v_1 分解出线速度 v_{n1} 和切线速度 v_{t1}，即 $\vec{v}_1 = \vec{v}_{n1} + \vec{v}_{t1}$。同样有 $\vec{v}_2 = \vec{v}_{n2} + \vec{v}_{t2}$。当 $v_{n1} = v_{n2}$ 时，则有 $\Delta v_t = v_{t2} - v_{t1}$，或称为速度不连续量。

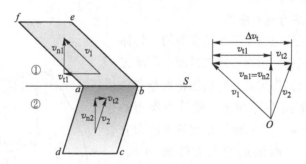

图 1-12 速度不连续面

1.2.2.3 边界摩擦条件

边界摩擦条件是研究物体变形问题的重要条件。边界摩擦是物体接触的两部分发生相对运动时，在边界面上产生的机械阻力，亦称摩擦力。在正压力的作用下，变形金属与工具间的接触面上产生相对滑动或滑动趋势，则接触面间将发生摩擦作用，产生摩擦力，通常称为外摩擦力。如果这种相对滑动是发生在变形体内部，则称为内摩擦。常见的摩擦定律包括如下三种：

（1）库伦摩擦定律。该定律认为，接触表面的摩擦应力与作用在该面上的正单位压力成正比，亦称为常摩擦系数定律，表达式为

$$\tau_f = fp \tag{1-28}$$

式中，τ_f 为摩擦应力；p 为单位正压力；f 为摩擦系数。在金属塑性成形的冷加工变形时，常采用该定律。

（2）常摩擦应力定律。这种摩擦定律假定摩擦应力等于材料的屈服剪应力，即

$$\tau_f = k \tag{1-29}$$

该定律适用于热加工或表面非常粗糙的情况。

（3）常摩擦因子定律。为了解析方便，有时也常采用常摩擦因子定律。该定律认为表面摩擦应力与材料的剪切屈服应力成正比，即

$$\tau_f = mk \tag{1-30}$$

式中，m 为摩擦因子，可以用圆环压塑实验确定。一般 m 值在 0~1.0 之间，冷加工取小值，热加工取大值，全粘着时取 1.0。

还需指出的是，很多情况下是已知摩擦系数 f，而不知道摩擦因子 m 的。在此情况下，塔尔诺夫斯基曾给出了如下经验公式

$$m = f + \frac{1}{8}\frac{R}{h}(1-f)\sqrt{f} \tag{1-31}$$

$$m = f\left[1 + \frac{1}{4}n(1-f)f^{\frac{1}{4}}\right] \tag{1-32}$$

式中，R、h 为镦粗圆柱体的半径和高度；n 为 $l/\bar{h}$ 或 $\bar{b}/\bar{h}$ 中的较小者，l 为轧制时接触弧长的水平投影，$\bar{h}$、$\bar{b}$ 为变形区的平均厚度和宽度。如果已知平均单位压力，也可根据 $\tau_f = mk = fp$ 的关系确定 m 值，即 $m = fp/k$。式（1-31）适用于镦粗变形，式（1-32）适用于轧制变形。

1.2.3 屈服准则

金属材料在外力作用下，应力状态达到某一程度时，开始发生塑性变形，把这种发生塑性变形的应力条件称为屈服准则。它是塑性变形的物理方程之一，亦称为塑性条件。

1.2.3.1 Tresca 屈服准则

1864 年法国工程师 Tresca 在软钢等金属的变形实验中，观察到屈服时出现吕德斯带，吕德斯带与主应力方向约成 45°角，于是推想塑性变形的开始与最大

剪应力有关。所谓最大剪应力理论，就是假定对同一金属在同样的变形条件下，无论是简单应力状态还是复杂应力状态，只要最大剪应力达到极限值就发生屈服，即

$$\tau_{max} = \frac{\sigma_1 - \sigma_3}{2} = C \tag{1-33}$$

式中，C 由简单应力状态的实验来确定。

式（1-33）为一适合各种受力状态的通式。因此，把单向拉伸屈服时的应力状态 $\sigma_1 = \sigma_s$，$\sigma_2 = \sigma_3 = 0$ 代入上式可得 $\tau_{max} = \sigma_s/2 = C$。注意到 C 值不随受力的不同而改变，将其再代入式（1-33），得到 Tresca 屈服准则

$$\sigma_1 - \sigma_3 = \sigma_s \tag{1-34}$$

纯剪应力状态下，材料屈服时有 $\sigma_1 = -\sigma_3 = \tau_{xy} = k$（$k$ 称为屈服剪应力），则代入式（1-33），得

$$\tau_{max} = \frac{\sigma_1 - (-\sigma_1)}{2} = \frac{2\sigma_1}{2} = k = C \tag{1-35}$$

再代入式（1-33），得

$$\sigma_1 - \sigma_3 = 2k \tag{1-36}$$

式（1-34）和式（1-35）均称为 Tresca 屈服准则。可见按最大剪应力理论有

$$k = \frac{\sigma_s}{2} \tag{1-37}$$

如果事先并不知道 σ_1、σ_2、σ_3 间的大小关系，则 Tresca 屈服准则应为三式 $|\sigma_1 - \sigma_2| = 2k$、$|\sigma_2 - \sigma_3| = 2k$、$|\sigma_3 - \sigma_1| = 2k$ 中的一个，或一般表达为

$$f(\sigma_{ij}) = [(\sigma_1 - \sigma_2)^2 - (2k)^2][(\sigma_2 - \sigma_3)^2 - (2k)^2][(\sigma_3 - \sigma_1)^2 - (2k)^2] = 0 \tag{1-38}$$

应指出，Tresca 屈服准则，由于计算比较简单，有时也比较符合实际，所以比较常用。但是，由于该准则未反映出中间主应力 σ_2 的影响，故仍有不足之处。

1.2.3.2　Mises 屈服准则

Von Mises 提出，只要偏差应力张量二次不变量 I_2' 达到某一值时，金属便由弹性变形过渡到塑性变形，即

$$f(\sigma_{ij}) = I_2' - C = 0 \tag{1-39}$$

式中

$$I_2' = \frac{1}{6}[(\sigma_x - \sigma_y)^2 + (\sigma_y - \sigma_z)^2 + (\sigma_z - \sigma_x)^2 + 6(\tau_{xy}^2 + \tau_{yz}^2 + \tau_{zx}^2)] \tag{1-40}$$

如所取坐标轴为主轴，则

$$I_2' = \frac{1}{6}[(\sigma_1 - \sigma_2)^2 + (\sigma_2 - \sigma_3)^2 + (\sigma_3 - \sigma_1)^2] \tag{1-41}$$

现按简单应力状态下的屈服条件来确定式（1-39）中的常数 C。单向拉伸时，σ_x 或 $\sigma_1 = \sigma_s$，其他应力分量为零，代入式（1-39）和式（1-40），确定常数 $C = \sigma_s^2/3$；薄壁管扭转时，$\tau_{xy} = k$，其他应力分量为零，或 $\sigma_1 = -\sigma_3 = \tau_{xy} = k$、$\sigma_2 = 0$，分别代入式（1-39）和式（1-41）则常数 $C = k^2$，于是可得

$$(\sigma_x - \sigma_y)^2 + (\sigma_y - \sigma_z)^2 + (\sigma_z - \sigma_x)^2 + 6(\tau_{xy}^2 + \tau_{yz}^2 + \tau_{zx}^2) = 6k^2 = 2\sigma_s^2$$

或

$$f(\sigma_{ij}) = (\sigma_x - \sigma_y)^2 + (\sigma_y - \sigma_z)^2 + (\sigma_z - \sigma_x)^2 +$$
$$6(\tau_{xy}^2 + \tau_{yz}^2 + \tau_{zx}^2) - 2\sigma_s^2 = 0 \tag{1-42}$$

所取坐标轴为主轴时，则

$$(\sigma_1 - \sigma_2)^2 + (\sigma_2 - \sigma_3)^2 + (\sigma_3 - \sigma_1)^2 = 6k^2 = 2\sigma_s^2$$

或

$$f(\sigma_{ij}) = (\sigma_1 - \sigma_2)^2 + (\sigma_2 - \sigma_3)^2 + (\sigma_3 - \sigma_1)^2 - 2\sigma_s^2 = 0 \tag{1-43}$$

式（1-42）和式（1-43）称为 Mises 屈服准则。

按 Mises 屈服准则

$$k = \frac{\sigma_s}{\sqrt{3}} = 0.577\sigma_s \tag{1-44}$$

这和 Tresca 屈服准则以剪应力达到 $\sigma_s/2$ 为判断是否屈服的依据是不同的。Von Mises 当初认为，他提出的准则是近似的。由于这一准则只用一个式子表示，而且可以不必求出主应力，也不论是平面或空间问题，所以显得简便。后来大量事实证明，Mises 屈服准则更符合实际，而且涌现出其他学者对这一准则提出了物理的和力学的解释。

为了将 Mises 屈服准则简化成与 Tresca 屈服准则同样的形式并考虑中间主应力 σ_2 对屈服的影响，这里引入 Lode 应力参数。

中间主应力 σ_2 的变化范围为 $\sigma_1 \sim \sigma_3$，取该变化范围的中间值 $\dfrac{\sigma_1 + \sigma_3}{2}$ 为参考值，则 σ_2 与参考值间的偏差为 $\sigma_2 - \dfrac{\sigma_1 + \sigma_3}{2}$，如图 1-13 所示，$\sigma_2$ 的相对偏差见式（1-45）。

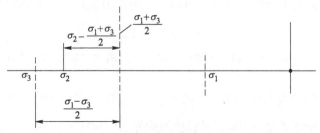

图 1-13　中间主应力与最大主应力和最小主应力的关系图

$$\mu_{d} = \frac{\sigma_2 - \dfrac{\sigma_1 + \sigma_3}{2}}{\dfrac{\sigma_1 - \sigma_3}{2}} \tag{1-45}$$

式中，μ_d 为 Lode 参数，无量纲。

因此，$\sigma_2 = \dfrac{\sigma_1 + \sigma_3}{2} + \dfrac{\mu_d}{2}(\sigma_1 - \sigma_3)$，将 σ_2 代入 Mises 屈服准则可得

$$\sigma_1 - \sigma_3 = \frac{2}{\sqrt{3 + \mu_d^2}}\sigma_s = \beta\sigma_s, \quad \beta = \frac{2}{\sqrt{3 + \mu_d^2}} \tag{1-46}$$

式（1-46）是 Mises 屈服准则的简化形式，它有如下特点：

$$\left.\begin{array}{l}
\sigma_2 = \sigma_1, \mu_d = 1, \sigma_1 - \sigma_3 = \sigma_s \text{（轴对称应力状态）} \\[2mm]
\sigma_2 = \dfrac{\sigma_1 + \sigma_3}{2}, \mu_d = 0, \sigma_1 - \sigma_3 = \dfrac{2}{\sqrt{3}}\sigma_s \text{（平面变形状态）} \\[2mm]
\sigma_2 = \sigma_3, \mu_d = -1, \sigma_1 - \sigma_3 = \sigma_s \text{（轴对称应力状态）}
\end{array}\right\} \tag{1-47}$$

当 $1 < \beta < 1.155$ 时对应着其他应力状态。

通过与 Tresca 的表达式 $\sigma_1 - \sigma_3 = \sigma_s$ 比较表明，两屈服准则在轴对称应力状态时是一致的，而在平面变形状态时区别最大。

另外，从几何图形上也可以看出 Tresca 屈服准则与 Mises 屈服准则的区别与联系，如图 1-14 所示。

在主应力空间，Mises 屈服准则是无限延伸的圆柱面，而 Tresca 屈服准则是无限延伸的正六棱柱面，如图 1-14b 所示。在 π 平面上，Mises 屈服准则是一个圆，而 Tresca 屈服准则是其内接正六边形。

1.2.3.3　TSS 屈服准则

双剪应力（TSS）屈服准则是俞茂宏教授于 1983 年最先提出的。该准则为一个线性屈服准则，与 Tresca 准则具有同样重要的理论意义。该准则表述如下：若主应力按代数值大小排列，只要一点两个主剪应力满足以下关系式，材料就发生屈服[4]。

$$\tau_{13} + \tau_{12} = \sigma_1 - \frac{1}{2}(\sigma_2 + \sigma_3) = \sigma_s \qquad \text{当 } \sigma_2 \leqslant \frac{1}{2}(\sigma_1 + \sigma_3) \text{ 时} \tag{1-48}$$

$$\tau_{13} + \tau_{23} = \frac{1}{2}(\sigma_1 + \sigma_2) - \sigma_3 = \sigma_s \qquad \text{当 } \sigma_2 \geqslant \frac{1}{2}(\sigma_1 + \sigma_3) \text{ 时} \tag{1-49}$$

该准则在等倾空间为 Mises 屈服柱面的外切六棱柱面，在 π 平面上屈服轨迹为 Mises 圆的外切六边形，如图 1-15 所示。

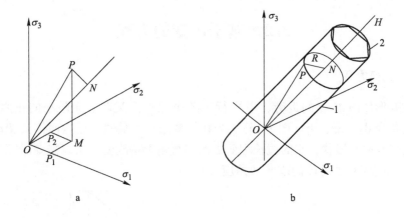

a

b

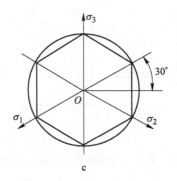

c

图 1-14 屈服准则的几何解释

a—主应力空间坐标；b—塑性柱面；c—π 平面

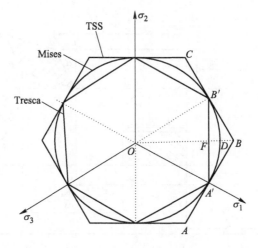

图 1-15 π 平面上 TSS 轨迹

1.3　基于应变的方程

1.3.1　几何方程

在变形体内 M 点的近旁，以平行于各坐标平面截取一无限小的正六面体，其边长各为 $\mathrm{d}x$、$\mathrm{d}y$、$\mathrm{d}z$（图 1-16）。当物体变形时，显然，正六面体要变动其位置并改变其原来形状，它的边长和面之间的直角都将改变。所以需要研究边长的变化（线应变）及角度的改变（角应变）。

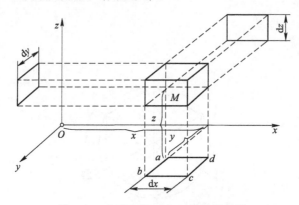

图 1-16　变形前的正六面体及其投影

图 1-17 是所研究的正六面体在 xOy 平面内变形前后的投影（$abcd$ 为变形前的面，$a'b'c'd'$ 为变形后的面）。

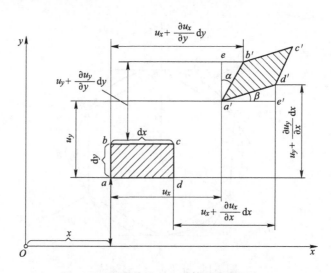

图 1-17　变形前后正六面体的投影面之一

设 a 点的位移（a 点到 a' 点）为 u_x、u_y，则 b 及 d 点的位移可按一阶泰勒公式求出，如图 1-17 所示，于是原长为 $\mathrm{d}x$（ad）的相对伸长，可以写成

$$\varepsilon_x = \frac{a'e' - ad}{ad} = \frac{\left(u_x + \dfrac{\partial u_x}{\partial x}\mathrm{d}x + \mathrm{d}x - u_x\right) - \mathrm{d}x}{\mathrm{d}x} = \frac{\partial u_x}{\partial x} \tag{1-50}$$

同样

$$\varepsilon_y = \frac{a'e - ab}{ab} = \frac{\left(u_y + \dfrac{\partial u_y}{\partial y}\mathrm{d}y + \mathrm{d}y - u_y\right) - \mathrm{d}y}{\mathrm{d}y} = \frac{\partial u_y}{\partial y} \tag{1-51}$$

ab 在 xOy 平面内的转角

$$\gamma_{yx} = \tan\alpha = \frac{eb'}{ea'} = \frac{u_x + \dfrac{\partial u_x}{\partial y}\mathrm{d}y - u_x}{u_y + \dfrac{u_y}{\partial y}\mathrm{d}y + \mathrm{d}y - u_y} = \frac{\dfrac{\partial u_x}{\partial y}}{1 + \dfrac{\partial u_y}{\partial y}} \tag{1-52}$$

因 $\dfrac{\partial u_y}{\partial y}$ 比 1 小得多，若略去，则

$$\gamma_{yx} = \tan\alpha \approx \alpha = \frac{\partial u_x}{\partial y} \tag{1-53}$$

同样，ad 在 xOy 平面内的转角

$$\gamma_{xy} = \tan\beta = \frac{e'd'}{e'a'} = \frac{u_y + \dfrac{\partial u_y}{\partial x}\mathrm{d}x - u_y}{u_x + \dfrac{\partial u_x}{\partial x}\mathrm{d}x + \mathrm{d}x - u_x} = \frac{\partial u_y}{\partial x} = \beta \tag{1-54}$$

所以总角应变，即直角 bad 的改变，它的减小，可写成

$$\gamma_{xOy} = \alpha + \beta = \frac{\partial u_x}{\partial y} + \frac{\partial u_y}{\partial x} \tag{1-55}$$

运用轮换代入法，我们可直接写出另外两个坐标面内的角应变公式。这样得出下列应变分量与位移分量的微分关系

$$\left.\begin{array}{l} \varepsilon_x = \dfrac{\partial u_x}{\partial x}, \varepsilon_y = \dfrac{\partial u_y}{\partial y}, \varepsilon_z = \dfrac{\partial u_z}{\partial z} \\[3mm] \gamma_{xOy} = \dfrac{\partial u_x}{\partial y} + \dfrac{\partial u_y}{\partial x}, \gamma_{yOz} = \dfrac{\partial u_y}{\partial z} + \dfrac{\partial u_z}{\partial y}, \gamma_{zOx} = \dfrac{\partial u_z}{\partial x} + \dfrac{\partial u_x}{\partial z} \end{array}\right\} \tag{1-56}$$

上式为柯西方程，或称几何方程。

式（1-50）表明：若已知三个函数 u_x、u_y、u_z，则可借此求出所有六个应变分量——三个线应变、三个角应变，因为它们是由位移分量的一次导数表示的。根据式（1-17）所描述的关系，则可得各应变分量与位移分量间的微分关系

$$\left.\begin{array}{ll}\varepsilon_x = \dfrac{\partial u_x}{\partial x}, & \varepsilon_{xy} = \dfrac{1}{2}\left(\dfrac{\partial u_x}{\partial y} + \dfrac{\partial u_y}{\partial x}\right) \\[3mm] \varepsilon_y = \dfrac{\partial u_y}{\partial y}, & \varepsilon_{yz} = \dfrac{1}{2}\left(\dfrac{\partial u_y}{\partial z} + \dfrac{\partial u_z}{\partial y}\right) \\[3mm] \varepsilon_z = \dfrac{\partial u_z}{\partial z}, & \varepsilon_{zx} = \dfrac{1}{2}\left(\dfrac{\partial u_z}{\partial x} + \dfrac{\partial u_x}{\partial z}\right)\end{array}\right\} \tag{1-57}$$

在圆柱坐标系中，其应变与位移关系的几何方程为

$$\left.\begin{array}{ll}\varepsilon_r = \dfrac{\partial u_r}{\partial r}, & \varepsilon_{r\theta} = \dfrac{1}{2}\left(\dfrac{\partial u_\theta}{\partial r} + \dfrac{\partial u_r}{r\partial\theta} - \dfrac{u_\theta}{r}\right) \\[3mm] \varepsilon_\theta = \dfrac{u_r}{r} + \dfrac{\partial u_\theta}{r\partial\theta}, & \varepsilon_{\theta z} = \dfrac{1}{2}\left(\dfrac{\partial u_\theta}{\partial z} + \dfrac{\partial u_z}{r\partial\theta}\right) \\[3mm] \varepsilon_z = \dfrac{\partial u_z}{\partial z}, & \varepsilon_{zr} = \dfrac{1}{2}\left(\dfrac{\partial u_r}{\partial z} + \dfrac{\partial u_z}{\partial r}\right)\end{array}\right\} \tag{1-58}$$

式中，ε_r、ε_θ、ε_z 为线应变；$\varepsilon_{r\theta}$、$\varepsilon_{\theta z}$、ε_{zr} 为剪应变。

在球面坐标系中，其应变与位移关系的几何方程为

$$\left.\begin{array}{l}\varepsilon_r = \dfrac{\partial u_r}{\partial r} \\[3mm] \varepsilon_\theta = \dfrac{1}{r}\dfrac{\partial u_\theta}{\partial\theta} + \dfrac{u_r}{r} \\[3mm] \varepsilon_\phi = \dfrac{1}{r\sin\theta}\dfrac{\partial u_\phi}{\partial\phi} + \dfrac{u_r}{r} + \dfrac{u_\theta}{r} \\[3mm] \varepsilon_{r\theta} = \dfrac{1}{2}\left(\dfrac{\partial u_\theta}{\partial r} + \dfrac{\partial u_r}{r\partial\theta} - \dfrac{u_\theta}{r}\right) \\[3mm] \varepsilon_{\theta\phi} = \dfrac{1}{2}\left(\dfrac{1}{r\sin\theta}\dfrac{\partial u_\phi}{\partial\phi} + \dfrac{\partial u_\phi}{r\partial\theta} - \dfrac{\cot\theta}{r}u_\phi\right) \\[3mm] \varepsilon_{\phi r} = \dfrac{1}{2}\left(\dfrac{\partial u_\phi}{\partial r} + \dfrac{1}{r\sin\theta}\dfrac{\partial u_r}{\partial\phi} - \dfrac{u_\phi}{r}\right)\end{array}\right\} \tag{1-59}$$

式中，ε_r、ε_θ、ε_ϕ 为线应变；$\varepsilon_{r\theta}$、$\varepsilon_{\theta\phi}$、$\varepsilon_{\phi r}$ 为剪应变。

应变速度与位移速度的关系，是几何方程的另一表达式。因为位移对时间的导数是位移速度 v，应变对时间的导数是应变速率 $\dot\varepsilon$。则式（1-59）两边的分量分别对时间求导可得

$$\left.\begin{aligned}
\dot{\varepsilon}_x &= \frac{\partial v_x}{\partial x}, & \dot{\varepsilon}_{xy} &= \frac{1}{2}\left(\frac{\partial v_x}{\partial y} + \frac{\partial v_y}{\partial x}\right) \\
\dot{\varepsilon}_y &= \frac{\partial v_y}{\partial y}, & \dot{\varepsilon}_{yz} &= \frac{1}{2}\left(\frac{\partial v_y}{\partial z} + \frac{\partial v_z}{\partial y}\right) \\
\dot{\varepsilon}_z &= \frac{\partial v_z}{\partial z}, & \dot{\varepsilon}_{zx} &= \frac{1}{2}\left(\frac{\partial v_z}{\partial x} + \frac{\partial v_x}{\partial z}\right)
\end{aligned}\right\}
\tag{1-60}$$

1.3.2 体积不变条件

弹性变形时，从应力与体积变形间的关系知道，应力球分量只与体积的变化有关，应变球张量为体积的变化量。根据广义胡克定律，将三个线应变相加得

$$\varepsilon_x + \varepsilon_y + \varepsilon_z = \frac{1}{E}\left[(\sigma_x + \sigma_y + \sigma_z) - 2\nu(\sigma_x + \sigma_y + \sigma_z)\right]$$

$$= \frac{1 - 2\nu}{E}(\sigma_x + \sigma_y + \sigma_z) \tag{1-61}$$

将两侧同乘以 1/3，则得

$$\varepsilon_m = \frac{1 - 2\nu}{E}\sigma_m \tag{1-62}$$

若体积变化为 $\varepsilon_x + \varepsilon_y + \varepsilon_z = \theta$，则体积变化与应力球张量的关系为

$$\theta = \frac{3(1 - 2\nu)}{E}\sigma_m \tag{1-63}$$

对于塑性变形时，体积的变化相对于形状的改变非常小，可以忽略不计，可认为体积的变化量 $\theta \approx 0$，故

$$\varepsilon_x + \varepsilon_y + \varepsilon_z = 0 \tag{1-64}$$

式（1-64）称为体积不变条件，亦称体积不可压缩条件。体积不变条件在塑性变形问题的解析中是不可缺少的条件，它是建立运动许可速度场时，各速度分量或应变速率分量必须满足的重要条件之一。其物理含义是应变球张量或应变速率球张量为零的条件。

1.3.3 变形协调方程

式（1-57）描述了应变分量与位移分量间的微分关系。根据变形体在变形过程中保持连续而不破坏的原则，式（1-57）中的 6 个应变分量不能是任意的。

对于直角坐标系的变形协调方程，通过位移与变形的关系对 x、y、z 进行偏导，可以导出变形协调方程。以平面问题为例，几何方程为

$$\varepsilon_x = \frac{\partial u_x}{\partial x}, \varepsilon_y = \frac{\partial u_y}{\partial y}, \varepsilon_{xy} = \varepsilon_{yx} = \frac{1}{2}\left(\frac{\partial u_y}{\partial x} + \frac{\partial u_x}{\partial y}\right) \tag{1-65}$$

将 ε_x 两边对 y 进行二次偏导，ε_y 两边对 x 进行二次偏导，ε_{xy} 对 x、y 分别进行偏导得

$$\frac{\partial^2 \varepsilon_x}{\partial y^2} = \frac{\partial^3 u_x}{\partial y^2 \partial x}, \frac{\partial^2 \varepsilon_y}{\partial x^2} = \frac{\partial^3 u_y}{\partial y \partial x^2}, \frac{\partial^2 \varepsilon_{xy}}{\partial x \partial y} = \frac{1}{2}\left(\frac{\partial^3 u_x}{\partial y^2 \partial x} + \frac{\partial^3 u_y}{\partial y \partial x^2}\right) \tag{1-66}$$

由此可得如下关系

$$\frac{\partial^2 \varepsilon_{xy}}{\partial x \partial y} = \frac{1}{2}\left(\frac{\partial^2 \varepsilon_x}{\partial y^2} + \frac{\partial^2 \varepsilon_y}{\partial x^2}\right) \tag{1-67}$$

很容易按上述方法证明，各不同应变分量之间存在下列关系：

（1）在同一平面内的应变分量间，存在

$$\left.\begin{aligned}
\frac{\partial^2 \varepsilon_x}{\partial y^2} + \frac{\partial^2 \varepsilon_y}{\partial x^2} &= \frac{2\partial^2 \varepsilon_{xy}}{\partial x \partial y} \\
\frac{\partial^2 \varepsilon_y}{\partial z^2} + \frac{\partial^2 \varepsilon_z}{\partial y^2} &= \frac{2\partial^2 \varepsilon_{yz}}{\partial y \partial z} \\
\frac{\partial^2 \varepsilon_z}{\partial x^2} + \frac{\partial^2 \varepsilon_x}{\partial z^2} &= \frac{2\partial^2 \varepsilon_{zx}}{\partial z \partial x}
\end{aligned}\right\} \tag{1-68}$$

（2）在不同平面内的应变分量间，存在

$$\left.\begin{aligned}
\frac{\partial}{\partial x}\left(\frac{\partial \varepsilon_{zx}}{\partial y} + \frac{\partial \varepsilon_{xy}}{\partial z} - \frac{\partial \varepsilon_{yz}}{\partial x}\right) &= \frac{\partial^2 \varepsilon_x}{\partial y \partial z} \\
\frac{\partial}{\partial y}\left(\frac{\partial \varepsilon_{xy}}{\partial z} + \frac{\partial \varepsilon_{yz}}{\partial x} - \frac{\partial \varepsilon_{zx}}{\partial y}\right) &= \frac{\partial^2 \varepsilon_y}{\partial x \partial z} \\
\frac{\partial}{\partial z}\left(\frac{\partial \varepsilon_{yz}}{\partial x} + \frac{\partial \varepsilon_{zx}}{\partial y} - \frac{\partial \varepsilon_{xy}}{\partial z}\right) &= \frac{\partial^2 \varepsilon_z}{\partial x \partial y}
\end{aligned}\right\} \tag{1-69}$$

上述两组方程式（1-68）、（1-69）称为变形协调方程，或变形连续方程。其物理意义是，如果应变分量间符合上述方程的关系，则原来的连续体在变形后仍是连续的，否则就会出现裂纹或重叠。这个方程的意义又可以从几何角度加以解释。想象将物体分割成无数个平行六面体，并使每一个小单元发生变形。这时，如果表示小单元体变形的 6 个应变分量不满足一定的关系，则在物体变形后，就不能将这些小单元体重新拼合成连续体，其中间产生了很小的裂缝。为使变形后的小单元体能重新拼合成连续体，则应变分量就要满足一定的关系，这个关系就是变形协调方程。因此说，应变分量满足变形协调方程，是保证物体连续的一个必要条件。

现在要证明，如果物体只有一个连续边界，即物体是单连通的，则应变分量满足变形协调方程也是物体连续的充分条件。也就是要证明，如已知应变分量满足变形协调方程，则对单连通物体来说，就一定能通过几何方程的积分求得单值连续的位移分量。

事实上，要求得单值连续的位移分量，可先去求它们分别对 x、y、z 的一阶偏导数（因为若可导必连续）。譬如，知道了 $\dfrac{\partial u_x}{\partial x}$、$\dfrac{\partial u_x}{\partial y}$、$\dfrac{\partial u_x}{\partial z}$，就可通过积分

$$\int \frac{\partial u_x}{\partial x}\mathrm{d}x + \frac{\partial u_x}{\partial y}\mathrm{d}y + \frac{\partial u_x}{\partial z}\mathrm{d}z\,(\text{即}\int\mathrm{d}u_x) \tag{1-70}$$

求得位移分量 u_x。由几何方程可知有

$$\frac{\partial u_x}{\partial x} = \varepsilon_x \tag{1-71}$$

$\dfrac{\partial u_x}{\partial y}$、$\dfrac{\partial u_x}{\partial z}$ 不能直接由几何方程算出，但 $\dfrac{\partial u_x}{\partial y}$、$\dfrac{\partial u_x}{\partial z}$ 作为一个函数，它们对 x、y、z 的一阶偏导数，利用几何方程很容易通过应变分量分别表示。例如，对 $\dfrac{\partial u_x}{\partial y}$ 有

$$\left.\begin{array}{l}
\dfrac{\partial}{\partial x}\left(\dfrac{\partial u_x}{\partial y}\right) = \dfrac{\partial}{\partial y}\left(\dfrac{\partial u_x}{\partial x}\right) = \dfrac{\partial \varepsilon_x}{\partial y} = A \\[3mm]
\dfrac{\partial}{\partial y}\left(\dfrac{\partial u_x}{\partial y}\right) = \dfrac{\partial}{\partial y}\left(\gamma_{xy} - \dfrac{\partial u_y}{\partial x}\right) = \dfrac{\partial \gamma_{xy}}{\partial y} - \dfrac{\partial \varepsilon_y}{\partial x} = B \\[3mm]
\dfrac{\partial}{\partial z}\left(\dfrac{\partial u_x}{\partial y}\right) = \dfrac{1}{2}\left[\dfrac{\partial}{\partial z}\left(\gamma_{xy} - \dfrac{\partial u_y}{\partial x}\right) + \dfrac{\partial}{\partial y}\left(\gamma_{xz} - \dfrac{\partial u_z}{\partial x}\right)\right] = \dfrac{1}{2}\left(-\dfrac{\partial \gamma_{yz}}{\partial x} + \dfrac{\partial \gamma_{xz}}{\partial y} + \dfrac{\partial \gamma_{xz}}{\partial z}\right) = C
\end{array}\right\} \tag{1-72}$$

同理，可用应变分量表示 $\dfrac{\partial}{\partial x}\left(\dfrac{\partial u_x}{\partial z}\right)$、$\dfrac{\partial}{\partial y}\left(\dfrac{\partial u_x}{\partial z}\right)$、$\dfrac{\partial}{\partial z}\left(\dfrac{\partial u_x}{\partial z}\right)$。上式的右边看成已知，分别用 A、B、C 表示。据上所述，如果能够通过积分

$$\int A\mathrm{d}x + B\mathrm{d}y + C\mathrm{d}z \tag{1-73}$$

求得单值连续函数 $\dfrac{\partial u_x}{\partial y}$，并按同理求得单值连续函数 $\dfrac{\partial u_x}{\partial z}$，再结合式（1-71），则可求得位移分量 u_x。但式（1-73）能够给出单值连续的 $\dfrac{\partial u_x}{\partial y}$ 的条件为偏导存在且连续，即

$$\frac{\partial B}{\partial z} = \frac{\partial C}{\partial y},\ \frac{\partial A}{\partial z} = \frac{\partial C}{\partial x},\ \frac{\partial A}{\partial y} = \frac{\partial B}{\partial x} \tag{1-74}$$

将式（1-72）代入式（1-74），则得式（1-68）的第一式和式（1-69）的第一、第二式。如果对 $\dfrac{\partial u_x}{\partial z}$、$\dfrac{\partial u_y}{\partial x}$、$\dfrac{\partial u_y}{\partial z}$、$\dfrac{\partial u_z}{\partial x}$、$\dfrac{\partial u_z}{\partial y}$ 进行同样的处理，则对每一个单值连续函

数，都能得到 3 个条件，共 18 个条件，但在这 18 个条件中只有 6 个不同的，而且就是式（1-68）和式（1-69）。

综上所述，对于单连通体，要求得单值连续的函数 $\frac{\partial u_x}{\partial y}$、$\frac{\partial u_x}{\partial z}$、$\frac{\partial u_y}{\partial x}$、$\frac{\partial u_y}{\partial z}$、$\frac{\partial u_z}{\partial x}$、$\frac{\partial u_z}{\partial y}$，则应变分量必须满足变形协调方程。换言之，如应变分量满足了变形协调方程，则一定能求得单值连续的 $\frac{\partial u_x}{\partial y}$、$\frac{\partial u_x}{\partial z}$、$\frac{\partial u_y}{\partial x}$、$\frac{\partial u_y}{\partial z}$、$\frac{\partial u_z}{\partial x}$、$\frac{\partial u_z}{\partial y}$。求得了这些量，也就等于求得了位移分量。

这样就证明了，对于单连通物体，应变分量满足变形协调方程，是保证物体连续的充分条件。

对于包含多个边界的物体，即多连通体，总可以作适当的截面使它变成单连通体，则上述的结论在此完全适用。具体地说，如果应变分量满足变形协调方程，则在此被割开以后的区域里，一定能求得单值连续的函数 u_x、u_y、u_z。但对求 u_x、u_y、u_z，当点 (x, y, z) 分别从截面两侧趋向于截面上一点时，一般说，它们将趋向于不同的值，分别用 u_x^+、u_y^+、u_z^+ 和 u_x^-、u_y^-、u_z^- 表示。为使所考察的多连通体在变形后仍保持为连续体，则必须加上下列补充条件

$$u_x^+ = u_x^-, u_y^+ = u_y^-, u_z^+ = u_z^- \tag{1-75}$$

1.4 应力与应变关系

1.4.1 本构方程

1.4.1.1 弹性变形时应力与应变的关系

本构方程是指应力与应变关系的方程。对弹性变形，单向应力状态的本构方程即胡克定律 $\sigma = E\varepsilon$。对于三向应力状态，本构方程又称物理方程，亦称广义胡克定律[5]：

$$\left.\begin{array}{ll}
\varepsilon_x = \dfrac{1}{E}[\sigma_x - \nu(\sigma_y + \sigma_z)], & \varepsilon_{xy} = \dfrac{1}{2}\gamma_{xy} = \dfrac{\tau_{xy}}{2G} \\[2mm]
\varepsilon_y = \dfrac{1}{E}[\sigma_y - \nu(\sigma_z + \sigma_x)], & \varepsilon_{yz} = \dfrac{1}{2}\gamma_{yz} = \dfrac{\tau_{yz}}{2G} \\[2mm]
\varepsilon_z = \dfrac{1}{E}[\sigma_z - \nu(\sigma_x + \sigma_y)], & \varepsilon_{zx} = \dfrac{1}{2}\gamma_{zx} = \dfrac{\tau_{zx}}{2G}
\end{array}\right\} \tag{1-76}$$

式中，E 为弹性模量；G 为剪切弹性模量，$G = \dfrac{E}{2(1 + \nu)}$；$\nu$ 为泊松比。

广义胡克定律经过变换，也可以写成矩阵形式

$$\begin{bmatrix} \varepsilon_x & \varepsilon_{xy} & \varepsilon_{xz} \\ \varepsilon_{yx} & \varepsilon_y & \varepsilon_{yz} \\ \varepsilon_{zx} & \varepsilon_{zy} & \varepsilon_z \end{bmatrix} = \frac{1}{2G} \begin{bmatrix} \sigma_x' & \tau_{xy} & \tau_{xz} \\ \tau_{yx} & \sigma_y' & \tau_{yz} \\ \tau_{zx} & \tau_{zy} & \sigma_z' \end{bmatrix} + \frac{1-2\nu}{E} \begin{bmatrix} \sigma_m & 0 & 0 \\ 0 & \sigma_m & 0 \\ 0 & 0 & \sigma_m \end{bmatrix} \tag{1-77}$$

1.4.1.2 大塑性变形时应力与变形的关系

塑性变形的应力与变形的关系比较复杂。由于增量理论对于简单加载还是复杂加载都适用。因此，这里只介绍 Levy-Mises 增量理论，或称流动法则。该理论假定：塑性变形增量的各分量与对应的应力偏分量成正比，且认为总变形增量等于塑性变形增量，即

$$\left.\begin{aligned} \mathrm{d}\varepsilon_x &\doteq \mathrm{d}\varepsilon_x' = \mathrm{d}\lambda\sigma_x' = \mathrm{d}\lambda(\sigma_x - \sigma_m) \\ \mathrm{d}\varepsilon_y &\doteq \mathrm{d}\varepsilon_y' = \mathrm{d}\lambda\sigma_y' = \mathrm{d}\lambda(\sigma_y - \sigma_m) \\ \mathrm{d}\varepsilon_z &\doteq \mathrm{d}\varepsilon_z' = \mathrm{d}\lambda\sigma_z' = \mathrm{d}\lambda(\sigma_z - \sigma_m) \\ \mathrm{d}\varepsilon_{xy} &= \mathrm{d}\lambda\tau_{xy} \\ \mathrm{d}\varepsilon_{yz} &= \mathrm{d}\lambda\tau_{yz} \\ \mathrm{d}\varepsilon_{zx} &= \mathrm{d}\lambda\tau_{zx} \end{aligned}\right\} \tag{1-78}$$

将 $\sigma_m = \dfrac{1}{3}(\sigma_x + \sigma_y + \sigma_z)$ 代入式 (1-78)，整理得变形增量与应力的关系式如下

$$\left.\begin{aligned} \mathrm{d}\varepsilon_x &= \frac{2\mathrm{d}\lambda}{3}\left[\sigma_x - \frac{1}{2}(\sigma_y + \sigma_z)\right], & \mathrm{d}\varepsilon_{xy} &= \mathrm{d}\lambda\tau_{xy} \\ \mathrm{d}\varepsilon_y &= \frac{2\mathrm{d}\lambda}{3}\left[\sigma_y - \frac{1}{2}(\sigma_z + \sigma_x)\right], & \mathrm{d}\varepsilon_{yz} &= \mathrm{d}\lambda\tau_{yz} \\ \mathrm{d}\varepsilon_z &= \frac{2\mathrm{d}\lambda}{3}\left[\sigma_z - \frac{1}{2}(\sigma_x + \sigma_y)\right], & \mathrm{d}\varepsilon_{zx} &= \mathrm{d}\lambda\tau_{zx} \end{aligned}\right\} \tag{1-79}$$

式中，$\mathrm{d}\lambda$ 为瞬时正值比例系数。

1.4.2 等效应力与等效应变

在相同的温度速度条件下，把复杂的一般应力状态，通过其与金属的变形抗力（指屈服应力）间的关系，等效成单向拉伸或单向压缩应力状态的屈服应力 σ_s，称为等效应力，表达式为

$$\sigma_e = \frac{1}{\sqrt{2}}\sqrt{(\sigma_x - \sigma_y)^2 + (\sigma_y - \sigma_z)^2 - (\sigma_z - \sigma_x)^2 + 6(\tau_{xy}^2 + \tau_{yz}^2 + \tau_{zx}^2)}$$

$$= \sigma_s = \sqrt{3}k \tag{1-80}$$

或

$$\sigma_e = \frac{1}{\sqrt{2}} \sqrt{(\sigma_1 - \sigma_2)^2 + (\sigma_2 - \sigma_3)^2 + (\sigma_3 - \sigma_1)^2}$$

$$= \sigma_s = \sqrt{3} k \tag{1-81}$$

在相同的条件下，由于一般应力状态与单向应力状态等效，金属塑性变形时所需要的能量是相同的。因此，可以由单位体积的内部变形功推得与单向拉伸变形等效的应变，表达式为

$$d\varepsilon_e = \sqrt{\frac{2}{3}} \sqrt{d\varepsilon_1^2 + d\varepsilon_2^2 + d\varepsilon_3^2}$$

$$= \sqrt{\frac{2}{9} \left[(d\varepsilon_1 - d\varepsilon_2)^2 + (d\varepsilon_2 - d\varepsilon_3)^2 + (d\varepsilon_3 - d\varepsilon_1)^2 \right]} \tag{1-82}$$

或

$$d\varepsilon_e = \sqrt{\frac{2}{9} \left[(d\varepsilon_x - d\varepsilon_y)^2 + (d\varepsilon_y - d\varepsilon_z)^2 + (d\varepsilon_z - d\varepsilon_x)^2 + 6(d\varepsilon_{xy}^2 + d\varepsilon_{yz}^2 + d\varepsilon_{zx}^2) \right]}$$

$$\tag{1-83}$$

应指出，在比例加载或比例应变的条件下，有

$$\frac{d\varepsilon_1}{\varepsilon_1} = \frac{d\varepsilon_2}{\varepsilon_2} = \frac{d\varepsilon_3}{\varepsilon_3} = \frac{d\varepsilon_e}{\varepsilon_e} \tag{1-84}$$

则式 (1-66) 可写成

$$\varepsilon_e = \sqrt{\frac{2}{9} \left[(\varepsilon_1 - \varepsilon_2)^2 + (\varepsilon_2 - \varepsilon_3)^2 + (\varepsilon_3 - \varepsilon_1)^2 \right]}$$

$$= \sqrt{\frac{2}{3} (\varepsilon_1^2 + \varepsilon_2^2 + \varepsilon_3^2)} \tag{1-85}$$

1.4.3　变形抗力模型

变形抗力就是金属抵抗变形的能力。对于塑性变形，单向拉伸或压缩状态屈服应力 σ_s 就是金属的变形抗力，如图 1-18 所示。比如金属变形了 20%，此时的变形抗力就是该变形状态下（即加工硬化后）的屈服应力。σ_b 为材料的强度，σ_f 为材料的断裂应力。

对于一般金属，其变形抗力与变形温度、变形程度与变形速度有关。热变形时的变形抗力模型可采用如下形式

$$\sigma_s = B + K\varepsilon^n \dot{\varepsilon}^m e^{Q/T} \tag{1-86}$$

式中，B、K 为常数；n 为材质的硬化指数；m 为应变速度敏感指数；T 为绝对温度；Q 为材料的激活能。

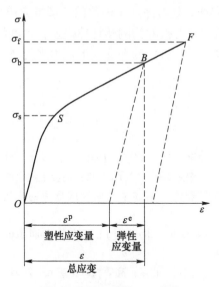

图 1-18 单向拉伸 $\sigma\text{-}\varepsilon$ 曲线

冷变形时的变形抗力模型可采用如下形式

$$\sigma_s = B + K\varepsilon^n \tag{1-87}$$

平均变形抗力模型则可按下式计算

$$\sigma_s = \frac{1}{2}(\sigma_{s0} + \sigma_{s1}) \tag{1-88}$$

式中, σ_{s0} 为变形前的抗力; σ_{s1} 为变形后的抗力。

单向拉伸时的 $\sigma\text{-}\varepsilon$ 曲线是变形抗力曲线。由于等效应力和等效应变的关系相当于单向拉伸变形时的应力与应变的关系,故等效应力与等效应变曲线 $\sigma_e\text{-}\varepsilon_e$ 可以作为复杂应力状态下的变形抗力曲线,如图 1-19 所示。

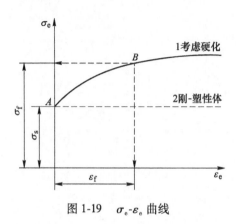

图 1-19 $\sigma_e\text{-}\varepsilon_e$ 曲线

　　由图 1-19 可见，实线 1 是考虑加工硬化的变形抗力模型，虚线 2 是不考虑加工硬化的变形抗力模型。后者被称为刚塑性体模型，各种解析常常采用。如果考虑不均匀变形时，多以式（1-88）的平均变形抗力来代替。

参 考 文 献

［1］章顺虎. 塑性成型力学原理［M］. 北京：冶金工业出版社，2016.

［2］赵志业. 金属塑性变形与轧制理论［M］. 北京：冶金工业出版社，1980.

［3］王振范，刘相华. 能量理论及其在金属塑性成形中的应用［M］. 北京：科学出版社，2009.

［4］Yu M H. Twin shear stress yield criterion［J］. International Journal of Mechanical Sciences，1983，25（1）：71~74.

［5］单祖辉. 材料力学（Ⅰ）［M］. 北京：高等教育出版社，2004.

2 材料成形过程分析方法

描述金属塑性变形的方程包括力的平衡微分方程、屈服准则、几何方程、本构方程等。这些方程中的高阶偏微分方程和非线性方程本身就很难求解，再加上变形工件几何形状与边界条件的复杂性，因此试图通过联解这些方程与条件而获得材料成形力能参数的精确解是相当困难的。目前，针对以上问题多采用一定的简化或假定，陆续出现了一系列行之有效的方法，包括工程法、滑移线法、极限分析法等。本章重点介绍这些经典解法的原理、步骤以及典型应用实例。

2.1 工 程 法

20 世纪 60 年代，材料成形力的主要解法是初等解析法，即传统工程法[1,2]。其基本特点是联解近似平衡方程与近似屈服准则，并假定正应力在某方向均布、剪应力在某方向线性分布，然后求解出工件接触面上的应力分布方程。由于方法简单，如参数处理得当，计算结果与实际误差在工程允许范围内，结果可信，因此该方法在今天仍有重要价值。

2.1.1 基本假设

（1）假设工具与坯料接触面为主平面或为最大剪应力作用面，即摩擦力 τ_f 视为 0 或 k。平面变形问题如图 2-1 所示，Mises 屈服准则可以简化为 $\sigma_x - \sigma_y = 2k$ 或 $\sigma_x - \sigma_y = 0$。因此，有

$$\mathrm{d}\sigma_x - \mathrm{d}\sigma_y = 0 \qquad (2\text{-}1)$$

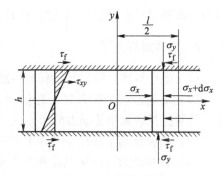

图 2-1　矩形件镦粗

对于圆柱体镦粗、挤压、拉拔等轴对称问题，假定 $\sigma_r = \sigma_\theta$，则屈服准则简化为

$$\mathrm{d}\sigma_r - \mathrm{d}\sigma_z = 0 \qquad (2\text{-}2)$$

（2）将变形过程近似地视为平面问题或轴对称问题，并假设法向应力与一个坐标轴无关，将微分平衡方程中偏微分改为常微分。如图 2-1 中的矩形件压缩，z 轴为不变形方向，于是有 $\tau_{zx} = 0, \partial\tau_{zx}/\partial z = 0$，则微分平衡方程简化为

$$\frac{\partial \sigma_x}{\partial x} + \frac{\partial \tau_{yx}}{\partial y} = 0 \qquad (2\text{-}3)$$

假设剪应力 τ_{yx} 在 y 轴方向上呈线性分布，则有

$$\frac{\partial \tau_{yx}}{\partial y} = \frac{2\tau_f}{h} \qquad (2\text{-}4)$$

设 σ_x 与 y 轴无关（即在坯料厚度上，σ_x 是均匀分布的），则有

$$\frac{\partial \sigma_x}{\partial x} = \frac{\mathrm{d}\sigma_x}{\mathrm{d}x} \qquad (2\text{-}5)$$

把式（2-4）、式（2-5）代入到式（2-3），则平衡方程式最终简化为

$$\frac{\mathrm{d}\sigma_x}{\mathrm{d}x} + \frac{2\tau_f}{h} = 0 \qquad (2\text{-}6)$$

　　从变形体上截取分离体，并用静力平衡法来建立平衡方程。如对图 2-1 中右边的分离体静力平衡 $\mathrm{d}\sigma_x h + 2\tau_f \mathrm{d}x = 0$，整理可得与式（2-6）相同结果，故工程法也称 Slab 法。相应地，圆柱体镦粗时，r 方向力平衡微分方程简化为

$$\frac{\mathrm{d}\sigma_r}{\mathrm{d}r} + \frac{2\tau_f}{h} = 0 \qquad (2\text{-}7)$$

　　（3）工程法普遍采用的三种摩擦规律是 $\tau_f = f\sigma_z$，$\tau_f = mk$，$\tau_f = k$。

　　（4）对变形区几何形状简化，如平辊轧制时，以弦代弧（轧辊与坯料的接触弧）或以平锤头的压缩矩形件代替轧制过程；平模挤压时，变形区与死区的分界面以圆锥面代替实际分界面等；将连续体看做匀质，各向同性，变形均匀，剪应力在坯料厚度或半径方向线性分布以及某些数学近似处理等。

2.1.2　主要解析步骤

　　（1）根据具体成形工艺过程的特点确定前述假设条件；

　　（2）联解近似平衡方程与近似屈服准则，在适当的摩擦条件与应力边界条件下求解接触表面单位压力分布方程；

　　（3）对接触面上压应力分布方程在接触面不同区域内进行积分求得总压力；

　　（4）以总压力除以接触面积求得平均单位压力计算公式与应力状态系数。

2.1.3　应用实例——粗糙砧面压缩薄件

　　压缩无外端矩形件如图 2-1 所示，假定接触表面粗糙无润滑，以传统工程法推导力能参数[3]。

　　第一步：矩形件压缩视为平面变形问题，因表面粗糙无润滑，摩擦条件为 $\tau_f = k = K/2 (K = 2k = 2/\sqrt{3}\, \sigma_s = 1.155\sigma_s)$，称为平面变形抗力，设剪应力在 y 轴方向上呈线性分布，于是有

$$\tau_{yx} = -\frac{2k}{h}y, \frac{\partial \tau_{yx}}{\partial y} = -\frac{2k}{h} = -\frac{K}{h} \tag{2-8}$$

将该式代入到平衡微分方程，注意到 σ_x 均匀分布，则可得

$$\mathrm{d}\sigma_x = \mathrm{d}\sigma_y \tag{2-9}$$

第二步：联解近似平衡方程和近似屈服准则，将式（2-9）代入到式（2-8）有

$$\mathrm{d}\sigma_y = \frac{K}{h}\mathrm{d}x \tag{2-10}$$

对上式积分可得

$$\sigma_y = \frac{K}{h}x + C \tag{2-11}$$

由图 2-1 边界条件：当 $x = l/2$ 时，$\sigma_y = -K$，$C = -\frac{K}{h}\frac{l}{2} - K$，于是有

$$p = -\sigma_y = K - \frac{K}{h}x + \frac{K}{h}\frac{l}{2} \tag{2-12}$$

式（2-12）即接触表面单位压力分布方程。

第三步：求总压力。设宽度为 l，则接触面单位宽度总压力为

$$P = 2\int_0^{\frac{l}{2}} p\mathrm{d}x = 2\int_0^{\frac{l}{2}}\left(K - \frac{K}{h}x + \frac{K}{h}\frac{l}{2}\right)\mathrm{d}x \tag{2-13}$$

第四步：求平均单位压力与应力状态系数。平均单位压力 $\bar{p}$ 为

$$\bar{p} = \frac{P}{l/2} = \frac{2}{l}\left(K\frac{l}{2} - \frac{K}{h}\frac{l^2}{8} + \frac{K}{h}\frac{l^2}{4}\right) = K + \frac{K}{h}\frac{l}{4} \tag{2-14}$$

应力状态系数为

$$n_\sigma = \frac{\bar{p}}{K} = 1 + \frac{1}{4}\frac{l}{h} \tag{2-15}$$

2.1.4 解法评价

工程法是发展最早的方法，又称为平均应力法、平截面法、主应力法等，曾成功解析了锻压、轧制、挤压、拉拔、冲压等诸多成形工艺的力能参数问题。由于联解方程的数目少，推导的变形力计算公式相对简单直接，如参数处理得当，则计算结果误差在工程允许范围内。

工程法的不足是仅求解接触表面应力分布，不涉及变形体内部的应力分布问题；由于不涉及速度场，因此工程法不能确定变形区内部的流动情况；注意到接触面积分时满足应力边界条件，因此从极值原理角度出发工程法实际上只能得到下界解。此外，工程法通常不能计入材料强化，由于采用近似平衡微分方程与近似屈服准则联解，只能得到近似结果，特别是当摩擦条件选取不当时，会与真实解有较大误差。

2.2　平均能量法

压缩无外端矩形件如图 2-2 所示，接触表面粗糙无润滑，以平均能量法推导力能参数如下[4]。

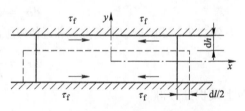

图 2-2　矩形件压缩（平均能量法）

（1）注意到此问题变形条件与工程法实例完全相同，设工件宽度 B，高为 h，摩擦条件取 $\tau_f = mk = k = \sigma_s / \sqrt{3}$。当上锤头压下 dh 时，每侧沿 x 轴移动最大位移为 $dl/2$，一侧平均位移为 $(0 + dl/2)/2 = dl/4$。

（2）用机械能守恒定律，外力功等于内部变形功加摩擦功，设平均单位压力为 $\bar{p}$，有下式

$$\bar{p}lBdh = \sigma_e d\varepsilon_e lBh + 4\tau_f \frac{l}{2} B \frac{dl}{4} \tag{2-16}$$

（3）视材料为刚塑性体，将 $\sigma_e = \sigma_s$，$d\varepsilon_e = \dfrac{2}{\sqrt{3}} \dfrac{dh}{h}$ $\left(\varepsilon_e = \dfrac{2}{\sqrt{3}} \displaystyle\int_{h_1}^{h_0} \dfrac{dh}{h} = \dfrac{2}{\sqrt{3}} \ln \dfrac{h_0}{h_1} \right)$，

$\tau_f = \sigma_s / \sqrt{3}$ 代入式（2-16），注意到 $\dfrac{dh}{h} = -\dfrac{dl}{l}$（$hlB = V$，$hl = V/B$，$dhl + dlh = 0$），式（2-16）经过整理，平均单位压力为

$$\bar{p} = \frac{\sigma_s \dfrac{2}{\sqrt{3}} \dfrac{dh}{h} lh + 4 \dfrac{\sigma_s}{\sqrt{3}} \dfrac{l}{2} \dfrac{1}{4} \dfrac{dh}{h} l}{ldh} = \sigma_s \frac{2}{\sqrt{3}} \left(1 + \frac{1}{4} \frac{l}{h} \right) \tag{2-17}$$

$$n_\sigma = \frac{\bar{p}}{1.155\sigma_s} = \frac{\bar{p}}{K} = 1 + \frac{1}{4} \frac{l}{h} \tag{2-18}$$

式（2-18）与工程法解析结果式（2-15）完全一致。

2.3　滑　移　线　法

2.3.1　基本假设

滑移线理论到 20 世纪 40 年代后期对平面变形问题形成了较完整的解法，包括：

（1）假设变形材料为各向同性的刚-塑性体，即基于材料成形过程中，塑性变形很大，忽略弹性变形的情况。

（2）假设塑性区各点的变形抗力 σ_s 是常数，实质是忽略各点变形程度、变形温度和应变速率对变形抗力的影响。这对变形程度较大，应变速率不太大，变形温度超过再结晶温度的热加工以及对有一定预先加工硬化金属的冷加工都是适用的。

（3）忽略了因温差而引起的热应力和因质点的非匀速运动而产生的惯性力。

2.3.2 基本概念与基本方程

2.3.2.1 滑移线、滑移线网和滑移线场

平面塑性变形时，τ_{max} 达到屈服剪应力 k 时产生屈服。金属的流动都平行于给定的 xOy 平面，而 z 轴方向无变形。故塑性区内，可由 Mises 屈服准则导出各点应力状态应满足的精确塑性条件为

$$(\sigma_x - \sigma_y)^2 + 4\tau_{xy}^2 = 4k^2, \quad \tau_{max} = \pm\sqrt{\frac{1}{4}(\sigma_x - \sigma_y)^2 + \tau_{xy}^2} = k \quad (2\text{-}19)$$

式中，$k = \sigma_s/\sqrt{3}$ 为屈服剪应力。

塑性区内任意一点处的两个最大剪应力相对且相互垂直，连接各点最大剪应力方向的迹线便得到两族正交的曲线，分别称为 α 线和 β 线。两族正交的滑移线在塑性区内构成的曲线网称为滑移线网，由滑移线网所覆盖的区域称为滑移线场。并定义使体素顺时针转动的最大剪应力 $+k$ 方向为 α 线方向，α 线与 x 轴正向夹角为滑移线转角 ϕ，逆时针转动为正；$-k$ 方向为 β 线方向，如图 2-3a 所示。

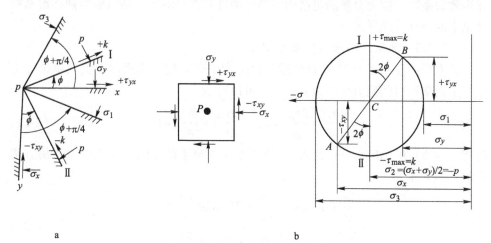

图 2-3　平面变形时的应力状态

a—物理平面；b—莫尔圆

2.3.2.2 σ_{ij} 与静水压力 p 以及转角 ϕ 关系方程

对塑性区内一点 P 的应力状态，用应力莫尔圆直观表示如图 2-3b 所示，对

应的物理平面如图 2-3a 所示。P 点各特定平面上应力为：莫尔圆上的 A 点代表 P_y 平面上的应力状态（$-\sigma_x$，$-\tau_{xy}$）；B 点代表 P_x 平面上的应力状态（$-\sigma_y$，τ_{yx}）。最大剪应力面 I 对应于莫尔圆上的 I 点，I 的剪应力 $+k$ 方向即 α 线方向；最大剪应力面 II 对应于莫尔圆上的 II 点，II 面的剪应力 $-k$ 方向是 β 线方向。剪应力 τ_{xy} 或 τ_{yx} 的符号为：使体素顺时针转为正，使体素逆时针转为负。莫尔圆的圆心是 C，半径为 k，且各点 k 值相同，即莫尔圆半径相等。由图 2-3b 可知，p 恰等于作用在最大剪应力面上的正应力，大小为莫尔圆圆心与原点的距离，$p = -\sigma_m = -\dfrac{1}{2}(\sigma_1 + \sigma_3) = -\sigma_2$，$-\sigma_1 = p - k$，$-\sigma_3 = p + k$。

由于纯剪应力状态莫尔圆圆心与原点重合，足见变形区中任一点的应力状态为纯剪应力状态与不同静水压力 p 叠加而成。塑性区内任意一点 P 处与最大剪应力面成 ϕ 角的截面上，应力状态为

$$\left.\begin{aligned}
\sigma_x &= -(p + k\sin2\phi) = -p - k\sin2\phi \\
\sigma_y &= -(p - k\sin2\phi) = -p + k\sin2\phi \\
\tau_{xy} &= k\cos2\phi
\end{aligned}\right\} \tag{2-20}$$

式（2-20）表明了屈服切应力 k、滑移线转角 ϕ、静水压力 p 以及该点应力分量 σ_x、σ_y 以及 τ_{xy} 之间的定量关系。将式（2-20）代入式（2-19）的第一式，可证明式（2-20）满足塑性条件。或者说在滑移线场中静水压力与滑移线转角满足上述函数关系时，应力分量满足精确的塑性条件。式（2-20）是屈服准则在滑移线理论中的一种特殊形式。

2.3.2.3　汉基（Hencky）应力方程

此方程由汉基于 1923 年首先推导出来[5]。著者建议采用以下更简单推导方法。平面变形时精确力平衡微分方程式可以写成

$$\frac{\partial \sigma_x}{\partial x} + \frac{\partial \tau_{yx}}{\partial y} = 0, \quad \frac{\partial \tau_{xy}}{\partial x} + \frac{\partial \sigma_y}{\partial y} = 0 \tag{2-21}$$

将式（2-20）中的应力分量代入式（2-21）（相当于精确的塑性条件与平衡方程联解）整理得

$$\left.\begin{aligned}
\frac{\partial p}{\partial x} + 2k\cos2\phi\frac{\partial \phi}{\partial x} + 2k\sin2\phi\frac{\partial \phi}{\partial y} &= 0 \\
\frac{\partial p}{\partial y} + 2k\sin2\phi\frac{\partial \phi}{\partial x} - 2k\cos2\phi\frac{\partial \phi}{\partial y} &= 0
\end{aligned}\right\} \tag{2-22}$$

式（2-22）为一个一阶非线性偏微分方程组，采用特征线（特征线与滑移线重合）方法可以求解，但比较麻烦。建议采用下面的方法求解。过图 2-4 中 P 点 α 线切线与 x 轴的夹角为 $\phi(x,y)$，p 与 ϕ 为坐标的光滑连续函数，则下述全微分存在

$$dp = \frac{\partial p}{\partial x}dx + \frac{\partial p}{\partial y}dy, \quad d\phi = \frac{\partial \phi}{\partial x}dx + \frac{\partial \phi}{\partial y}dy \tag{2-23}$$

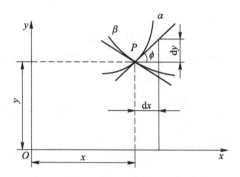

图 2-4　过 P 点的滑移线

由图 2-4，沿 α 线有

$$\frac{dy}{dx} = \tan\phi, \quad dy = dx\tan\phi \tag{2-24}$$

同理，沿 β 线有

$$\frac{dy}{dx} = -\tan(90° - \phi) = -\cot\phi, \quad dy = -dx\cot\phi \tag{2-25}$$

将式（2-22）的第一式乘以 dx，第二式乘以 dy，然后相加，则式（2-23）可得

$$dp + 2k\left(\cos2\phi \frac{\partial \phi}{\partial x}dx + \sin2\phi \frac{\partial \phi}{\partial y}dx + \sin2\phi \frac{\partial \phi}{\partial x}dy - \cos2\phi \frac{\partial \phi}{\partial y}dy\right) = 0 \tag{2-26}$$

式（2-26）是加深理解并简化证明步骤的关键方程，沿 α 线将式（2-24）代入式（2-26）整理可知，沿 α 线：

$$dp + 2k\left[\frac{\partial \phi}{\partial x}dx(\cos2\phi + \sin2\phi\tan\phi) + \frac{\partial \phi}{\partial y}dx(\sin2\phi - \cos2\phi\tan\phi)\right] = 0 \tag{2-27}$$

沿 β 线将式（2-25）代入式（2-26）整理可知，沿 β 线：

$$dp + 2k\left[\frac{\partial \phi}{\partial x}dx(\cos2\phi - \sin2\phi\tan\phi) + \frac{\partial \phi}{\partial y}dx(\sin2\phi + \cos2\phi\tan\phi)\right] = 0 \tag{2-28}$$

将三角变换 $\cos2\phi + \sin2\phi\tan\phi = 1$，$\sin2\phi - \cos2\phi\tan\phi = \tan\phi$ 代入式（2-27），又因式（2-24）可知，沿 α 线：

$$dp + 2k\left(\frac{\partial\phi}{\partial x}dx + \frac{\partial\phi}{\partial y}dx\tan\phi\right) = dp + 2k\left(\frac{\partial\phi}{\partial x}dx + \frac{\partial\phi}{\partial y}dx\frac{dy}{dx}\right)$$

$$= dp + 2kd\phi = 0 \tag{2-29}$$

式（2-29）沿 α 线积分得

$$p - 2k\phi = C_1 \tag{2-30}$$

将三角变换 $\cos2\phi - \sin2\phi\tan\phi = -1$，$\sin2\phi + \cos2\phi\tan\phi = \cot\phi$ 代入式（2-28），又因式（2-25）可知，沿 β 线：

$$dp + 2k\left(-\frac{\partial\phi}{\partial x}dx + \frac{\partial\phi}{\partial y}dx\cot\phi\right) = dp - 2kd\phi = 0 \tag{2-31}$$

式（2-31）沿 β 线积分得

$$p - 2k\phi = C_2 \tag{2-32}$$

式（2-31）和式（2-32）称为汉基应力方程，由此方程可知在塑性区内沿任意一滑移线上，C_1 或 C_2 为一常数，它们的数值可根据边界条件定出。如果利用滑移线网络的特性绘出滑移线场，就可解出塑性区内任意一点的 p 和 ϕ，从而求出任意一点的 σ_x、σ_y、τ_{xy}。

2.3.2.4　Hencky 第一定理

同族的两条滑移线与另族滑移线相交，其相交处两切线间的夹角是常数。如图 2-5 所示，α 族的两条滑移线与另族的 β 线相交，过此两点所引 α 线的切线间的夹角，不随 β 线的变动而改变，即 $\phi_A - \phi_D = \phi_B - \phi_C =$ 常数。此定理可由汉基应力方程式（2-30）和式（2-32）予以证明（从略）。

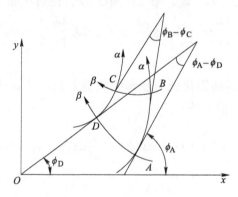

图 2-5　Hencky 第一定理

2.3.2.5　盖林格尔速度方程

如图 2-6 所示，沿 α 滑移线取一微小线素 $\overline{P_1P_2}$ 和 $\overline{P_2P_3}$，P_1 点的速度为 v_1，其在 α 线和 β 线的切线方向的速度分量分别为 v_α 和 v_β，P_2 点的速度为 v_2，其在 α 线和 β 线的切线方向的速度分量分别为 $v_\alpha + dv_\alpha$ 和 $v_\beta + dv_\beta$。因为沿 α 线线段

$\overline{P_1P_2}$ 的线应变等于零，即不产生伸长和收缩，所以在 P_1 和 P_2 点处的速度在 $\overline{P_1P_2}$ 上的投影应该相等，即

$$(v_\alpha + \mathrm{d}v_\alpha)\cos\mathrm{d}\phi - (v_\beta + \mathrm{d}v_\beta)\sin\mathrm{d}\phi = v_\alpha \qquad (2\text{-}33)$$

因为 $\mathrm{d}\phi$ 很小，所以 $\cos\mathrm{d}\phi \approx 1$，$\sin\mathrm{d}\phi \approx \mathrm{d}\phi$。经整理并忽略二次微小量，得到

沿 α 线：

$$\mathrm{d}v_\alpha - v_\beta\mathrm{d}\phi = 0 \qquad (2\text{-}34)$$

沿 β 线：

$$\mathrm{d}v_\beta + v_\alpha\mathrm{d}\phi = 0 \qquad (2\text{-}35)$$

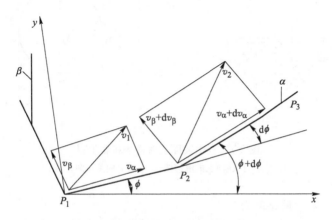

图 2-6　滑移线上的速度分量

2.3.3　滑移线场的一般求解步骤

（1）对给出的问题设定一个塑性变形区，然后按汉基第一定理、应力边界条件和边界上合力平衡条件，按黎曼问题、柯西问题与混合问题绘制出所设定塑性变形区的滑移线网，再按汉基应力方程式（2-30）、式（2-32）和式（2-20）计算出各点的应力，便得到静力许可解。

（2）由于所做滑移线场是静力许可的，对应的速度场不一定能满足运动许可条件。故需检查做出的滑移线场是否满足速度边界条件，检查的方法是作速端图。

（3）在滑移线场内，滑移线两侧的材料其相对运动的方向和剪切应力的方向相同，这时塑性变形功为正，否则为负。

绘制滑移线场常见边界条件如以下各小节所示。

2.3.3.1　自由表面

如图 2-7 所示，自由表面的法向正应力 σ_n 和切向剪应力 τ_n 均为零，是主平面，其法线方向是主方向。例如平锤头压入塑性半无限体时，在锤头两侧，显然会在压

力下形成一个塑性区。由于被锤头挤出的金属受到外端的约束，所以平行于自由表面方向的主应力是压应力，且数值较大。可见，在自由表面上等于零的法向正应力是代数值最大的主应力，即 $\sigma_1 = \sigma_n = 0$。代数值最大的主应力 σ_1 的方向应位于 $\alpha - \beta$ 右手坐标系的第一和第三象限内，由此便可定出 α 和 β 滑移线在自由表面上与自由表面分别成 $\pm \dfrac{\pi}{4}$ 角。根据塑性条件 $\sigma_1 - \sigma_3 = 2k$，得到 $\sigma_3 = -2k$，$\sigma_2 = -k = p$。自由表面上各点的应力状态是，$\sigma_1 = 0$，$\sigma_2 = -k = p$，$\sigma_3 = -2k$。

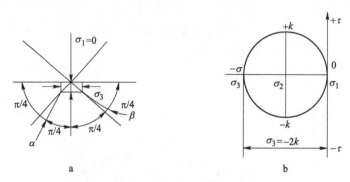

图 2-7　自由表面上滑移线和莫尔圆

a—接触面上的滑移线；b—对应的莫尔圆

2.3.3.2　无摩擦接触面

如图 2-8 所示，充分光滑工具表面均可认为是无摩擦接触面，此面上没有剪应力，因此接触面是主平面，其上法向正应力是主应力。由于该面上主应力是由工具的压缩作用所引起的，是压应力，故绝对值最大，即该主应力是代数值最小的主应力 σ_3，即 $\sigma_n = \sigma_3$。与此主应力法向相垂直的另一主应力 σ_t，在材料成形过程中多数是压应力，并且是代数值最大的主应力 σ_1，因此 $\sigma_t = \sigma_1$。一旦 σ_1 的方向知道后，便可按照前述的方法确定出 α 和 β 滑移线。

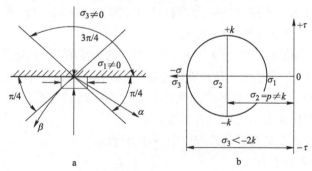

图 2-8　无摩擦接触面上的滑移线和莫尔圆

a—接触面上的滑移线；b—对应的莫尔圆

2.3.3.3 完全粗糙的接触面

接触面上摩擦力 τ_f 很大，达到了屈服剪应力，即 $\tau_f = k$ ，此时两条正交的滑移线与接触面的夹角分别是 0 和 $\pi/2$ 。一条滑移线切于接触面，另一条滑移线与接触面正交。从接触面逆时针转 $\pi/4$ 的平面便是代数值最大的主应力 σ_1 所作用的平面。σ_1 的方向确定后，可按前述的方法确定 α 和 β 滑移线，如图 2-9 所示。

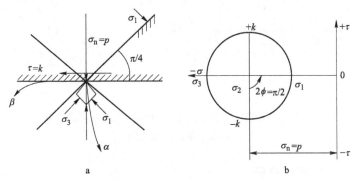

图 2-9 完全粗糙的接触面上的滑移线和莫尔圆

a—接触面上的滑移线；b—对应的莫尔圆

2.3.3.4 库伦摩擦的接触面

工件与工具产生相对滑动，摩擦应力为：$0 < \tau_f < k$（$\tau_f = \tau_n = f\sigma_n$ ，σ_n 为接触面上法向应力，f 为滑动摩擦系数）。因为 $0 < \tau_n < k$ ，所以，其中一条滑移线将以 $\phi < \pi/4$ 的某一角度与接触面相交，如图 2-10 所示。

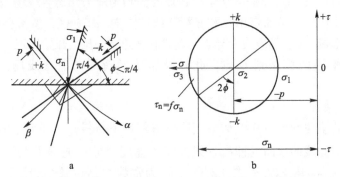

图 2-10 遵守库伦摩擦定律的接触面的滑移线和莫尔圆

a—接触面上的滑移线；b—对应的莫尔圆

2.3.4 应用实例——平冲头压入半无限体

刚性半冲头压入半无限体如图 2-11 所示，假定冲头和半无限体在 z 轴方向（垂直纸面的方向）尺寸很大，则认为是平面变形。冲头宽度与半无限体的厚度相比很小，塑性变形仅发生在表面的局部区域之内。又由于压入时在靠近冲头附近的自由表面上金属受挤压而凸起，所以该区域亦发生塑性变形。由于变形对称，所以只研究一侧的滑移线场。

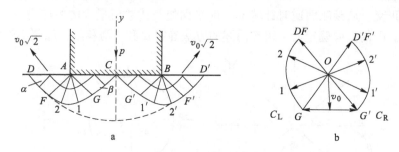

图 2-11　光滑平锤头压入半无限体滑移线场和速端图

a—滑移场；b—速端图

2.3.4.1　Hill 滑移线解

假定接触面光滑，Hill 采用以下解法。

A　绘制滑移线场

自由表面 AFD 区（图 2-11a），由边界条件可知，有 $p=k$，$\phi=\pi/4$。按柯西问题，AD 上 p 为常数，整个三角形 AFD 中为均匀应力状态直线场。$\sigma_1(=0)$ 为代数值最大的主应力，从而按右手（α-β 系）法则可定出 α 和 β 滑移线的方向。

假定 ACG 区冲头表面光滑无摩擦，即 $\tau_f=\tau_n=0$，由边界条件可知，冲头表面各点有 p 为常数，$\phi=3\pi/4$ 为常数，该区为均匀应力状态直线场。$\sigma_1=\sigma_t$ 是代数值最大的主应力，从而定出 α 和 β 滑移线的方向。AGF 区，按滑移线的几何性质为有心扇形场。A 点是应力奇异点。塑性区先在 A、B 点开始出现，逐渐向内扩展，只有当塑性区扩展到 C 点，此时开始压入瞬间的滑移线场，如图 2-11a 所示。

B　作速端图

左半部的塑性变形由 β 线 $DFGC$ 围成，β 线以下材料 $v_\alpha=v_\beta=0$。$DFGC$ 是速度不连续线，沿此线的法向（即沿 α 线方向）速度分量 v_α 连续并为零。因为沿直线 $d\phi=0$，按盖林格尔方程式（2-34），v_α 为常数，所以整个塑性区 $v_\alpha=0$。这样，塑性区内速度仅有沿 β 线的速度分量 v_β。

由图 2-11b 可见，在接触面 AC 上沿 β 线的速度分量 v_β 应等于材料沿冲头表面的水平移动速度与冲头运动速度 v_0 的矢量和，即 $v_\beta=\sqrt{2}v_0$。沿速度不连续线 $DFGC$ 的速度不连续量 $\Delta v_\beta=v_\beta-0=v_\beta$，其大小是常数，方向沿 $DFGC$ 之切线。按速度方程式（2-35），$dv_\beta+v_\alpha d\phi=0$，因整个塑性区 $v_\alpha=0$，所以 v_β 为常数。由于接触面 AC 上各点的 v_β 均等于 $\sqrt{2}v_0$，所以自由表面 AD 上各点的 v_β 也都等于

$\sqrt{2}v_0$。选基点 O ，引锤头速度 v_0 ，过 O 引 v_β 和 v_0 成 $45°$ 交水平速度 C_L 于 G ，以 OG 为半径画圆，便可作出速端图 GF 如图 2-11b 所示。

根据速端图可得

$$AC \times v_0 = v_\beta \times AF = v_\beta \times AC\cos45° = v_\beta \times AC \frac{1}{\sqrt{2}} \Rightarrow v_\beta = \sqrt{2}v_0 \tag{2-36}$$

可见，上面所求之 v_β 符合体积不变条件。

C 平均单位压力

沿 β 线 $DFGC$ 有

$$p_D - 2k\phi_D = p_C - 2k\phi_C \Rightarrow p_C = p_D + 2k(\phi_C - \phi_D) \tag{2-37}$$

而 $\phi_D = \dfrac{\pi}{4}$ ， $p_D = k$ ， $\phi_C = \dfrac{3\pi}{4}$ ，代入式（2-37），则

$$p_C = k + 2k\left(\frac{3\pi}{4} - \frac{\pi}{4}\right) = k(1 + \pi) \tag{2-38}$$

根据式（2-20）可得

$$\sigma_y = -p_C + k\sin2\phi_C = -k(1 + \pi) + k\sin\left(\frac{3\pi}{2}\right) = -5.14k \tag{2-39}$$

因为 AGC 区为均匀应力区，平均单位压力与应力状态系数为

$$\bar{p} = -\sigma_y = 5.14k, \quad n_\sigma = \frac{\bar{p}}{2k} = 2.57 \tag{2-40}$$

以上解析结果称为光滑平冲头压入的 Hill 解。

2.3.4.2 Prandtl 滑移线解

图 2-12 是冲头表面粗糙的滑移线场和速端图。由于冲头足够粗糙，认为等腰三角形 ABC 如同一个附着在冲头上的刚性金属帽。同样，自由表面的塑性区也是均匀直线场 ADF 。在垂直对称轴上 $\tau_{xy} = 0$ 。于是，从冲头边角引出的直线滑移线必须与垂直对称轴成 $45°$ 角，由此定出 ΔABC 两底角为 $45°$ 。根据汉基第一定理在 ABC 与 AFD 间是有心扇形场。

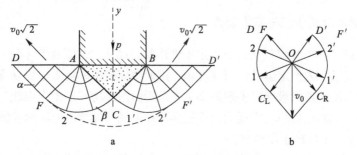

图 2-12 粗糙平锤头压入半无限体滑移线场和速端图
a—滑移线场；b—速端图

按汉基应力方程沿 β 线 DFC 有

$$p_C = p_D + 2k(\phi_C - \phi_D) = k(1 + \pi) \tag{2-41}$$

沿直线滑移线 AC 上之正应力 $-\sigma_n = p_C$ 为常数，剪应力 $\tau = k$。此时按三角形 ABC 之平衡条件可求出接触面上的平均单位压力 $\bar{p}$。按图 2-12 所示，有

$$\left.\begin{array}{l} p \times AO = kAC \times \cos45° + p_C \times AC\sin45° \\ AO = AC \times \cos45° = AC\sin45° \\ \bar{p} = p_C + k \end{array}\right\} \tag{2-42}$$

把式（2-41）代入式（2-42）第三式可得

$$\bar{p} = k(1 + \pi) + k = 5.14k, \quad n_\sigma = \frac{\bar{p}}{2k} = 2.57 \tag{2-43}$$

以上解析结果称为粗糙平锤头压入的 Prandtl 解。由式（2-40）和式（2-43）可见，两者不同摩擦情况下，滑移线场所得到的平均单位压力完全相同。

2.3.5　解法评价

滑移线法的基本假设决定了此法计入材料强化问题，较工程法的明显进步是滑移线解法实质是联解精确平衡方程与精确塑性条件，不仅可以计算接触面上的应力分布，也可依据汉基应力方程计算工件内部任一点的应力分布（在塑性区内），且依据速度方程可绘制速端图，从而研究工件内部各点的流动情况。因此，尽管解法有一定局限性，但已成功解析锻造、轧制、拉拔、挤压等诸多平面变形问题，取得了满意结果。

应指出，对轴对称问题及边界形状复杂的三维问题，滑移线理论尚有待深入研究。近年来，对滑移线场的矩阵算子技术以及边界形状复杂的滑移线场积分方法的研究仍是该领域的亮点。

2.4　极限分析法

2.4.1　上界法解析步骤与基本公式

上界法基本解析步骤包括：对给定工件形状、尺寸、性能及工具与工件接触面速度的成形问题，先设定运动许可速度场；进而由应变速率场求上界功率；然后对上界功率所含待定变量求导以实现最小化；最后由内外功率平衡求出相应的力、能与变形参数。上界法目前已发展为上界三角形速度场与连续速度场两种解法。

2.4.1.1　三角形速度场解法

此法主要用于解平面变形问题，假定变形体是由速度不连续线分割成几个刚性三角形块组成的，并假定已知表面力的表面 Σ_p 为自由表面，在此特殊情况下，

上界功率 J^* 简化为

$$J^* = \dot{W}_s \tag{2-44}$$

式中，$\dot{W}_s$ 为剪切功率，包括速度不连续剪切所耗的功率 $\dot{W}_D$、工具与工件接触摩擦所耗的功率 $\dot{W}_f$。

因为摩擦力 $\tau_f = mk = m\dfrac{\sigma_s}{\sqrt{3}}$，速度不连续面上有 $\tau = \tau_s = k = \dfrac{\sigma_s}{\sqrt{3}}$，于是有

$$\dot{W}_s = m\frac{\sigma_s}{\sqrt{3}}\int_{S_f} |\Delta v_f|\,\mathrm{d}S + \frac{\sigma_s}{\sqrt{3}}\int_{S_t} |\Delta v_t|\,\mathrm{d}S \tag{2-45}$$

式中，Δv_f 和 Δv_t 可结合具体成形过程确定。

上式即三角形速度场上界功率的基本计算公式。

2.4.1.2 连续速度场解法

此法既可解平面变形问题，也可解轴对称问题，如果速度场与数学方法选择合适，也可成功解析三维变形问题，对应的材料成形总功率表达式为

$$J^* = \int_W \sigma_{ij}^* \dot{\varepsilon}_{ij}^* \,\mathrm{d}W + \sum \int_{S_t} k\,|\Delta v_t^*|\,\mathrm{d}S - \int_{S_f} p_i v_i^* \,\mathrm{d}S \tag{2-46}$$

式中，J^* 为上界功率。

通常，上界功率中一般都有待定参数。求此上界功率的最小值 $J_{\min}^*$，并在 $J = J_{\min}^*$ 条件下确定力能参数。这里 J 称为外功率，计算公式如下

镦粗、挤压、拉拔 $\qquad\qquad J = Pv \tag{2-47}$

轧制 $\qquad\qquad\qquad\qquad J = M\omega \tag{2-48}$

式中，P 为作用力；v 为作用力移动速度；M 为轧制力矩；ω 为轧辊角速度。

2.4.2 上界法应用实例

2.4.2.1 三角形速度场解析光滑冲头压缩半无限体

按上界三角形速度场方法应先假定变形区速度不连续线和速端图，如图 2-13 所示。

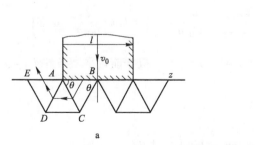

图 2-13 三角形速度场解析半无限体压缩
a—速度不连续线；b—速端图

只研究垂直对称轴的左侧部分。$BCDE$ 以下的材料为刚性区，此区速度为零。刚性区以上材料流动路线如图中箭头所示。三角形 ABC 以速度 Δv_{BC} 沿刚性区的边界 BC 滑动，此速度满足 $\overrightarrow{\Delta v_{BC}} = \overrightarrow{v_x} + \overrightarrow{v_0}$。速度 Δv_{BC} 与 AC 上的速度不连续量 Δv_{AC} 之间满足 $\overrightarrow{\Delta v_{DC}} = \overrightarrow{\Delta v_{BC}} + \overrightarrow{\Delta v_{AC}}$，同理有 $\overrightarrow{\Delta v_{DE}} = \overrightarrow{\Delta v_{DC}} + \overrightarrow{\Delta v_{AD}}$。这样，作出图 2-13b 所示的速端图，$\theta$ 为待定参数。

在 DE，AD，AC 和 BC 上的速度不连续量满足

$$\Delta v_{DE} = \Delta v_{AD} = \Delta v_{AC} = \Delta v_{BC} = \frac{v_0}{\sin\theta} \tag{2-49}$$

DC 上的速度不连续量为

$$\Delta v_{DC} = \frac{2v_0}{\tan\theta} \tag{2-50}$$

取垂直纸面方向厚度为 1，按体积不变原则有

$$\left.\begin{array}{l} v_0 \cdot AB = \Delta v_{DE} \cdot \sin\theta \cdot AE, \quad AE = AB \\[2mm] v_0 \cdot AB = \Delta v_{DC} \dfrac{AB}{2} \tan\theta \end{array}\right\} \tag{2-51}$$

从而得

$$\Delta v_{DE} = \frac{v_0}{\sin\theta}, \quad \Delta v_{DC} = \frac{2v_0}{\tan\theta} \tag{2-52}$$

这样，上述速度场满足体积不变条件和位移速度边界条件，是运动许可的速度场。

由于取单位厚度，速度不连续面的面积 $\Delta\Sigma$ 可用其线段长度表示，分别为

$$BC = AC = AD = DE = \frac{l}{4\cos\theta}, \quad DC = \frac{l}{2} \tag{2-53}$$

因冲头光滑，接触摩擦功率为零。仅计算速度不连续面上的剪切功率，于是按式（2-45）可得

$$J^* = \sum k \,|\Delta v_t|\, \Delta L = k(4 \cdot \Delta v_{DE} + \Delta v_{DC} \cdot DC)$$

$$= k\left(4 \cdot \frac{lv_0}{4\cos\theta\sin\theta} + \frac{2v_0}{\tan\theta} \cdot \frac{l}{2}\right) = klv_0\left(\frac{2}{\tan\theta} + \tan\theta\right) \tag{2-54}$$

令 $x = \tan\theta$，由 $\dfrac{\mathrm{d}J^*}{\mathrm{d}x} = 0$，得到 $x = \tan\theta = \sqrt{2}$，根据能量平衡条件 $J^* = J$，并注意到 $J = \bar{p}\dfrac{l}{2}v_0$，可得

$$\bar{p}\frac{l}{2}v_0 = klv_0\left(\frac{2}{\sqrt{2}} + \sqrt{2}\right) \tag{2-55}$$

求解上述方程，从而得到应力状态系数为

$$\frac{\bar{p}}{2k} = \frac{2}{\sqrt{2}} + \sqrt{2} = 2.83 \tag{2-56}$$

可见，三角形速度场最小上界解 $\frac{\bar{p}}{2k} = 2.83$，比滑移线场解略高（$\frac{\bar{p}}{2k} = 2.57$）。

2.4.2.2 连续速度场解析扁料平板压缩（不考虑侧边鼓形）

A 速度场的确定

扁料平板压缩不考虑侧面鼓形时，速度场设定如图 2-14 所示。

假定砧面光滑上压板以 $-v_0$ 向下运动，下压板以 v_0 向上运动，σ_0 为外加的水平力。宽向无变形，即 $v_z = 0$，$\dot{\varepsilon}_z = 0$。因变形对称，为简化仅研究四分之一部分并取单位宽度（垂直纸面厚度取 1），在水平和垂直对称轴上有

$$v_y|_{y=0} = 0, \quad v_x|_{x=0} = 0 \tag{2-57}$$

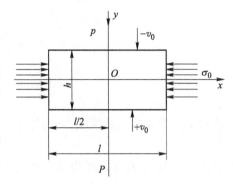

图 2-14 连续速度场解析扁料压缩

假定速度垂直分量 v_y 与坐标 y 呈线性关系，即

$$v_y = -\frac{2y}{h}v_0 \tag{2-58}$$

通过校验，可以判定此式满足下列速度边界条件

$$y = 0, v_y = 0; \quad y = \pm \frac{h}{2}, v_y = \mp v_0 \tag{2-59}$$

根据体积不变条件，可得平面变形时有

$$\dot{\varepsilon}_x = -\dot{\varepsilon}_y = -\frac{\partial v_y}{\partial y} = \frac{2}{h}v_0 \tag{2-60}$$

因无鼓形，即 v_x 与 y 无关，则由式（2-60）可导出

$$v_x = \int \dot{\varepsilon}_x \mathrm{d}x = \frac{2}{h}v_0 x + C \tag{2-61}$$

根据条件 $v_x|_{x=0} = 0$，可得待定参数 $C = 0$，于是得

$$v_x = \frac{2}{h}v_0 x \tag{2-62}$$

这样，此压缩情况的运动许可速度场与应变速率场分别为

$$v_x = \frac{2}{h}v_0 x, \quad v_y = -\frac{2y}{h}v_0, \quad v_z = 0 \tag{2-63}$$

$$\dot{\varepsilon}_x = \frac{2}{h}v_0, \quad \dot{\varepsilon}_y = -\frac{2}{h}v_0, \quad \dot{\varepsilon}_z = 0 \tag{2-64}$$

因无鼓形，$\dot{\varepsilon}_{xy} = \dot{\varepsilon}_{yz} = \dot{\varepsilon}_{zx} = 0$，即 x、y、z 轴为主轴，有时这类速度场也称为平行速度场。

　　B　上界功率

按式（2-46）有

$$\dot{W}_i = \frac{2}{\sqrt{3}}\sigma_s \int_W \dot{\varepsilon}_x dW = 2k \int_W \dot{\varepsilon}_x dW$$

$$= 4 \times 2k \int_0^{l/2} \left(\int_0^{h/2} \frac{2v_0}{h} dy \right) dx$$

$$= 4 \times 2kv_0 \frac{l}{2} \tag{2-65}$$

工件对工具表面的相对速度 Δv_f 等于 $y = \pm \dfrac{h}{2}$ 时沿 x 轴材料的位移速度分量，因为无鼓形，v_x 与 y 无关，所以 $\Delta v_f = v_x = \dfrac{2v_0 x}{h}$。假定没有速度不连续线，则由式（2-65）可知，此时 $\dot{W}_s$ 等于接触表面摩擦功率 $\dot{W}_f$，即

$$\dot{W}_s = \dot{W}_f = mk \int_{S_f} |\Delta v_f| dS = 4mk \frac{2v_0}{h} \int_0^{l/2} x dx = mk \frac{l^2}{2} v_0 \tag{2-66}$$

在 $x = l/2$ 处，$v_x = \dfrac{2}{h}v_0 x = \dfrac{v_0}{h}l$，假定外加应力 σ_0 沿件厚均匀分布，则克服外加功率为

$$\dot{W}_b = 4 \times \frac{h}{2}v_x \sigma_0 = 4 \times \frac{h}{2} \frac{v_0 l}{h} \sigma_0 = 2lv_0 \sigma_0 \tag{2-67}$$

所以

$$J^* = \dot{W}_i + \dot{W}_f + \dot{W}_b = 4kv_0 l + mk \frac{l^2}{h} v_0 + 2lv_0 \sigma_0 \tag{2-68}$$

由 $J = 2\bar{p}lv_0$，$J = J^*$，可得在 $m = 1$ 时的上界解 $\bar{p}/2k$ 为

$$\frac{\bar{p}}{2k} = 1 + 0.25 \frac{l}{h} + \frac{\sigma_0}{2k} \tag{2-69}$$

这和工程法以及平均能量法解析粗糙砧面压缩矩形件结果相同。

2.5　下界法与实例

　　对工件变形区设定一个只满足静力平衡方程、应力边界条件且不破坏屈服条件的应力场，称为静力许可应力场。根据下界定理可知[1]，以上应力场确定的成形功率及相应的成形力值小于真实解，据此寻求其中最大值的解析方法称下界

法。由于设定静力许可应力场比设定运动许可速度场困难，下界法发展较慢。以下介绍平冲头压入半无限体的下界解法。

（1）第一种应力场情况，如图 2-15a 所示。假定中间材料受压应力，两侧应力为零。上述应力场满足平衡条件、屈服条件及应力不连续线上的应力不连续条件与边界条件，故为静力许可应力场。于是下界解为

$$p = -\sigma_3 = 2k, \quad n_\sigma = \frac{p}{2k} = 1 \tag{2-70}$$

（2）第二种应力场情况，如图 2-15b 所示。假定两条受均匀应力的材料相交成 60°对称，不连续线 AE、CD、CF 和 BG 上满足应力不连续条件。区域 $ACDE$ 和 $BCFG$ 内满足平衡条件和屈服条件。区域 ABC 内应力状态是两个应力状态的叠加，因此是均匀应力状态并满足平衡条件。在此域内，有应力分量 $\sigma_1 = -k$，$\sigma_3 = -3k$，满足屈服准则 $\sigma_1 - \sigma_3 = 2k$，因此下界解为

$$p = -\sigma_3 = 3k, n_\sigma = \frac{p}{2k} = 1.5 \tag{2-71}$$

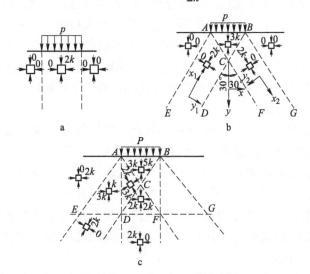

图 2-15　平冲头压入半无限体下界解的应力场

（3）第三种应力场情况如图 2-15c 所示。在 AD 和 BF 所界长条内叠加图 2-15a 的均匀应力状态，则 ABC 内应力为：$\sigma_1 = -k$，$\sigma_3 = -5k$，由于 $\sigma_1 - \sigma_3 = 4k$，故破坏了屈服准则；为此，再叠加水平主应力为 $-2k$，竖直主应力为 0 的均匀应力状态，得到 ABC 内应力状态为

$$\sigma_1 = -3k, \sigma_3 = -5k, \sigma_1 - \sigma_3 = 2k \tag{2-72}$$

采用同样方法用应力转轴公式可证明 ADE 和 BFG 区应力场满足应力不连续条件且不破坏屈服条件。于是由式（2-72）可得下界解为

$$p = -\sigma_3 = 5k, n_\sigma = \frac{p}{2k} = 2.5 \tag{2-73}$$

此结果表明，采用更复杂的应力叠加还可进一步提高下界值。

2.6 解 法 评 价

上界法适合于解析给出几何形状与性能的初始流动问题，也可根据实验观察瞬时速度场及变形功率大小优化设定变形区几何形状，进而容易得到比较可靠的结果。近年来发展的上界元技术及流函数设定连续速度场的方法表明上界法也可成功研究金属流动问题，而下界法则不能提供关于流动与变形的基本数据。

上界法一般用于变形抗力为常量的理想刚-塑性材料，但在一定条件下也可以处理应变速率敏感材料。此时，$\sigma_e = f(\dot\varepsilon_e)$，$\int_V \sigma_e \dot\varepsilon_e \mathrm{d}V = \int_V f(\dot\varepsilon_e)\dot\varepsilon_e \mathrm{d}V$。上界法不像下界法和滑移线法那样能预测应力分布，但近年已有人在这方面开发出预测工件内部应力的一些方法。上界三角形速度场解法与滑移线解法一样，只能解析平面变形问题，而上界连续速度场解法则适用平面问题、轴对称问题以及三维成形问题，与工程法具有同样广泛的适用范围。相比而言，三角形速度场因解法粗糙，适用范围较窄；而上界连续速度场解法却不断产生新的亮点，目前可解析的范围包括以下几个方面：

（1）力、能参数计算。实践表明，用上界法计算塑性加工成形过程的力能参数结果比实际略高，但通常不超过15%。

（2）分析金属流动规律。包括变形过程速度场、位移场以及工件边界上的位移（如轧制时的宽展），进而可预测变形后工件的尺寸。

（3）确定塑性加工成形极限，确定最佳的模具尺寸和成形条件，例如拉拔时可由上界法确定的拉拔应力小于工件出模后屈服极限来确定该道次拉拔的极限面缩率、最佳模角等。

（4）研究塑性加工中的温度场。例如，可把快速成形过程看成是绝热过程。由各区的变形功可以预测温度分布。

（5）可以确定估算摩擦因子 m 的测定方法；还可用上界法导出的有关公式评价塑性成形过程的润滑效果。

（6）可以分析塑性成形过程中出现缺陷的原因及其防止措施。例如，可以确定轧制和锻压时工件内部孔隙缺陷的压合条件以及分析拉拔和挤压过程的中心开裂原因。

总之，上界法可解析如轧制、自由锻、模锻、拉拔、挤压（包括正、反挤压和复合挤压等）、旋压和冲压等各种成形工艺过程。

2.7 变 分 法

2.7.1 基本解析步骤

变分法也称能量法,它以泛函的 Ritz 近似解法为基础,基本解析步骤可描述如下。

(1)对具体成形过程首先设定某瞬间工件的表面形状;在给定的边界条件下设定运动许可速度(或位移)场或静力许可应力场,把其写成含有几个待定参量的数学表达式。

(2)根据变分原理使相应的泛函(功率或功,余功率或余功)最小化;把相应的泛函作为这些待定参数的多元函数,求其对待定参量的偏导数并令其为零,构成以这些待定参量为变量的联立方程组。

(3)解此方程组求出待定参量,用其得到更接近真实的运动许可速度(或位移)场或静力许可应力场。

(4)按已知速度(或位移)场,由几何方程求应变速率(或应变)场;由已知工件边缘位移确定工件外形尺寸;由外力功率和内力功率平衡求出力能参数。

(5)在设定速度场时对有流动分界面的成形过程(如圆环镦粗和轧制等),常把中性面位置坐标作为待定参数,欲求缺陷压合条件可把压合有关因子作为待定参量。

2.7.2 应用实例——正多边形棱柱体镦粗

正多边形棱柱体既不是平面变形问题,也不是轴对称问题,而是非定常三维流动问题。首先把棱柱体分割成流动相同的三角形柱体区 $OBCO'B'C'$,如图 2-16a 所示。因为相邻的三角形柱体区金属流动相同,所以分界面上没有速度间断。仅考虑由于件厚不均匀流动引起的鼓形,上砧以 $-v_0$ 向下运动,下砧以 $+v_0$ 向上运动。主要解析步骤如下。

2.7.2.1 建立速度场

取直角坐标系,x 和 y 方向的质点速度用下式表示

$$v_x = Bx \frac{v_0}{h} \mathrm{e}^{-cz/h}, \quad v_y = By \frac{v_0}{h} \mathrm{e}^{-cz/h} \tag{2-74}$$

式中,B、c 为面部宽展和鼓形程度。由式(2-74),可得 x 和 y 方向应变速率为

$$\dot{\varepsilon}_x = B \frac{v_0}{h} \mathrm{e}^{-cz/h} = \dot{\varepsilon}_y = B \frac{v_0}{h} \mathrm{e}^{-cz/h} \tag{2-75}$$

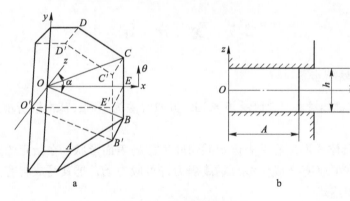

图 2-16　镦粗多边棱柱体

a—三维空间；b—x-z 平面

由几何方程和体积不变条件可得

$$\dot{\varepsilon}_z = \frac{\partial v_z}{\partial z} = -2B\frac{v_0}{h}e^{-cz/h} \tag{2-76}$$

对上式积分得

$$v_z = 2B\frac{v_0}{c}e^{-cz/h} + f(x,y) \tag{2-77}$$

注意到 $z=0$ 时，对所有的 x 和 y，$v_z = 0$；$z = h$ 时，$v_z = -v_0$。由此得

$$f(x,y) = -2B\frac{v_0}{c}, B = \frac{c}{2(1-e^{-c})} \tag{2-78}$$

把式（2-78）代入到式（2-77），则速度场为

$$v_x = \frac{cx}{2(1-e^{-c})}\frac{v_0}{h}e^{-cz/h}, v_y = \frac{cy}{2(1-e^{-c})}\frac{v_0}{h}e^{-cz/h}, v_z = \frac{-v_0}{1-e^{-c}}(1-e^{-cz/h}) \tag{2-79}$$

相应的应变速率场为

$$\dot{\varepsilon}_x = \frac{c}{2(1-e^{-c})}\frac{v_0}{h}e^{-cz/h}, \dot{\varepsilon}_y = \frac{c}{2(1-e^{-c})}\frac{v_0}{h}e^{-cz/h}, \dot{\varepsilon}_z = \frac{-c}{1-e^{-c}}\frac{v_0}{h}e^{-cz/h}$$

$$\dot{\varepsilon}_{xz} = -\frac{1}{4}\frac{c^2}{h^2}\frac{v_0}{1-e^{-c}}xe^{-cz/h}, \dot{\varepsilon}_{yz} = -\frac{1}{4}\frac{c^2}{h^2}\frac{v_0}{1-e^{-c}}ye^{-cz/h}, \dot{\varepsilon}_{xy} = 0$$

$$\tag{2-80}$$

2.7.2.2　建立功率泛函

对该问题，由刚-塑性材料第一变分原理有

$$\phi = \sqrt{\frac{2}{3}}\sigma_s\int_W\sqrt{\dot{\varepsilon}_{ik}\dot{\varepsilon}_{ik}}\,dW + \int_{S_f}\tau_f|\Delta v_f|\,dS = N_d + N_f \tag{2-81}$$

将式 (2-80) 代入到下式, 则得内部变形功率为

$$N_d = \sigma_s \frac{v_0}{h} \frac{c}{1 - e^{-c}} \int_W e^{-cz/h} \left[1 + \frac{1}{12} \frac{c^2}{h^2} (x^2 + y^2) \right]^{1/2} dW \tag{2-82}$$

把 $z = h$ 代入速度场分量, 则可得工件质点在接触面上的速度 v_x 和 v_y, 进而可求速度

不连续量 $\Delta v_f = (v_x^2 + v_y^2)^{1/2}$, 将 $\tau_f = m \frac{\sigma_s}{\sqrt{3}}$ 和 $|\Delta v_f|$ 代入式 (2-81), 则摩擦功率为

$$N_f = m \frac{\sigma_s}{\sqrt{3}} \frac{c}{1 - e^{-c}} \frac{v_0}{h} e^{-c} \int_{S_f} (x^2 + y^2)^{1/2} dW \tag{2-83}$$

由式 (2-82) 和式 (2-83) 可得总功率为

$$\phi = 2n\sigma_s v_0 A^2 \left\{ \left[1 + \frac{1}{48} \frac{c^2}{h^2} A^2 \left(1 + \frac{1}{3} \tan^3\alpha \right) \right] \tan\alpha + \frac{m}{3\sqrt{3}} \frac{\tau c}{e^x - 1} \frac{A}{h} f(\alpha) \right\} \tag{2-84}$$

式中, n 为三角形柱体数目; $f(\alpha) = \frac{1}{2} \left[\ln(\tan\alpha + \sec\alpha) + \tan\alpha\sec\alpha \right]$。

2.7.2.3 求力能参数

根据内外功率平衡, 并考虑外功率为 $2nv_0 A^2 \bar{p} \tan\alpha$, 则可得应力状态系数
如下

$$n_\sigma = \frac{\bar{p}}{\sigma_s} = 1 + \frac{1}{48} \frac{c^2}{h^2} A^2 \left(1 + \frac{1}{3} \tan^2\alpha \right) + \frac{m}{3\sqrt{3}} \frac{c}{e^x - 1} \frac{A}{h} f(\alpha) / \tan\alpha$$

$$\tag{2-85}$$

2.7.2.4 能量最小化

将式 (2-85) 对 c 求导, 令 $\partial n_\alpha / \partial c = 0$, 则可确定待定参数为

$$c = \frac{mf(\alpha)/\tan\alpha}{\sqrt{3} \left[\frac{1}{4} \left(1 + \frac{1}{3} \tan^2\alpha \right) \frac{A}{h} + \frac{m}{3\sqrt{3}} f(\alpha)/\tan\alpha \right]} \tag{2-86}$$

将 c 代入式 (2-79) 和式 (2-85) 可得更真实的速度场和最佳力能参数。

2.7.3 解法评价

变分法有两类, 一是设定运动许可的位移或速度函数, 利用变分原理的最小
能原理, 确定更真实的位移场或速度场, 并按外力功和内力功平衡确定变形功和
变形力; 二是设定静力许可的应力函数, 利用变分原理的最小余能原理, 确定更
真实的应力场, 从而求出变形力和变形功。由于设定运动许可的位移或速度函数
比设定静力许可应力场容易, 所以基于最小能原理的第一种方法应用广泛, 而基
于最小余能原理确定应力场的第二种方法仅有为数不多的例子。

　　与前述各种方法相比，变分法除可确定力能参数（如轧制力和力矩以及其他变形力或功率等）外，还可确定变形参数（如轧制时的宽展、前滑、孔型和模锻的充满条件等）与自由面鼓形、凹形、轧件前后端鱼尾、内部缺陷压合条件等。和工程法有同样广泛的适用范围，可以解析轧制、挤压、拉拔、锻造等诸多成形问题。

　　应指出，在解析定常与非定常两种成形过程中，解析步骤略有不同。对定常变形，变形区形状不随时间变化，用变分法设定速度场时，必须对初始假设的表面形状反复修正，直到满足定常变形条件为止；对非定常成形过程，因变形区形状随时间变化，此时必须用步进小变形计算大变形问题。即从初始已知表面形状开始，用变分法求出第一步后的表面形状；再把此表面形状作为下一步初始条件，用变分法求第二步最适速度场，进而求第二步后的工件表面形状。依此类推，一直进行到所要求的终了变形。一般每一步变形程度小于10%（如镦粗每步压下率小于10%），视要求的计算精度而定。

2.8　有　限　元　法

2.8.1　基本内容

　　随着电子计算机的快速发展，有限元法已成为近年来解析材料成形线性与非线性问题的主要计算方法之一，其基本内容将在材料成形专业研究生课程——"近代材料成形力学"中详细讨论，本书仅作概括介绍。有限元法包括：弹性有限元法、弹-塑性有限元法、刚-塑性有限元法、黏-塑性有限元法等。

　　弹-塑性有限元法是20世纪60年代末由 Marcal 和山田嘉昭导出的弹-塑性矩阵而发展起来的。已对锻压、挤压、拉拔、冲压和平板轧制等多种材料成形问题进行了解析。得到了关于塑性变形区扩展、工件内部应力和应变分布以及变形力能计算等诸多信息。此外，用此种方法还可以计算工件内的残余应力。然而为了保证计算精度和解的收敛，此法每步的计算中所给的变形量不允许使多数单元屈服，这种每步只采用小变形量的方法也称小变形弹-塑性有限元法。而为增加每步的变形量和提高计算精度，在每步变形过程中考虑单元的形状变化和刚性转动的弹-塑性有限元法称为大变形弹-塑性有限元法。

　　刚-塑性有限元法是1973年小林史郎和 C. H. Lee 提出的，其原理是运用刚-塑性材料的变分原理，接能量最小确定结点和单元的速度场，然后利用本构方程确定各单元内的应变和应力分布。多年来大量用于材料加工成形问题的解析。刚-塑性有限元法每一计算步的变形量可稍取大些（如镦粗时每步压下率为1%~2%）。下一步计算是在工件以前累加变形的几何形状和硬化基础上进行的，因此可用每步小变形的计算方法来处理塑性加工大变形问题，计算模型比较简单，所以能用比弹-塑性有限元法更短的时间计算较大的变形问题。由于此法忽略弹性变形，所以在计算小变形时其精度不如弹-塑性有限元法，而且不能计算残余应力。

黏-塑性有限元法是 1972 年 Zienkiewicz 提出的。除建立黏-塑性矩阵有所差别外，在考虑存在弹性变形时与弹-塑性有限元法解析过程基本类似；在忽略弹性变形时与刚-塑性有限元法的解析过程类似。这种方法解析塑性加工成形问题也取得了一定成果。

2.8.2　基本解析步骤与评价

有限元法解析首先是把工件假想划分成有限个用结点连接的单元，选择单元类型、数目、大小、排列方式，此步又称连续体的离散化；然后选择速度（位移）函数，设定联系节点与单元内部的速度插值函数（单元内连续，边界协调），以结点上的位移（或速度）作为未知量，建立单元刚度矩阵（弹性、弹-塑性）与单元能量泛函（刚-塑性），即 $[K^e]\{u\}^e = \{F\}^e$，$\varphi^e = \varphi^e(u_i)$；其次是建立整体方程，利用最小能原理和解相应的方程组确定未知量，如弹性有限元解 $[K]\{u\} = \{F\}$（线性方程组），刚-塑性有限元解 $\delta\{\sum\limits_{e=1}^{m}\varphi^e(u_i)\} = 0$（非线性方程组）；最后按结点位移（或速度）与单元内的应变以及与单元内的应力之间的关系确定各单元的应力和应变的分布。由于对分割的小单元可以单独处理，从而可解温度等不均匀分布的问题（认为每个小单元内物理性质是均匀的）。

有限元法理论上比较严密，计算结果也较精确，但由于它们的单元划分较细，求解时计算程序比较复杂，计算时间较长，成本也较高，而且有限元法也只是局部满足真实的边界条件，所以对于求解复杂的材料成形问题，寻求工程上适用的简易有限元方法是很有必要的。在上界法的基础上提出的上界元法（UBED），再如其他传统解法与有限元法的组合等均为有限元法在材料成形中扩大应用开辟了更广泛的应用前景。

参 考 文 献

[1] 章顺虎. 塑性成型力学原理 [M]. 北京：冶金工业出版社，2016.

[2] Zhang S H, Zhao D W, Gao C R, et al. Analysis of asymmetrical sheet rolling by slab method [J]. International Journal of Mechanical Sciences, 2012, 65 (1)：168~176.

[3] 赵德文. 连续体成形力数学解法 [M]. 沈阳：东北大学出版社，2003.

[4] Kobayashi S, Kobayashi S, Oh S I, et al. Metal forming and the finite-element method [M]. Oxford：Oxford University Press, 1989.

[5] May I L. Principles of Mechanical Metallurgy [M]. New York：Elsevier North Holland, 1981.

3 能率泛函塑性变分原理

能率泛函塑性变分原理是材料成形能量法解析的基础。本章首先介绍泛函极值条件、基本引理与直接解法，然后给出虚功原理及塑性变分原理的相关证明。

3.1 泛函变分与极值条件

3.1.1 泛函的概念

材料成形所需总能率 ϕ 的大小随变形区内质点所选取的三个位移函数 u_i 而变化，因此 ϕ 是一个泛函；位移函数 u_i 为 ϕ 的自变函数。u_i 必须满足的体积不变条件 $\varepsilon_{ii}=0$ 为该泛函 ϕ 取极值的约束条件。足见，成形问题归结为求使总能率泛函 ϕ 达到最小值的位移函数。以下介绍泛函与变分的基本概念。

例 3-1： 已知 xOy 平面两点 $A(x_0,y_0)$、$B(x_1,y_1)$，求连接 A、B 两点的最短弧线，见图 3-1。

设连接 A、B 两点曲线的函数为 $y=y(x)$，则弧长为[1,2]

$$AB = L = \int_{x_2}^{x_1} \sqrt{1 + \left[y'(x) \right]^2}\,\mathrm{d}x \tag{3-1}$$

可见 L 随函数 $y=y(x)$ 的选取而变，它就是一个泛函。利用求泛函极值的间接变分法可以确定使 L 最短的函数曲线即泛函有极值的自变函数曲线为 $y=c_1x+c_2$，其中常数 c_1、c_2 可由边界点 A、B 的坐标（边界条件）确定。

例 3-2： 要求通过两点 $A(x_0,y_0)$、$B(x_1,y_1)$ 且长度 l 为一定值的函数曲线 $y=y(x)$，使图 3-2 中所示曲边梯形 $ABCD$ 的面积 A_s 达到最大。

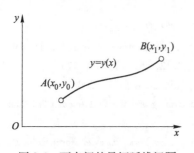

图 3-1　两点间的最短弧线问题

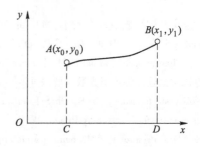

图 3-2　曲边梯形的面积

曲边梯形 *ABCD* 的面积

$$A_s = \int_{x_0}^{x_1} y \mathrm{d}x \tag{3-2}$$

A_s 依 y 的选取而定，它也是一个泛函，但在这个问题中还有一个约束条件，即 AB 长度

$$l = \int_{x_0}^{x_1} \sqrt{1 + [y'(x)]^2} \mathrm{d}x = 常数 \tag{3-3}$$

这是一个带约束条件的泛函极值问题。由变分法可以确定，泛函 A_s 的极值曲线为

$$(x - c_2)^2 + (y - c_1)^2 = r^2 \tag{3-4}$$

其中常数 c_1、c_2、r 可由条件 $y(x_0) = y_0$，$y(x_1) = y_1$ 及 $\int_{x_0}^{x_1} \sqrt{1 + [y'(x)]^2} \mathrm{d}x = l$ 来确定。

由以上两例可知，L、A_s 及前述变形总能率 ϕ 都是依赖于一些可变化的函数的量。这些可变化的函数称为自变函数，随自变函数而变的量称为自变函数的泛函。常用一个统一的符号 ϕ 或 J 表示，记作 $\phi[y(x)]$ 或 $\phi(y)$ 等。变分法就是研究泛函极大值和极小值的方法。凡有关求泛函极大值和极小值的问题都称为变分问题。

3.1.2 自变函数的变分

由微分学知，函数 $y = y(x)$ 的自变量为 x，它的增量 $\Delta x = x - x_0$，当增量 Δx 无限小时，$\Delta x = \mathrm{d}x$，$\mathrm{d}x$ 为自变量 x 的微分。相似地，泛函 $\phi[y(x)]$ 的自变函数为 $y(x)$，当自变函数 $y(x)$ 的增量 $\Delta y(x)$ 无限小时，称其为自变量函数的变分，用 $\delta y(x)$（或简写为 δy）来表示。δy 是指函数 $y(x)$ 和跟它相接近的另一函数 $y_1(x)$ 的微差。

泛函的自变函数要怎样改变才算是微小呢？或说 $y = y(x)$ 和 $y_1 = y_1(x)$ 要怎样才算是很接近呢？最简单的情况是在一切的 x 值上，$y_1(x)$ 和 $y(x)$ 的差都很小，即 $\delta y = y(x) - y_1(x)$ 很小。进一步还可以要求两种情况下不仅纵坐标很接近，而且对应点切线方向也很接近，即 $\delta y = y(x) - y_1(x)$ 和 $\delta y' = y(x)' - y_1(x)'$ 都很小。第一种情况如图 3-3a 所示，称为零阶接近度，而第二种情况如图 3-3b 所示，称为一阶接近度。还有更高阶的接近度，例如 $\delta y''$、$\delta y'''$、$\cdots$ 都很小。接近度越高，曲线的接近性越好。

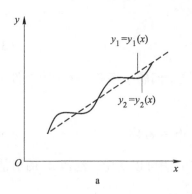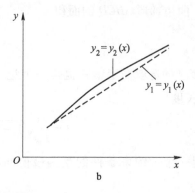

图 3-3　曲线的接近度

a—零阶接近度；b——阶接近度

图 3-4 表示了一般函数 $y = y(x)$ 的增量的线性主部即函数的微分 dy 和泛函自变函数的变分 δy 之间的区别。前者是针对一条曲线 $y = y(x)$ 而言，当自变量有增量 $\Delta x = dx$ 时，函数值即纵坐标发生变化的线性主部是 dy；而后一种情况乃是针对两条接近的曲线 $y(x)$ 和 $y_1(x)$ 而言。由于自变函数 $y(x)$ 变到 $y_1(x)$ 而发生变分 δy，δy 是 x 的函数。

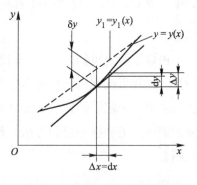

3.1.3　泛函的变分

图 3-4　dy 和 δy 的区别

函数的微分有两个定义。其一是通常的定义，即函数的增量

$$\Delta y = y(x + \Delta x) - y(x) \tag{3-5}$$

可以展开为线性项和非线性项，即

$$\Delta y = A(x)\Delta x + \varphi(x, \Delta x) \cdot \Delta x \tag{3-6}$$

其中 $A(x)$ 和 Δx 无关，而 $\varphi(x, \Delta x)$ 和 Δx 有关，且当 $\Delta x \to 0$ 时，$\varphi(x, \Delta x) \to 0$，于是称 $y(x)$ 是可微的，其线性部分就称为函数的微分，微分是函数增量的线性主部，$dy = A(x)\Delta x = y'(x)\Delta x$，其中 $\Delta x = dx$，$y'(x) = \dfrac{dy}{dx}$，$A(x) = y'(x)$ 是函数 $y(x)$ 的导数。

函数微分的第二种定义，即函数 $y(x)$ 在 x 处的微分也等于 $y(x + \varepsilon\Delta x)$ 对 ε 的导数在 $\varepsilon = 0$ 时的值。设 ε 为小参数，并将 $y(x + \varepsilon\Delta x)$ 对 ε 求导，得到

$$\frac{\partial}{\partial \varepsilon}y(x + \varepsilon\Delta x) = y'(x + \varepsilon\Delta x)\Delta x \tag{3-7}$$

当 $\varepsilon = 0$ 时

$$\frac{\partial}{\partial \varepsilon} y(x + \varepsilon \Delta x)\big|_{\varepsilon=0} = y'(x)\Delta x = dy(x) \tag{3-8}$$

这就是函数微分的拉格朗日定义。

泛函的变分也有类似的两个定义。第一种定义是：对于自变函数 $y(x)$ 的变分 $\delta y(x)$ 所引起的泛函的增量，定义为

$$\Delta \phi = \phi[y(x) + \delta y(x)] - \phi[y(x)] \tag{3-9}$$

它可以展开为线性的泛函项和非线性的泛函项

$$\Delta \phi = L[y(x) + \delta y(x)] + \psi[y(x), \delta y(x)] \cdot \max|\delta y(x)| \tag{3-10}$$

式中，$L[y(x), \delta y(x)]$ 为线性泛函项；$\psi[y(x), \delta y(x)] \cdot \max|\delta y(x)|$ 是非线性泛函项；$\psi[y(x), \delta y(x)]$ 为 $\delta y(x)$ 的同阶或高阶小量，当 $\delta y(x) \to 0$ 时，有 $\max|\delta y(x)| \to 0$，$\psi[y(x), \delta y(x)] \to 0$。

这样上式中泛函增量对于 $\delta y(x)$ 来说是线性的那一部分，即 $L[y(x), \delta y(x)]$，就称为泛函的变分，用 $\delta\phi$ 来表示

$$\delta\phi = L[y(x), \delta y(x)] \tag{3-11}$$

所以，泛函的变分是泛函增量的主部。对于自变函数的变分 $\delta y(x)$ 来说是线性的。

与函数的微分相对应，泛函的另一个定义是由拉格朗日给出的下述定义：泛函的变分是 $\phi[y(x) + \varepsilon\delta y(x)]$ 对 ε 的导数在 $\varepsilon = 0$ 时的值。

$$\phi[y(x) + \varepsilon\delta y(x)] = \phi[y(x)] + \Delta\phi = \phi[y(x)] + L[y(x), \varepsilon\delta y(x)] + $$
$$\psi[y(x), \varepsilon\delta y(x)] \cdot \varepsilon \cdot \max|\delta y(x)| \tag{3-12}$$

因为 $L[y(x), \varepsilon\delta y(x)] = \varepsilon L[y(x), \delta y(x)]$，所以

$$\frac{\partial}{\partial \varepsilon}\phi[y(x) + \varepsilon\delta y(x)] = L[y(x), \delta y(x)] + \psi[y(x), \varepsilon\delta y(x)]\max|\delta y(x)| + $$
$$\varepsilon\frac{\partial}{\partial \varepsilon}\{\psi[y(x), \varepsilon\delta y(x)]\}\max|\delta y(x)| \tag{3-13}$$

当 $\varepsilon = 0$

$$\frac{\partial}{\partial \varepsilon}\phi[y(x) + \varepsilon\delta y(x)]\big|_{\varepsilon=0} = L[y(x), \delta y(x)] \tag{3-14}$$

这就证明了拉格朗日泛函变分的定义

$$\delta\phi = \frac{\partial}{\partial \varepsilon}\phi[y(x) + \varepsilon\delta y(x)]\big|_{\varepsilon=0} \tag{3-15}$$

例 3-3：求最简单的泛函 $\phi[y] = \int_{x_0}^{x_1} F(x, y, y')dx$ 的变分。

$$\frac{\partial}{\partial \varepsilon}\phi[y + \varepsilon\delta y] = \int_{x_0}^{x_1}\frac{\partial}{\partial \varepsilon}F(x, y + \varepsilon\delta y, y' + \varepsilon\delta y')dx \tag{3-16}$$

令　$y + \varepsilon\delta y = u_1$，$y' + \varepsilon\delta y' = u_2$，则式（3-16）可写为

$$\int_{x_0}^{x_1} \left[\frac{\partial}{\partial u_1} F(x,y + \varepsilon\delta y, y' + \varepsilon\delta y')\delta y + \frac{\partial}{\partial u_2} F(x, y + \varepsilon\delta y, y' + \varepsilon\delta y')\delta y' \right] dx$$

$$\frac{\partial}{\partial \varepsilon} \phi[y + \varepsilon\delta y]\Big|_{\varepsilon = 0} = \int_{x_0}^{x_1} \left[\frac{\partial}{\partial y} F(x,y,y')\delta y + \frac{\partial}{\partial y'} F(x,y,y')\delta y' \right] dx$$

$$\delta\phi = \int_{x_0}^{x_1} \left[\frac{\partial F}{\partial y}\delta y + \frac{\partial F}{\partial y'}\delta y' \right] dx \tag{3-17}$$

所以泛函的变分（又称一阶变分）既然是泛函增量的线性主部，那么求泛函增量主部的过程与求微分的过程是非常相似的，微分运算法则同样适用于变分运算，借助微分运算可求出泛函二阶变分及增量为

$$\left.\begin{array}{l} \delta^2\phi = \int_{x_0}^{x_1} \left[\frac{\partial^2 F}{\partial y^2}(\delta y)^2 + 2\frac{\partial^2 F}{\partial y \partial y'}\delta y\delta y' + \frac{\partial^2 F}{\partial (y')^2}(\delta y')^2 \right] dx \\[4mm] \Delta\phi = \phi[y + \delta y] - \phi[y] = \int_{x_0}^{x_1} [F(x,y + \delta y, y' + \delta y') - F(x,y,y')]\, dx = \delta\phi + \frac{1}{2}\delta^2\phi + \cdots \end{array}\right\}$$
$$\tag{3-18}$$

对于多个自变函数的泛函，也可以借助多元函数的微分法则求出其变分。

3.1.4　泛函变分运算规则

微分运算规则适用于变分运算，但应注意以下几个问题：

（1）设有函数 $y(x)$、$u(x)$ 和 $v(x)$，n 为常量，则

$$\delta y^n = ny^{n-1}\delta y \tag{3-19}$$

$$\delta(u + v) = \delta u + \delta v, \delta(uv) = u\delta v + v\delta u, \delta(u/v) = (v\delta u - u\delta v)/v^2 \tag{3-20}$$

（2）变分号可由积分号外进入积分号内，例如

$$\delta\phi = \delta\int_{x_0}^{x_1} F(x,y,y')\,dx = \int_{x_0}^{x_1} \delta F(x,y,y')\,dx \tag{3-21}$$

$$\delta\int_{x_0}^{x_1} y\,dx = \int_{x_0}^{x_1} \delta y\,dx \tag{3-22}$$

（3）在同时进行微分、求导、变分运算时，运算次序可以调换。例如

$$\left.\begin{array}{l} \delta(dy) = d(\delta y) \\[3mm] \delta\left(\dfrac{dy}{dx}\right) = \dfrac{d(\delta y)}{dx}（或 \delta(y') = (\delta y)'） \end{array}\right\} \tag{3-23}$$

（4）设有函数 $y(x)$，注意：$d(xy) = y dx + x dy$，而

$$\delta(xy) = x\delta y \tag{3-24}$$

问题（4）揭示了微分与变分的主要区别。微分计算时，dy 是由 dx 引起的，突出了 x 是一个自变量，所以 $dx \neq 0$。由变分定义知，$\delta\phi$ 是 δy 引起的，但 δy 并不是由 δx 引起的，δy 是在 x 为同一值（x 不变）时定义的，即在图3-4上是定义在 x 为固

定值的一条垂直线上。所以 $\delta x = 0$，即变分计算时突出了 x 是一个常量。

3.1.5 泛函的极值条件

泛函极值条件与函数极值条件具有相似的定义。如果

$$\left.\begin{matrix} \delta\phi = 0 \\ \delta^2\phi > 0 \end{matrix}\right\} \quad \text{泛函取极小值,} \qquad \left.\begin{matrix} \delta\phi = 0 \\ \delta^2\phi < 0 \end{matrix}\right\} \quad \text{泛函取极大值} \quad (3\text{-}25)$$

对于实际问题,极大或极小往往由问题本身即可确定,无需求出 $\delta^2\phi$。

3.2 基本引理与欧拉方程

3.2.1 变分计算基本引理

设 $F(x)$ 是 $[x_0, x_1]$ 上的连续函数,而 $\eta(x)$ 是一类任意的连续函数,如果下列积分为零

$$\int_{x_0}^{x_1} F(x)\eta(x)\mathrm{d}x = 0 \tag{3-26}$$

则在 $[x_0, x_1]$ 上就有 $F(x) \equiv 0$。

证明:用反证法。设在 $[x_0, x_1]$ 上某点 x^* 处, $F(x) \neq 0$,由于 $F(x)$ 是连续的,则必在某个邻域 $\bar{x}_0 \leqslant x^* \leqslant \bar{x}_1$ 上 $F(x)$ 不变号,对任意函数 $\eta(x)$, 总可设它在此邻域也不变号,而在此邻域之外有 $\eta(x) = 0$, 如图 3-5 所示,于是得出

$$\int_{x_0}^{x_1} F(x)\eta(x)\mathrm{d}x = \int_{\bar{x}_0}^{\bar{x}_1} F(x)\eta(x)\mathrm{d}x \neq 0$$

$$(3\text{-}27)$$

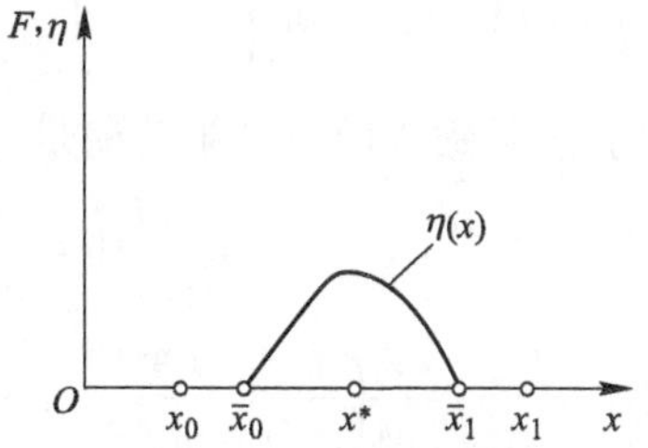

图 3-5 变分引理证明

这和前提相矛盾,故在 $[x_0, x_1]$ 上到处有 $F(x) \equiv 0$。 同样可以证明若多元函数 $F(x, y)$ 在平面域上连续, $\eta(x, y)$ 为任意一类连续函数,且有 $\int_D F(x, y)\eta(x, y)\mathrm{d}x\mathrm{d}y = 0$, 则在 D 上必有 $F(x, y) \equiv 0$。

当 F, η 为三元函数时,上述结论不变; F, η 均为矢量时,上述引理亦成立。在解析具体问题时, η 可指某个函数的变分,例如 δy,它在边界上取零值,在边界以内是任意且连续可导的。此时若 $\int_{x_0}^{x_1} F(x)\delta y(x)\mathrm{d}x = 0$, 则在 $[x_0, x_1]$ 上,必有 $F(x) \equiv 0$。

3.2.2 欧拉方程

例 3-3 中最简单的泛函, $\phi[y] = \int_{x_0}^{x_1} F(x, y, y')\mathrm{d}x$, 其两个端点 $A(x_0, y_0)$、

$B(x_1, y_1)$ 是固定的,其一阶变分由式(3-17)为

$$\delta\phi = \int_{x_0}^{x_1} \left[\frac{\partial F}{\partial y}\delta y + \frac{\partial F}{\partial y'}\delta y' \right] dx$$

$$= \int_{x_0}^{x_1} \left[\frac{\partial F}{\partial y}\delta y + \frac{\partial F}{\partial y'}\delta\left(\frac{dy}{dx}\right) \right] dx = \int_{x_0}^{x_1} \left[\frac{\partial F}{\partial y}\delta y + \frac{\partial F}{\partial y'}\frac{d(\delta y)}{dx} \right] dx \qquad (3\text{-}28)$$

对被积函数第二项作分部积分并将其积出,注意到端点固定条件 $\delta y(x_0) = \delta y(x_1) = 0$,有

$$\delta\phi = \int_{x_0}^{x_1} \left[\frac{\partial F}{\partial y}\delta y + \frac{d}{dx}\left(\frac{\partial F}{\partial y'}\delta y\right) - \frac{d}{dx}\left(\frac{\partial F}{\partial y'}\right)\delta y \right] dx$$

$$= \frac{\partial F}{\partial y'}\delta y \Big|_{x_0}^{x_1} + \int_{x_0}^{x_1} \left[\frac{\partial F}{\partial y} - \frac{d}{dx}\left(\frac{\partial F}{\partial y'}\right) \right] \delta y\,dx \qquad (3\text{-}29)$$

考虑到极值条件式(3-25)有

$$\delta\phi = \int_{x_0}^{x_1} \left[\frac{\partial F}{\partial y} - \frac{d}{dx}\left(\frac{\partial F}{\partial y'}\right) \right] \delta y\,dx \qquad (3\text{-}30)$$

由基本引理式(3-26),注意到 δy 的任意性有

$$\frac{\partial F}{\partial y} - \frac{d}{dx}\left(\frac{\partial F}{\partial y'}\right) = 0 \qquad (3\text{-}31)$$

式(3-31)称为泛函 $\phi[y] = \int_{x_0}^{x_1} F(x, y, y')\,dx$ 在固定边界的条件下取极值的欧拉方程。注意到式(3-31)第二项是对 x 的全导数,所以

$$d\left(\frac{\partial F}{\partial y'}\right) = \frac{\partial^2 F}{\partial y'\partial x}dx + \frac{\partial^2 F}{\partial y'\partial y}dy + \frac{\partial^2 F}{\partial y'\partial y'}dy' \qquad (3\text{-}32)$$

或　　　　$$\frac{d}{dx}\left(\frac{\partial F}{\partial y'}\right) = \frac{\partial^2 F}{\partial y'\partial x} + \frac{\partial^2 F}{\partial y'\partial y}\frac{dy}{dx} + \frac{\partial^2 F}{\partial y'\partial y'}\frac{dy'}{dx}$$

$$= F_{xy'} + F_{yy'}y' + F_{y'y'}y'' \qquad (3\text{-}33)$$

故式(3-31)也可写成

$$F_y - F_{xy'} - F_{yy'}y' - F_{y'y'}y'' = 0 \qquad (3\text{-}34)$$

式(3-31)、式(3-34)是二阶微分方程,解此方程可求出使泛函 $\phi[y(x)]$ 达到极值的函数曲线 $y(x)$。

利用相似方法,可以确定其他形式泛函的欧拉方程,结果如表3-1所示。

表3-1　各形式泛函及欧拉方程

泛函形式	欧拉方程
$\phi(y) = \int_{x_0}^{x_1} F(x, y, y', y'', \cdots, y^{(n)})\,dx$　　　边界固定,依赖高阶导数的泛函	$F_y - \dfrac{d}{dx}F_{y'} + \dfrac{d^2}{dx^2}F_{y''} + \cdots + (-1)^n \dfrac{d^n}{dx^n}F_{y^{(n)}} = 0$

泛函形式	欧拉方程
$\phi[w(x,\ y,\ z)] = \int_V F(x,\ y,\ z,\ w,\ w_x,$ $w_y,\ w_z)\mathrm{d}x\mathrm{d}y\mathrm{d}z$ 边界固定，依赖于多元函数的泛函	$F_w - \dfrac{\partial}{\partial x}F_{w_x} - \dfrac{\partial}{\partial y}F_{w_y} - \dfrac{\partial}{\partial z}F_{w_z} = 0$
$\phi(y_1,y_2,\cdots,y_n)$ $= \int_{x_0}^{x_1} F(x,y_1,y_2,\cdots,y_n,y_1',y_2',\cdots,y_n')\mathrm{d}x$ 边界固定，依赖于多个函数的泛函	$F_{y_i} - \dfrac{\mathrm{d}}{\mathrm{d}x}F_{y'_i} = 0 \quad (i = 1,\ 2,\ \cdots,\ n)$
$\phi(y_1,\ y_2,\ \cdots,\ y_n)$ $= \int_{x_0}^{x_1} F(x,\ y_1,\ y_2,\ \cdots,\ y_n,\ y_1',\ y_2',\ \cdots,\ y_n')\mathrm{d}x$ $f_i(x,\ y_1,\ y_2,\ \cdots,\ y_n) = 0$ 约束条件：　　　$i = 1,\ 2,\ \cdots,\ k$	$F_{y_j} + \displaystyle\sum_{i=1}^{k}\lambda_i(x)\dfrac{\partial f_i}{\partial y_j} - \dfrac{\mathrm{d}}{\mathrm{d}x}F_{y'_j} = 0$ $(j = 1,2,\cdots,n)$

例 3-4： 求使下列泛函取极值的函数曲线 $y(x)$。

$$\phi[y] = \int_0^{\pi/2}(y'^2 - y^2)\,\mathrm{d}x,\ y(0) = 2,\ y(\pi/2) = 0$$

解： 对照例 3-3，$F(x,\ y,\ y') = y'^2 - y^2$，所以 $F_y = -2y$，$F_{y'} = 2y'$，$\dfrac{\mathrm{d}}{\mathrm{d}x}F_{y'} = 2y''$。欧拉方程式（3-31）为 $y'' + y = 0$，其通解为 $y = C_1\cos x + C_2\sin x$，由边界条件得 $y = 2\cos x$。

3.2.3　泛函的条件极值

本节推导表 3-1 第四行约束条件下泛函极值的欧拉方程，又称条件极值变分法。即研究泛函

$$\phi(y_1,\ y_2,\ \cdots,\ y_n) = \int_{x_0}^{x_1} F(x,\ y_1,\ y_2,\ \cdots,\ y_n,\ y_1',\ y_2',\ \cdots,\ y_n')\,\mathrm{d}x$$

$$(3\text{-}35)$$

在约束条件：

$$f_i(x,\ y_1,\ y_2,\ \cdots,\ y_n) = 0 \quad (i = 1,\ 2,\ \cdots,\ k) \tag{3-36}$$

下的极值问题。与数学分析中求函数极值的拉格朗日乘子法类似，将约束条件式（3-36）分别乘以拉格朗日乘子 $\lambda_i(x)(i = 1,\ 2,\ \cdots,\ k)$，并加到式（3-35）表示的原泛函 ϕ 中，便得到新的泛函

$$\phi^* = \int_{x_0}^{x_1}\Big[F + \sum_{i=1}^{k}\lambda_i(x)f_i\Big]\mathrm{d}x = \int_{x_0}^{x_1}F^*\,\mathrm{d}x \tag{3-37}$$

于是便可把上述新泛函当作无条件极值问题处理，依据表3-1的第三栏泛函，可给出上述新泛函的欧拉方程组

$$\frac{\partial F^*}{\partial y_j} - \frac{\mathrm{d}}{\mathrm{d}x}\left(\frac{\partial F^*}{\partial y'_j}\right) = 0 \qquad (j = 1, 2, \cdots, n) \tag{3-38}$$

由于，$F^* = F + \sum\limits_{i=1}^{k} \lambda_i(x) f_i$，所以式（3-38）也可以写作

$$\frac{\partial F}{\partial y_j} + \sum\limits_{i=1}^{k} \lambda_i(x)\, \frac{\partial f_i}{\partial y_j} - \frac{\mathrm{d}}{\mathrm{d}x}\left(\frac{\partial F}{\partial y'_j}\right) = 0 \qquad (j = 1, 2, \cdots, n) \tag{3-39}$$

以上再考虑到约束条件方程组（3-36），共有 $k+n$ 个方程，因而可以确定 $k+n$ 个未知数 y_1，y_2，$\cdots$，y_n，和 $\lambda_1(x)$，$\lambda_2(x)$，$\cdots$，$\lambda_k(x)$。再利用边界条件 $y_1(x_0) = y_{10}$，$\cdots$，$y_n(x_0) = y_{n0}$；$y_1(x_1) = y_{11}$，$\cdots$，$y_n(x_1) = y_{n1}$，就可以确定欧拉方程通解中的 $2n$ 个积分常数。这样得到的 y_1，y_2，$\cdots$，y_n 可以使 ϕ^* 达到驻值。

另一种方法是罚函数法，也常用于求解泛函极值。设有泛函 ϕ 与约束条件 $f = 0$，将约束条件平方后乘以惩罚因子 M（足够大的数）并加入原泛函得到新泛函为

$$\phi^* = \phi + Mf^2$$

在不满足 $f = 0$ 即稍许偏离约束条件时，则 $Mf^2 \neq 0$，且因为 M 是一个足够大的数，使 Mf^2 也足够大，因而泛函 ϕ^* 不会达到极值，故只有在满足 $f = 0$ 的条件下，ϕ^* 才可能达到极值，而这正是泛函 ϕ 的极值。足见，原来带约束条件的极值问题以此化为新的无条件极值问题。

上述通过求解欧拉方程的边值问题来寻找使泛函取得极值的极端函数，这种解法叫变分问题的间接解法。其突出特点是给出解析解，但求解微分方程往往非常困难。

3.3　泛函极值的直接解法

相对于以上间接解法另一解法是不借助欧拉微分方程而以近似方法直接求泛函取极值的极端函数的方法，称为泛函变分问题的直接解法。直接解法相对简单，但得到的只是数值解。

3.3.1　差分法

差分法是最简单的直接解法之一，例如对例3-3中最简单的泛函用差分法求解

$$\phi[y] = \int_a^b F(x, y, y')\,\mathrm{d}x \qquad y(a) = y_a,\ y(b) = y_b \tag{3-40}$$

第一步：将微分写成差分，将积分式写成差分求和式。首先把区间 $[a, b]$ 用分点 $a = x_0 < x_1 < x_2 < \cdots < x_{n-1} < x_n = b$，划分成 n 个小区间。可划为等分区

间，使区间长度 $\Delta x = \dfrac{b-a}{n}$。设极端函数 $y = y(x)$ 是通过点 (a, y_a)，(x_1, y_1)，(x_2, y_2)，$\cdots$，(b, y_b) 的一条折线，但 y_i 要根据泛函取极值的条件来确定。导数 y_i' 可以一般地表示为 $y_i' = (y_{i+1} - y_i)/\Delta x (i = 0, 1, 2, \cdots, n - 1)$，此处 $y_0 = y_a$，$y_n = y_b$。把导数代入上面的泛函，使 $\phi(y)$ 实际上成为 y_1，y_2，$\cdots$，y_{n-1} 的函数，即

$$\phi[y] = \sum_{i=0}^{n-1} F\left(x_i, y_i, \frac{y_{i+1} - y_i}{\Delta x}\right) \Delta x \qquad (3\text{-}41)$$

注意上述和式（3-41）中未知量仅是 y_1，y_2，$\cdots$，y_{n-1}。

第二步：选择 y_i 使满足条件

$$\frac{\partial \phi[y]}{\partial y_i} = 0 \qquad (i = 1, 2, \cdots, n - 1) \qquad (3\text{-}42)$$

因为在式（3-41）中，含 y_i 的只是第 i 项和 $i-1$ 项，于是式（3-42）求导后得下列代数方程组

$$F_y\left(x_i, y_i, \frac{\Delta y_i}{\Delta x}\right) - \frac{1}{\Delta x}\left[F_{y'}\left(x_i, y_i, \frac{\Delta y_i}{\Delta x}\right) - F_{y'}\left(x_{i-1}, y_{i-1}, \frac{\Delta y_{i-1}}{\Delta x}\right)\right] = 0$$
$$(i = 1, 2, \cdots, n - 1) \qquad (3\text{-}43)$$

解此代数方程组，可得到一条由折线组成的近似极端函数曲线 $y_i = y_i(x_i)$。当 n 增大或区间 $[a, b]$ 分得越细时，极端函数曲线会越精确。对于依赖多个函数和多元函数的泛函也可用差分法求解。当 $n \to \infty$ 时，式（3-43）导致式（3-31）。显然对于每一个取定的 n，例如 $n = k$，可以得到一个近似极端函数 $f_k(x)$ 的极小化序列 $\{f_1(x), f_2(x), \cdots, f_n(x)\}$。

变分法就是要建立泛函这样的极小化序列，使当 n 充分大时，得到 $f_n(x) \to y(x)$，进而收敛到真正的极端函数 $y(x)$。

3.3.2 里兹法

以下是里兹于 1908 年首先提出的方法。基本思想是把泛函的极值问题转化为有限个变量的多元函数极值问题，当变量数目为有限多时，给出问题的近似解，它们的极限给出问题精确解。

设 y 是泛函 $\phi(y)$ 取极值 m 的极端函数，即它是取极值时的正确解。如果能求得另一个函数 $\bar{y}$（又称试验函数），它满足给定的边界条件，且使泛函 $\phi[\bar{y}]$ 之值接近于 m，则 $\bar{y}$ 就是该问题的近似解。考察泛函式（3-40），里兹解法如下：

（1）选择一适当的彼此线性无关的函数序列（又称坐标函数）$w_1(x)$，$w_2(x)$，$\cdots$，$w_n(x)$，$\cdots$，构造下列形式的试验函数

$$\bar{y} = \sum_{i=1}^{n} a_i w_i \qquad (i = 1, 2, \cdots, n) \qquad (3\text{-}44)$$

式中，a_i 为 n 个任意的待定常数。

将 $\bar{y} = \sum\limits_{i=1}^{n} a_i w_i$ 代入泛函表达式 $\phi(y)$ 中，经过微积分运算，则将泛函化为以待定常数 a_1，$\cdots$，a_n 为自变量的多元函数 $\bar{\psi}(a_i)$，即

$$\phi(y) \approx \phi(\bar{y}) = \int_a^b F\big[x,\ \sum_{i=1}^{n} a_i w_i(x),\ \sum_{i=1}^{n} a_i w'_i(x)\big]\,\mathrm{d}x = \bar{\psi}(a_1,\ a_2,\ \cdots,\ a_n)$$

$$(3\text{-}45)$$

（2）依照数学分析多元函数求极值的方法，欲使多元函数 $\bar{\psi}(a_1,\ a_2,\ \cdots,\ a_n)$ 取极值，必须

$$\frac{\partial \bar{\psi}}{\partial a_i} = 0 \qquad (i = 1, 2, \cdots, n) \tag{3-46}$$

求解上述方程组来确定 a_1，a_2，$\cdots$，a_n，并将其代入式（3-44），所得 $\bar{y}$ 即为原泛函极值问题的近似解。n 为有限多个时，所得为近似解，n 越大，所得近似解越接近于精确解。

3.3.3　康托罗维奇法

当求依赖于多个自变量的函数的泛函 $\phi[y(x_1,\ x_2,\ \cdots,\ x_n)]$ 的极值的近似解时，常采用里兹法的推广——康托罗维奇法。步骤如下：

（1）选取函数序列：$\psi_1(x_1,\ x_2,\ \cdots,\ x_{n-1})$，$\psi_2(x_1,\ x_2,\ \cdots,\ x_{n-1})$，$\cdots$，$\psi_n(x_1,\ x_2,\ \cdots,\ x_{n-1})$，$\cdots$，构造满足边界条件的近似函数

$$\bar{y}(x_1,\ x_2,\ \cdots,\ x_n) = \sum_{i=1}^{m} A_i(x_n) \psi_i(x_1,\ x_2,\ \cdots,\ x_{n-1}) \tag{3-47}$$

式中，$A_i(x_n)$ 为以权重自变量 x_n 为自变量的待定函数，它与选取函数 ψ_i 线性组合后的 $\bar{y}$ 应满足给定的边界条件。

将式（3-47）的 $\bar{y}$ 代入原泛函，则选取函数 $\psi_i(x_1,\ x_2,\ \cdots,\ x_{n-1})$ 在原泛函中经微积分运算消掉 x_1，x_2，$\cdots$，x_{n-1}，得到以 $A_1(x_n)$，$A_2(x_n)$，$\cdots$，$A_m(x_n)$ 为自变函数的新泛函 $\phi^*(A_1,\ A_2,\ \cdots,\ A_m)$，即

$$\phi(y) \approx \phi(\bar{y}) = \phi^*[A_1(x_n),\ A_2(x_n),\ \cdots,\ A_m(x_n)] \tag{3-48}$$

（2）由欧拉方程确定函数 $A_1(x_n)$，$A_2(x_n)$，$\cdots$，$A_m(x_n)$，使泛函 $\phi(\bar{y})$ 达到极值，即求解

$$F_{A_i} - \frac{\mathrm{d}}{\mathrm{d}x} F_{A'_i} = 0 \qquad (i = 1, 2, \cdots, m) \tag{3-49}$$

$A_1(x_n)$，$A_2(x_n)$，$\cdots$，$A_m(x_n)$ 的选取应使 $\bar{y}(x_1,\ x_2,\ \cdots,\ x_n)$ 在直线 $x=a$ 和 $x=b$ 上满足给定的边界条件，这样便得到变分问题的近似解。当 $m \to \infty$，某些情况下得到精确解，如果 m 为有限数，则只能得到近似解。

上述解法的实质是把原来含多变量的偏微分方程问题化为仅含单变量的常微分方程问题。一般是把 x_1，x_2，$\cdots$，x_n 中变化复杂且处于主要影响地位的变量取为 x_n，该解法在处理含多个自变量的自变函数的泛函时，比里兹法要精确得多。

3.3.4 有限元法

有限元法已由弹性、弹-塑性、刚-塑性、黏-塑性有限元构成了独立的数值解法体系，并开发了多种商业计算软件。故本书不囊括有限元内容，但为了比较仅做一般概述。

该法是用有限个单元的集合来代替成形工件的整体，单元间用结点（即离散点）彼此联结。独建每个单元的"泛函"公式，然后集合起来，施以变分，最终得到整体工件解的离散值。实质为数值解法，也称从局部到整体的方法。计算步骤如下：

（1）整体工件离散化。选择单元类型、数目、大小、排列方式并有效表示工件整体。

（2）选择自变函数，建立单元节点自变函数值与单元内部未知函数插值关系的形函数以使数值结果更精确。

（3）建立单元刚度矩阵（弹性、弹-塑性有限元）与单元能量泛函（刚-塑性有限元）。

（4）建立整体方程。对弹性、弹-塑性有限元要建立整体刚度矩阵；对刚-塑性有限元则建立整个工件的变分方程组。

（5）求未知节点速度或位移。解线性方程组（弹性）或非线性方程组（弹-塑性）。

（6）由节点位移或速度计算各单元应力与应变。

本节最后将以综合实例阐述此种解法。

3.3.5 搜索法

数值解法的变分问题最终归结为求多元函数 $\varphi(a_1$，a_2，$\cdots$，$a_n)$ 的极值和极值点坐标 a_1，a_2，$\cdots$，a_n 的数学问题，当求解方程组遇到困难时，可借助无约束优化方法中的按坐标搜索法进行极值搜索。

欲寻找二元函数 $\phi(x,y)$ 的极值，只需将其函数图形视为空间曲面 $z = \phi(x,y)$。通过一系列平行于 x-y 面的平面，来截割该曲面即可寻得一个很小的 z。由于极值原理已证明了全功率泛函具有极小值，且实践证明此极值是惟一的，注意到塑性全功率是一个凸函数，故在任意一水平面上函数 $\phi(x,y)$ 的截面图形是一个凸的封闭曲线，如图 3-6 所示。随着 z 的减小，封闭曲线逐渐缩为一椭圆区域，最后收缩到一点，此点标高 $z = z_0$ 即为 ϕ 的极小值。

在采用里兹法、有限元法等求解泛函极值时，泛函 ϕ 常是多维空间的超曲面，总功率泛函 $J = \phi(a_1, a_2, \cdots)$。设 ϕ 是一个四维曲面，$\phi = \phi(a, b, c, d)$。搜索法首先从一个初始值 $\phi(a_0, b_0, c_0, d_0)$ 开始，令后三个变量固定，而 a 由 a_0 开始变化，可以得到一条曲线 $\phi = \phi(a, b_0, c_0, d_0)$，如图 3-7 所示。保留一个最低点 a_1 不变，再令 b 是变量，可得另一条函数曲线 $\phi = \phi(a_1,$

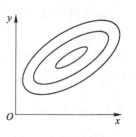

图 3-6　凸函数等高线

$b, c_0, d_0)$，如图 3-8 所示。最低点的 b 是 b_1。当求得四个参数值 a_1, b_1, c_1, d_1 以后，则以它们为初始值重复以上计算过程，最后可求得一个"锅底"，即 a_n, b_n, c_n, d_n 及对应的最小值 ϕ_n。为确信所得 ϕ_n 接近极小，只要验证 $\phi_1 > \phi_2 > \cdots > \phi_n$ 和 $\phi_{n-1} - \phi_n < \varepsilon$ 即可。

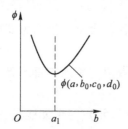

图 3-7　坐标搜索法 a 变化

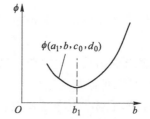

图 3-8　坐标搜索法 b 变化

3.3.6　综合引例

为有效消化各种解法，以下综合引例分别采用间接解法（欧拉法、解析法）、里兹法（近似解析解法）、有限差分法（差分法、数值法）、有限单元法（数值法）解析某泛函极值函数。读者将看到，前两种解法将得到解析式或近似解析式，而后两种解法将得到解是离散值。此引例给出的详细步骤乃为读者深入理解泛函解法抛出的引玉之砖。

引例：泛函

$$\phi[y(x)] = \int_0^1 [(y')^2 - y^2 - 2xy]\,dx, \quad y(0) = y(1) = 0 \tag{3-50}$$

求此泛函的取极值的极端函数。

（1）**解析解**（间接解法、欧拉法）。

$\dfrac{\partial F}{\partial y} - \dfrac{d}{dx}\left(\dfrac{\partial F}{\partial y'}\right) = 0,\ -2y - 2x - \dfrac{d}{dx}(2y') = 0,\ y'' + y + x = 0,$ 由于 $y(0) = y(1) = 0,$ 该微分方程的特解为

$$y = \frac{\sin x}{\sin 1} - x \qquad (3\text{-}51)$$

（2）**里兹解**（近似解析解）。

设里兹多项式为 $x(1-x), x^2(1-x), \cdots$；试函数取 $i = 2, \bar{y}(x) = a_1 x(1-x) + a_2 x^2(1-x)$；

$$\phi[\bar{y}] = \int_0^1 [(\bar{y}')^2 - \bar{y}^2 - 2x\bar{y}] dx = \bar{\phi}[a_1, a_2]$$

由极值条件 $\partial\bar{\phi}/\partial a_1 = 0$ 且 $\partial\bar{\phi}/\partial a_2 = 0$

解之得：$a_1 = \dfrac{71}{369}, a_2 = \dfrac{7}{41}$；近似解析解为

$$\bar{y}(x) = \frac{71}{369}x(1-x) + \frac{7}{41}x^2(1-x) \qquad (3\text{-}52)$$

（3）**差分解**（离散值）。

将欧拉微分方程写成差分：$y'' + y + x = 0 \rightarrow y + x + \dfrac{\mathrm{d}}{\mathrm{d}x}(y') = 0 \rightarrow$

$y_i + x_i + \dfrac{1}{\Delta x}\left(\dfrac{\Delta y_i}{\Delta x_i} - \dfrac{\Delta y_{i-1}}{\Delta x_i}\right) = 0$；取步长 $\Delta x = \Delta x_i = 0.25$，如图 3-9a 所示，得到

$y_1 + \dfrac{1}{4} + 4 \times \left(\dfrac{y_2 - y_1}{0.25} - \dfrac{y_1 - 0}{0.25}\right) = 0 \rightarrow 16y_2 - 31y_1 + \dfrac{1}{4} = 0$；

$y_2 + \dfrac{1}{2} + 4 \times \left(\dfrac{y_3 - y_2}{0.25} - \dfrac{y_2 - y_1}{0.25}\right) = 0 \rightarrow 16y_3 + 16y_1 - 31y_2 + \dfrac{1}{2} = 0$；

$y_3 + \dfrac{3}{4} + 4 \times \left(\dfrac{-y_3}{0.25} - \dfrac{y_3 - y_2}{0.25}\right) = 0 \rightarrow -31y_3 + 16y_2 + \dfrac{3}{4} = 0$。

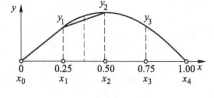

a

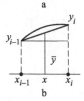

b

图 3-9 变化域离散化与单元线性插值

a—变化域离散化；b—单元线性插值

解上述方程组得到 y 的数值解为

$$\left.\begin{array}{l} y_1 = 0.044258 \\ y_2 = 0.0701256 \\ y_3 = 0.060387 \end{array}\right\} \tag{3-53}$$

(4)**有限元解**(离散值)。

1)把自变函数变化域离散化如图 3-9b 所示,共 4 个单元,5 个节点。

2)建立单元节点 y_{i-1}, y_i 与内部各点 $\bar{y}$ 的线性插值关系为

$$\bar{y} = y_{i-1} + \frac{y_i - y_{i-1}}{x_i - x_{i-1}}(x - x_{i-1}) \quad (i = 1,2,3,4) \tag{3-54}$$

整理得　$\bar{y} = \dfrac{x_i - x}{x_i - x_{i-1}} y_{i-1} + \dfrac{x - x_{i-1}}{x_i - x_{i-1}} y_i,$　取 $x_i - x_{i-1} = 0.25 = 1/4$

代入上式写成　$\bar{y} = 4(x_i - x)y_{i-1} + 4(x - x_{i-1})y_i$

$$\bar{y} = 4[x_i - x, x - x_{i-1}]\begin{bmatrix} y_{i-1} \\ y_i \end{bmatrix} \rightarrow \bar{y} = 4[x_i - x, x - x_{i-1}][y]_i \rightarrow [\bar{y}_e] = [N][y]^e$$

$$(\bar{y})' = \frac{\mathrm{d}\bar{y}}{\mathrm{d}x} = 4[-1,1][y]_i \tag{3-55}$$

式中,$[y]_i = [y]^e = \begin{bmatrix} y_{i-1} \\ y_i \end{bmatrix}$ 为单元节点列阵;$[N] = 4[x_i - x, x - x_{i-1}]$ 为形函数矩阵;$[\bar{y}_e] = [\bar{y}] = \bar{y}$ 为单元内任意点自变函数值列阵。

3)建立总泛函。将上述各式代入式(3-50)得

$$\phi[y] \approx \phi[\bar{y}] = \sum_{i=1}^{4} \phi^e[\bar{y}_i] = \sum_{i=1}^{4} \int_{x_{i-1}}^{x_i} \left\{ [y]_i^{\mathrm{T}} 16 \begin{bmatrix} -1 \\ 1 \end{bmatrix} [-1 \quad 1][y]_i - \right.$$

$$[y]_i^{\mathrm{T}} 16 \begin{bmatrix} x_i - x \\ x - x_{i-1} \end{bmatrix} [x_i - x \quad x - x_{i-1}][y]_i - 2x[y]_i^{\mathrm{T}} 4 \begin{bmatrix} x_i - x \\ x - x_{i-1} \end{bmatrix} \right\} \mathrm{d}x$$

$$= \sum_{i=1}^{4} \int_{x_{i-1}}^{x_i} 16(y_i - y_{i-1})^2 \mathrm{d}x - \sum_{i=1}^{4} \int_{x_{i-1}}^{x_i} 16[(x_i - x)y_{i-1} + (x - x_{i-1})y_i]^2 \mathrm{d}x -$$

$$\sum_{i=1}^{4} \int_{x_{i-1}}^{x_i} 8x[(x_i - x)y_{i-1} + (x - x_{i-1})y_i] \mathrm{d}x = \bar{\varphi}(y_1, y_2, y_3)$$

4)由 $\dfrac{\partial \bar{\varphi}}{\partial y_i} = 0$,　建立整体联立方程组并解之得到如下数值解

$$\frac{\partial \overline{\varphi}}{\partial y_1} = \frac{1}{12}(188y_1 - 97y_2 - 1.5) = 0$$

$$\frac{\partial \overline{\varphi}}{\partial y_2} = \frac{1}{12}(-97y_1 + 188y_2 - 97y_3 - 3.0) = 0 \quad \left. \begin{array}{l} y_1 = 0.044 \\ \rightarrow y_2 = 0.069 \\ y_3 = 0.060 \end{array} \right\} \quad (3\text{-}56)$$

$$\frac{\partial \overline{\varphi}}{\partial y_3} = \frac{1}{12}(-97y_2 + 188y_3 - 4.5) = 0$$

将式（3-51）、式（3-52）、式（3-53）、式（3-56）结果比较见表 3-2。

表 3-2 各种方法计算结果比较

x	$x_0 = 0$	$x_1 = 0.25$	$x_2 = 0.5$	$x_3 = 0.75$	$x_4 = 1$	特点
解析解式（3-51）: y	0	$y_1 = 0.044$	$y_2 = 0.070$	$y_3 = 0.060$	0	解析式 曲线连续
里兹近似解析解式（3-52）$\overline{y}$	0	$y_1 = 0.044$	$y_2 = 0.069$	$y_3 = 0.060$	0	近似解析式 曲线连续
差分法数值解式（3-53）$\overline{y}_i$	0	$\overline{y}_1 = 0.044$	$\overline{y}_2 = 0.0701$	$\overline{y}_3 = 0.060$	0	离散值 曲线不连续
有限元数值解式（3-56）$\overline{y}_i$	0	$\overline{y}_1 = 0.040$	$\overline{y}_2 = 0.069$	$\overline{y}_3 = 0.060$	0	离散值 曲线不连续

应指出，有限元和差分法单元划分更细，节点更多时，计算结果会更精确，可称为精确解，但求解时间增加；数值法理论上虽然严密，但最终只能给出离散的数值结果；解析解虽给出解析或近似解析结果，但有些泛函目前无法以间接解法得到解析解，而必须求助数值手段。足见只有数值法和解析解法相辅相成，和谐发展，才能不断推进研究水平走向纵深[3]。

3.4 成形边值问题的提法

3.4.1 方程组与边界条件

要确定材料成形的力能参数与变形参数，必须在一定初始和边界条件下求解有关的方程组，也就是解塑性加工力学的边值问题。对于由表面 S 所围的体积 V 中，应力场 σ_{ik}、位移场 u_i（或速度场 v_i）、应变场 ε_{ik}（或应变速率场 $\dot{\varepsilon}_{ik}$）、温度场 θ 应满足下列方程[4]。

（1）运动方程式为

$$\mathrm{div}\,\boldsymbol{T}_\sigma + \rho\boldsymbol{F} = \rho\frac{D\boldsymbol{v}}{Dt} \tag{3-57}$$

或

$$\sigma_{ik,k} = \rho(a_i - F_i) \tag{3-58}$$

式中，ρ 为工件密度；a_i 为工件质点的加速度分量；F_i 为单位质量的体积力分量。

静力平衡微分方程式为

$$\mathrm{div}\boldsymbol{T}_\sigma = \sigma_{ik,k} = 0 \tag{3-59}$$

（2）本构方程为

$$\sigma_\mathrm{m} = k\Delta \tag{3-60}$$

$$\sigma'_{ik} = 2g(\theta, \ \dot{\Gamma}, \ \Lambda) \ \dot{\varepsilon}'_{ik} = \frac{2T}{\dot{\Gamma}}\dot{\varepsilon}'_{ik} \tag{3-61}$$

一般情况下由于 $k = k(\Delta, \ \dot{\varepsilon}_\mathrm{m}, \ \Lambda, \ \theta)$，$T = T(\dot{\Gamma}, \ \Lambda, \ \Delta, \ \theta)$，更一般的形式可写为

$$\sigma'_{ik} = \sigma'_{ik}(\dot{\Gamma}, \ \Delta, \ \Lambda, \ \theta, \ \cdots, \ t) \tag{3-62}$$

$$\sigma_\mathrm{m} = \sigma_\mathrm{m}(\dot{\varepsilon}_\mathrm{m}, \ \Delta, \ \Lambda, \ \theta, \ \cdots, \ t) \tag{3-63}$$

式中，T 为广义剪应力；$\dot{\Gamma}$ 为广义剪应变速率；Λ 为累计剪应变程度。

（3）几何方程式如下

$$\varepsilon_{ik} = \frac{1}{2}\left(\frac{\partial u_i}{\partial x_k} + \frac{\partial u_k}{\partial x_i}\right) \tag{3-64}$$

$$\dot{\varepsilon}_{ik} = \frac{1}{2}\left(\frac{\partial v_i}{\partial x_k} + \frac{\partial v_k}{\partial x_i}\right) \tag{3-65}$$

（4）热传导方程式为

$$\frac{\mathrm{d}\theta}{\mathrm{d}t} = \lambda\nabla^2\theta + \nu T\dot{\Gamma} \tag{3-66}$$

需求解的未知量为 $\sigma'_{ik}, \ \dot{\varepsilon}_{ik}, \ \sigma_\mathrm{m}, \ v_i$ 和 θ（共 17 个），基本方程式（3-59）～式（3-66）也是 17 个，式子原则上可求解，但还应满足下列一些边界条件。

假定区域边界由给定外力的表面 S_p 和给定速度的表面 S_v（或给定位移的表面 S_u）组成，则固定时刻边界条件应满足

在 S_p 上

$$\sigma_{ik}n_k = \bar{p}_i \tag{3-67}$$

在 S_v 上

$$v_i = \bar{v}_i \tag{3-68}$$

或 S_u 上

$$u_i = \bar{u}_i \tag{3-69}$$

应指出，还应已知决定初始温度分布和边界表面热交换条件的温度边值条件。但若认为材料成形为等温变形，可不考虑热传导方程式（3-66），并且常忽略质量力与惯性力。即便如此，满足初始和边界条件联立求解前述微分方程组也是非常困难的。因此寻求用变分原理的求解途径，可以证明，二者是等价的。

3.4.2 变形区边界的划分

将变形区表面划分为三部分，如图 3-10 所示的轧制变形区，图中 S_v 是速度已知表面，S_p 是外力已知面，S_f 是接触表面，其上接触正压力 p 是未知的，而接触摩擦力可看成是已知的（$\tau_f = mk$），接触表面 S_f 上的法向速度 v_n 一般是已知的（锻压锤头速度已知，稳定轧制辊面法向速度为零），介质的切向速度 v_t 一般是未知的，介质与工具之间相对滑动速度为

$$\Delta v_f = |v_t - v_{t工具}| \tag{3-70}$$

应注意，即使是同一个面，常常既为应力已知面 S_p，又为速度或位移已知面 S_v 或 S_u。对不同变形情况如何定义边值已知面对开发不同解法具有重要意义，上述并非惟一可行的定义方式。如图 3-11 所示，同样是轧制问题，因接触面法向速度已知，故接触面也可为速度已知面 S_v，因前后张力 q_f、q_b 已知，故前后张力作用面也可为应力已知面 S_p，同样在稳定轧制条件下侧自由表面法向速度为零（侧自由表面速度合矢量与该表面相切，但法向投影为零，表面视为刚性），故也可视为 S_v，与轧制变形区形状相同的辊拔（惰性辊）S_p 与 S_v，与前述情况又有不同，总之对具体问题应予以具体分析。

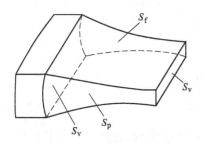

图 3-10 变形区边界划分

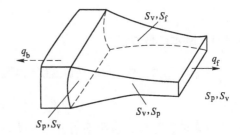

图 3-11 既是 S_p 又是 S_v 变形

3.4.3 基本术语及定义

（1）在体积 V 中满足平衡方程式（3-59），在塑性区满足屈服条件，在刚性区不违背屈服条件（$\sigma'_{ik}\sigma'_{ik} \leq 2k^2$），在 S_p 上满足应力边界条件式（3-67）的应力场 σ_{ik} 成为静力许可应力场。相应的三个条件称为静力许可条件。

（2）在 S_v 上满足速度边界条件，在 V 内满足几何方程，塑性应变满足体积不变方程式，这样的速度场 v_i 称为运动许可速度场。相应三个条件称为运动许可条件。

（3）在 S_v 上满足 $\delta \bar{v}_i = 0$，在 V 内满足 $\delta \dot{\varepsilon}_{ik} = \dfrac{1}{2}(\delta v_{i,k} + \delta v_{k,i})$ 的速度场 δv_i 称为虚速度场。在 S_p 上满足 $\delta \bar{p}_i = 0$，在 V 内满足 $\delta \sigma_{ik,k} = 0$ 的应力场 $\delta \sigma_{ik}$，称为虚应力场。应注意，在约束条件不随时间而变的情况下运动许可速度与虚速度两者无区别。

（4）运动许可速度场与静力许可应力场彼此间适合本构方程式的，则分别称为真实速度场与真实应力场。足见真实解应当满足 7 个条件。而虚速度场和虚应力场之间未必适合本构方程，可各自独立选择，故它们并非是真实速度场与真实应力场。

应指出若速度场 v_i 改为位移场 u_i，可仿照以上关于速度场的定义，给出运动许可位移场、虚位移场和真实位移场的定义。

（5）由运动许可速度场 v_i 按本构方程式（3-60），式（3-61）推导出的应力场 σ_{ik}^{*} 称为运动学应力场；由静力许可应力场 σ_{ik} 按本构方程式（3-31），式（3-32）推导出来的应变速率场 $\dot{\varepsilon}_{ik}^{*}$ 称为静力学应变速率场。

以上定义揭示出，如果静力许可应力场按本构方程确定的应变速率场满足运动许可条件，则该应力场是真实应力场；同理，如果运动许可速度场按本构方程确定的应力场满足静力许可条件，则该速度场是真实速度场。

3.5　虚功原理与极值定理

3.5.1　基本能量方程

忽略质量力与惯性力，机械能守恒定律式为

$$\int_S p_i v_i \mathrm{d}S = \int_V \sigma_{ik} \dot{\varepsilon}_{ik} \mathrm{d}V \tag{3-71}$$

称为基本能量方程，表明面力 p（主动力）与边界速度 v 在边界上付出的功率等于变形体内部（被动的）变形功率。此式成立条件：在 V 内，应力场 σ_{ik} 满足 $\sigma_{ik,k} = 0$ 以便保持动量守恒，σ_{ik} 与面力协调即 $\sigma_{ik} n_k = p_i$，速度场 v_i 与应变速率场 $\dot{\varepsilon}_{ik}$ 满足几何方程 $\dot{\varepsilon}_{ik} = (v_{i,k} + v_{k,i})/2$。

请注意，上式仅反映一种内外功率平衡关系，$\dot{\varepsilon}_{ik}$ 与 σ_{ik} 之间没有必然的物理联系，它们可以各自独立选择。然而，如果 σ_{ik} 与 v_i 是真实的，则二者不仅满足式（3-71），而且由 v_i 导出的 $\dot{\varepsilon}_{ik}$ 与 σ_{ik} 之间必然满足流动法则。

应力不连续面存在不影响机械能守恒，当存在速度不连续面时，基本能量方程为

$$\int_S p_i v_i \mathrm{d}S = \int_V \sigma_{ik} \dot{\varepsilon}_{ik} \mathrm{d}V + \sum \int_{S_D} \tau_v \mid \Delta v_t \mid \mathrm{d}S \qquad (3\text{-}72)$$

当真实应力场与真实速度场间满足本构关系且发生塑性变形时（$\tau_v = k$），基本能量方程为

$$\int_S p_i v_i \mathrm{d}S = \int_V \sigma_{ik} \dot{\varepsilon}_{ik} \mathrm{d}V + \sum \int_{S_D} k \mid \Delta v_t \mid \mathrm{d}S \qquad (3\text{-}73)$$

3.5.2 虚功（率）方程

静力许可应力场 σ_{ik}^* 和运动许可速度场 v_i^* 之间建立的基本能量方程

$$\int_S p_i^* v_i^* \mathrm{d}S = \int_V \sigma_{ik}^* \dot{\varepsilon}_{ik}^* \mathrm{d}V \qquad （不存在不连续面 S_D） \qquad (3\text{-}74)$$

$$\int_S p_i^* v_i^* \mathrm{d}S = \int_V \sigma_{ik}^* \dot{\varepsilon}_{ik}^* \mathrm{d}V + \sum \int_{S_D} \tau_v^* \mid \Delta v_t^* \mid \mathrm{d}S \qquad (3\text{-}75)$$

称为虚功（率）方程。足见满足式（3-71）、式（3-74）和式（3-75）的应力场与速度场是无穷多的，如何求出其中的真实解是极限分析法的主要任务。应指出，任何真实应力场都是静力许可的，任何真实速度场都是运动许可的，真实场与许可场的区别仅在于真实场应力与应变偏量满足本构方程式，即 $\sigma_{ik}' = \dfrac{2T}{\dot{\Gamma}}\dot{\varepsilon}_{ik}' = \dfrac{2}{3}\dfrac{\sigma_e}{\dot{\varepsilon}_e}\dot{\varepsilon}_{ik}'$（当体积不可压缩时 $\dot{\varepsilon}_{ik}'$ 就是 $\dot{\varepsilon}_{ik}$）；而许可场应力与应变偏量之间没有联系。

3.5.3 虚功（率）方程的不同形式

（1）将式（3-74）两侧对速度场变分，并注意到 $S = S_p + S_v$，有

$$\int_{S_p} p_i^* \delta v_i^* \mathrm{d}S + \int_{S_v} p_i^* \delta v_i^* \mathrm{d}S = \int_V \sigma_{ik}^* \delta \dot{\varepsilon}_{ik}^* \mathrm{d}V$$

注意到式（3-67）、式（3-68）与 3.4.3 节中第（3）条给出的定义，δv^* 为虚速度场，δv 在 S_v 上满足 $\delta \bar{v}_i = 0$，有

$$\int_{S_p} \bar{p}_i \delta v_i \mathrm{d}S = \int_V \sigma_{ik}^* \delta \dot{\varepsilon}_{ik} \mathrm{d}V \qquad (3\text{-}76)$$

上式也称为虚功（率）方程，它表明任何虚速度场 δv_i 在外力已知表面上形成的总虚功（率）等于变形体内部静力许可应力场储存的总虚应变能（率）。将上式与式（3-74）比较可知，两式只是虚功方程的不同形式，式（3-76）是式（3-74）对速度场的变分形式。

（2）将式（3-74）两侧对应力场变分，并注意到 $S = S_p + S_v$，有

$$\int_{S_p} \delta p_i^* v_i^* \mathrm{d}S + \int_{S_v} \delta p_i^* v_i^* \mathrm{d}S = \int_V \delta \sigma_{ik}^* \dot{\varepsilon}_{ik}^* \mathrm{d}V \tag{3-77}$$

注意到式（3-67）、式（3-68）与 3.4.3 节中第（3）条给出的定义，$\delta \sigma_{ik}^*$ 为虚应力场 $\delta \sigma_{ik}$，在 S_p 上满足 $\delta \bar{p}_i = 0$，有

$$\int_{S_v} \bar{v}_i \delta p_i \mathrm{d}S = \int_V \delta \sigma_{ik} \dot{\varepsilon}_{ik}^* \mathrm{d}V \tag{3-78}$$

上式为虚功（率）方程对应力场的变分形式，又称虚余功率方程。它表明任何虚应力场 $\delta \sigma_{ik}$ 在 V 内储存的虚余应变能率等于速度已知表面虚外力与运动许可速度场所作的总虚余功（率）。

以下给出虚功与虚余功方程（不予推导）

$$\int_{S_p} \bar{p}_i \delta u_i \mathrm{d}S = \int_V \sigma_{ik} \delta \varepsilon_{ik} \mathrm{d}V, \quad \int_{S_u} \bar{u}_i \delta p_i \mathrm{d}S = \int_V \varepsilon_{ik} \delta \sigma_{ik} \mathrm{d}V \tag{3-79}$$

（3）将式（3-74）两侧对速度场与应力场同时变分，并注意到 $S = S_p + S_v$，有

$$\int_{S_p} p_i^* \delta v_i^* \mathrm{d}S + \int_{S_p} \delta p_i^* v_i^* \mathrm{d}S + \int_{S_v} p_i^* \delta v_i^* \mathrm{d}S + \int_{S_v} \delta p_i^* v_i^* \mathrm{d}S = \int_V \delta \sigma_{ik}^* \dot{\varepsilon}_{ik}^* \mathrm{d}V + \int_V \sigma_{ik}^* \delta \dot{\varepsilon}_{ik}^* \mathrm{d}V$$

注意到在 S_p 上 $\delta p_i^* = \delta \bar{p}_i = 0$，在 S_v 上 $\delta v_i^* = \delta \bar{v}_i = 0$；$\delta \sigma_{ik}^*$ 为虚应力场 $\delta \sigma_{ik}$，δv_i^* 为虚速度场 δv_i，上式有

$$\int_{S_p} \bar{p}_i \delta v_i \mathrm{d}S + \int_{S_v} \delta p_i \bar{v}_i \mathrm{d}S = \int_V \delta \sigma_{ik} \dot{\varepsilon}_{ik}^* \mathrm{d}V + \int_V \sigma_{ik}^* \delta \dot{\varepsilon}_{ik} \mathrm{d}V \tag{3-80}$$

式（3-80）表明如果应力场 σ_{ik} 是静力许可场，速度场 v 是运动许可场，虚功率方程（3-74）对应力与速度场同时变分的形式则满足式（3-80）。

（4）注意到将平衡方程式（3-59），边界条件式（3-67）分别对时间求导有

$$\dot{\sigma}_{ik,k} = 0, \quad \dot{\bar{p}}_i - \dot{\sigma}_{ik} n_k = 0 \tag{3-81}$$

将运动许可速度场 v_i 分别乘以上式两边同样可得速率问题的如下方程

$$\int_V \dot{\sigma}_{ik} \dot{\varepsilon}_{ik}^* \mathrm{d}V = \int_{S_p} \dot{\bar{p}}_i v_i^* \mathrm{d}S + \int_{S_v} \dot{\sigma}_{ik} n_k \bar{v}_i \mathrm{d}S \tag{3-82}$$

3.5.4　对虚功方程的理解

设式（3-76）中 δv_i 及与其对应的 $\delta \dot{\varepsilon}_{ik}$ 为无限小，则式中 σ_{ik}^* 和 $\bar{p}$ 可认为不变，此时 δ 便可作为变分符号提到积分号外面去，移项后则有

$$\delta \left(\int_V \sigma_{ik}^* \dot{\varepsilon}_{ik} \mathrm{d}V - \int_{S_p} \bar{p}_i v_i \mathrm{d}S \right) = 0 \tag{3-83}$$

令

$$\dot{\phi} = \int_V \sigma_{ik}^* \dot{\varepsilon}_{ik} \mathrm{d}V - \int_{S_p} \bar{p}_i v_i \mathrm{d}S$$

则式（3-83）为

$$\delta \dot{\phi} = 0 \tag{3-84}$$

式（3-84）可理解为 ϕ 是关于自变函数 v_i 的总势能泛函，其一阶变分为零，表明泛函 ϕ 对真实速度场 v 取驻值。但应注意上式成立条件与材料性质即本构关系无关。这是对式（3-76）虚功方程的理解。

3.5.5　下界定理

对刚塑性体，静力许可应力场 σ_{ik}^* 与真实速度场间运用虚功原理

$$\int_S p_i^* v_i \mathrm{d}S = \int_V \sigma_{ik}^* \dot{\varepsilon}_{ik} \mathrm{d}V + \sum \int_{S_D} \tau_v^* \mid \Delta v_t \mid \mathrm{d}S \tag{3-85}$$

在变形体表面上，已知表面力的区域为 S_p，已知位移速度 v_i 的区域为 S_v，所以

$$\int_S p_i v_i \mathrm{d}S = \int_{S_p} p_i v_i \mathrm{d}S + \int_{S_v} p_i v_i \mathrm{d}S \tag{3-86}$$

$$\int_S p_i^* v_i \mathrm{d}S = \int_{S_p} p_i^* v_i \mathrm{d}S + \int_{S_v} p_i^* v_i \mathrm{d}S \tag{3-87}$$

在 S_p 上 $p_i = p_i^* = \bar{p}_i$，并注意到在 S_v 上 $v_i = \bar{v}_i$。于是，由式（3-86）减去式（3-87），则

$$\int_S p_i v_i \mathrm{d}S - \int_S p_i^* v_i \mathrm{d}S = \int_{S_v} (p_i - p_i^*) \bar{v}_i \mathrm{d}S \tag{3-88}$$

把式（3-73）和式（3-85）代入式（3-88）得

$$\int_{S_v} (p_i - p_i^*) \bar{v}_i \mathrm{d}S = \int_V (\sigma_{ik} - \sigma_{ik}^*) \dot{\varepsilon}_{ik} \mathrm{d}V + \sum \int_{S_D} (k - \tau_v^*) \mid \Delta v_t \mid \mathrm{d}S \tag{3-89}$$

由于 $\tau_v^* \leqslant k$，按最大塑性功原理式有 $\int_V (\sigma_{ij} - \sigma_{ij}^*) \dot{\varepsilon}_{ij} \mathrm{d}V \geqslant 0$，所以

$$\int_{S_v} (p_i - p_i^*) \bar{v}_i \mathrm{d}S \qquad \text{或} \qquad \int_{S_v} p_i^* \bar{v}_i \mathrm{d}S \leqslant \int_{S_v} p_i \bar{v}_i \mathrm{d}S \tag{3-90}$$

上式即下界定理表达式，其物理意义表述为：与静力许可应力 σ_{ik}^* 相平衡的外力 p_i^* 所提供的功率小于或等于与真实应力 σ_{ik} 相平衡的外力 p_i 所提供的功率。据此，在已知位移速度时，根据静力许可应力场 σ_{ij}^* 求出未知的单位表面力 p_i^*（如单位压力），给出了下界解。

3.5.6　上界定理

对真实应力场 σ_{ij} 和运动许可位移速度场 v_i^* 之间运用虚功原理

$$\int_S p_i v_i^* \mathrm{d}S = \int_V \sigma_{ij} \dot{\varepsilon}_{ij}^* \mathrm{d}V + \sum \int_{S_D} \tau_v \mid \Delta v_t^* \mid \mathrm{d}S \tag{3-91}$$

由最大塑性功原理有 $\int_V (\sigma_{ij}^* - \sigma_{ij}) \dot{\varepsilon}_{ij}^* \mathrm{d}V \geqslant 0$；$\int_V \sigma_{ij}^* \dot{\varepsilon}_{ij}^* \mathrm{d}V \geqslant \int_V \sigma_{ij} \dot{\varepsilon}_{ij}^* \mathrm{d}V$，则

$$\int_S p_i v_i^* \, \mathrm{d}S \leqslant \int_V \sigma_{ij}^* \dot{\varepsilon}_{ij}^* \, \mathrm{d}V + \sum \int_{S_D} \tau_v \mid \Delta v_t^* \mid \mathrm{d}S \qquad (3\text{-}92)$$

将 $\int_S p_i v_i^* \, \mathrm{d}S = \int_{S_v} p_i v_i^* \, \mathrm{d}S + \int_{S_p} p_i v_i^* \, \mathrm{d}S$ 代入上式，则

$$\int_{S_v} p_i v_i^* \, \mathrm{d}S + \int_{S_p} p_i v_i^* \, \mathrm{d}S \leqslant \int_V \sigma_{ij}^* \dot{\varepsilon}_{ij}^* \, \mathrm{d}V + \sum \int_{S_D} \tau_v \mid \Delta v_t^* \mid \mathrm{d}S \qquad (3\text{-}93)$$

注意到在 S_v 上 $v_i^* = v_i = \bar{v}_i$ ，且 $k \geqslant \tau$ ，则得

$$\int_{S_v} p_i v_i \, \mathrm{d}S \leqslant \int_V \sigma_{ik}^* \dot{\varepsilon}_{ik}^* \, \mathrm{d}V + \sum \int_{S_D} k \mid \Delta v_t^* \mid \mathrm{d}S - \int_{S_p} p_i v_i^* \, \mathrm{d}S$$

或 $$J \leqslant J^* = \dot{W}_i + \dot{W}_s + \dot{W}_b \qquad (3\text{-}94)$$

式（3-94）为上界定理数学表达式，它表明"真实外力功率决不会大于按运动许可速度场所确定的上界功率"。即按运动许可速度场所确定的功率，对实际所需的功率给出上界值。由上界功率确定变形力的方法为上界法，**上、下界定理**统称**极值原理**，相应解法称为**极限分析法**。

应指出，极值原理是针对刚塑性体的，即材料一旦发生变形就是塑性变形，且后续剪应力强度 $T = \sqrt{(1/2)\sigma_{ik}' \sigma_{ik}'} = \tau_s =$ 常数，表明材料不强化。

3.6　虚速度与变分预备定理

3.6.1　质点系运动的约束条件

位置约束　研究 I 个质点构成的质点系 $M_i (i = 1, 2, \cdots, I)$ 的运动。若对其施加 N 个位置约束 $f_n (n = 1, 2, \cdots, N)$，参照式（3-36）则有 N 个约束方程

$$f_n(x_i, t) = 0 \qquad (i = 1, 2, \cdots, I; \; n = 1, 2, \cdots, N) \qquad (3\text{-}95)$$

位置约束又称几何约束。

速度约束　参照式（3-39），无论式（3-95）的位置约束函数 f_n 是否为时间 t 的显函数，只要上式两边对时间微分，则得到下述方程组

$$\sum_{i=1}^{I} \frac{\partial f_n}{\partial \boldsymbol{x}_i} \boldsymbol{v}_i + \frac{\partial f_n}{\partial t} = 0 \qquad （N 个方程） \qquad (3\text{-}96)$$

于是得到了对速度的限制条件，也称运动约束条件。当然对速度的约束也可不经式（3-95）而单独给出。

加速度约束　同样，式（3-96）再一次对 t 微分则得到对质点系 M_i 的加速度约束，即

$$\sum_{i=1}^{I} \frac{\partial f_n}{\partial \boldsymbol{x}_i} \boldsymbol{w}_i + \sum_{i=1}^{I} \left(\frac{\mathrm{d}}{\mathrm{d}t} \frac{\partial f_n}{\partial \boldsymbol{x}_i} \right) \boldsymbol{v}_i + \frac{\mathrm{d}}{\mathrm{d}t} \frac{\partial f_n}{\partial t} = 0 \qquad （N 个方程） \qquad (3\text{-}97)$$

位移约束　将 $\boldsymbol{v}_i = \mathrm{d}\boldsymbol{x}_i / \mathrm{d}t$ 代入式（3-96）则得到对质点系 M_i 位移的约束方

程(以下$\sum$默认i从1到I求和)即

$$\sum \frac{\partial f_n}{\partial x_i}\mathrm{d}x_i + \frac{\partial f_n}{\partial t}\mathrm{d}t = 0 \qquad (N\ \text{个方程}) \tag{3-98}$$

通常式（3-96）的N个方程不足以解出I个速度，因为总有$I>N$。如果$I=N$，质点系运动就失去了任何自由度，进而不能运动，这种情况无意义。由于满足式（3-96）或式（3-98）的速度场v_i或位移场$\mathrm{d}x_i$有很多组。故定义满足约束条件式（3-96）的速度场$v_i(x_k,t)$为运动许可速度场；满足约束条件式（3-98）的位移$\mathrm{d}x_i(x_k,t)$为运动许可位移场。当然真实位移场和真实速度场也是运动许可位移场和速度场。

虚速度场 若v_i是真实速度场，v_i^*是任何一组运动许可速度场，则二者之差$\delta v_i = v_i - v_i^*$定义为虚速度场。将v_i和v_i^*分别代入约束条件式（3-96）再相减得

$$\sum \frac{\partial f_n}{\partial x_i}\delta v_i = 0 \qquad (N\ \text{个方程}) \tag{3-99}$$

同理对虚位移$\delta x_i = \mathrm{d}x_i - \mathrm{d}x_i^*$代入式（3-98）有

$$\sum \frac{\partial f_n}{\partial x_i}\delta x_i = 0 \qquad (N\ \text{个方程}) \tag{3-100}$$

于是可定义满足齐次约束条件式（3-99）的速度场为虚速度场；满足齐次约束条件件式（3-100）的位移场为虚位移场；满足非齐次约束条件式（3-96）与式（3-98）的速度场和位移场为运动许可速度场和位移场。

可看出，若把式（3-96）的约束条件针对某特定时刻t，命$\partial f_n/\partial t$为某个特定常数，则该时刻的运动许可速度场或位移场就是同一时刻的虚速度场或虚位移场。

3.6.2 虚速度原理

若前述质点系每个质点M_i上给定一个主动力$F_i(i=1,2,\cdots,I)$，相应的约束反力记为R_i，则按下列牛顿定律可确定一组满足约束条件式（3-97）的加速度w_i与约束反力R_i

$$m_i w_i = F_i + R_i \qquad (\text{下标不求和}) \tag{3-101}$$

该方程因为既求w_i又求R_i一般无定解，因为方程未知量为$2I$个，而考虑约束条件（3-97）的方程数共为$N+I$个。但对理想约束，则能解出，因为理想约束的约束反力在虚速度（位移）上所做总功率（功）为零，即

$$\sum R_i \delta v_i = 0 \qquad \sum R_i \delta x_i = 0 \tag{3-102}$$

将式（3-101）代入上式得到

$$\sum (F_i - m_i w_i)\delta v_i = 0 \tag{3-103}$$

$$\sum (F_i - m_i w_i)\delta x_i = 0 \tag{3-104}$$

式（3-103）、式（3-104）称为质点系的虚速度与虚位移原理。它表明，受理想约束的质点系在其运动的任何时刻，主动力和惯性力在各质点虚速度（虚位移）所作的总功率（功）之和为零。由于虚速度 δv_i 也是速度场的变分，故上述两式也叫约束质点系运动的动力学广义变分方程。

动力学广义变分方程的实质是反映了运动加速度 w_i 与主动力 F_i 之间相适应的必要与充分条件。因为对于给定的主动力 F_i，如果 w_i 是真实的，必满足约束条件（3-97）并必与 F_i 相适应，因此有按牛顿定律确定的下列量

$$R_i = m_i w_i - F_i \tag{3-105}$$

其必为每个质点处的真实约束反力，则 R_i 必满足式（3-102），进而必有动力学普遍变分方程式（3-103）成立；反之，若广义变分方程（3-103）成立，令 $m_i w_i - F_i = R_i$，并代入式（3-103）必得到

$$\Sigma R_i \delta v_i = 0 \tag{3-106}$$

足见 R_i 是理想约束反力。

总之，如果系统给定 N 个约束条件式（3-97），则还缺 $I-N$ 个方程。若系统质点有限，则总可找出 $I-N$ 组 δv_i，得到 $I-N$ 个补充方程式（3-103），从而设法求出 I 个 V_i。

3.6.3　虚速度场特征

考察材料成形定常问题，例如对速度场 $v = v(x_i) = v(x_1, x_2, x_3)$，$x_i$ 是基本变量。而速度场的变分 $\delta v(x_i)$ 则是一个任意函数，如图 3-12 所示。而 $v_1 = v + \delta v$ 则是一个新的速度场。为使此变分成为虚速度场，则要具备以下基本特征：

（1）δv 必须足够小，小到不破坏平衡方程。

（2）在速度已知表面 S_v 上 $\delta v = 0$，即满足齐次边界条件。

（3）如材料不可压缩，则 δv 无散，即 $\mathrm{div}\delta v = 0$；同时满足 $\delta \dot{\varepsilon}_{ik} = \dfrac{1}{2}(\delta v_{i,k} + \delta v_{k,i})$。

（4）速度场的变分 δv 具有任意性。但应注意其他物理量不能任意，而由 v 的变分 δv 决定。如控制体积 V 内的动能 T 及其变分分别是

$$T = \int_V \left(\frac{\rho}{2}\right) \delta v \mathrm{d}V, \quad \delta T = \int_V \rho v \delta v \mathrm{d}V \tag{3-107}$$

图 3-12 所示为真实速度场 v、运动许可速度场 v^* 及速度场的变分 δv，由于 δv 满足在 x_0，x_1 处的齐次边界条件，故为虚速度场。

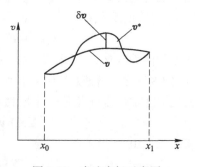

图 3-12　虚速度场示意图

3.6.4 变分预备定理

（1）基本预备定理。

在 S 包围的封闭区域 V 内给定一个对称张量场 $\boldsymbol{T}_A = [a_{ik}]$ 和矢量场 $\boldsymbol{b}$，则有下式成立：

$$\int_V \mathrm{div}\boldsymbol{T}_A \boldsymbol{b}\mathrm{d}V = \int_S \boldsymbol{ab}\mathrm{d}S - \int_V a_{ik}\beta_{ik}\mathrm{d}V$$

或 $$\int_V a_{ik,k} b_i \mathrm{d}V = \int_{S=S_p+S_v} a_{ik}b_i n_k \mathrm{d}S - \int_V a_{ik}\beta_{ik}\mathrm{d}V \qquad (3\text{-}108)$$

式中，$\beta_{ik} = \dfrac{1}{2}(b_{i,k} + b_{k,i})$，$\boldsymbol{a} = \boldsymbol{T}_A \boldsymbol{n} = a_{ik}n_k \boldsymbol{e}_i$，$\boldsymbol{a}$ 为 $\boldsymbol{T}_A$ 的表面矢量。

证明：

$$\int_V \mathrm{div}\boldsymbol{T}_A \boldsymbol{b}\mathrm{d}V = \int_V a_{ik,k} b_i \mathrm{d}V$$

$$= \int_V (a_{ik}b_i)_{,k}\mathrm{d}V - \int_V a_{ik}b_{i,k}\mathrm{d}V（分部积分）$$

$$= \int_S a_{ik}b_i n_k \mathrm{d}S - \int_V \frac{1}{2}a_{ik}(b_{i,k} + b_{k,i})\mathrm{d}V$$

$$= \int_S \boldsymbol{ab}\mathrm{d}S - \int_V a_{ik}\beta_{ik}\mathrm{d}V（已知条件）$$

（2）静力许可应力场判别条件。

对称应力张量场 σ_{ik} 为静力许可应力场的充分必要条件，是与任何虚速度场 $\delta\boldsymbol{v}$ 之间满足如下方程

$$\int_{S_p} \bar{\boldsymbol{p}}\delta\boldsymbol{v}\mathrm{d}S = \int_V \sigma_{ik}\delta\dot{\varepsilon}_{ik}\mathrm{d}S \qquad (3\text{-}109)$$

必要性：如果 σ_{ik} 是静力许可的，则必须满足式（3-59）、式（3-67），即 $\mathrm{div}\boldsymbol{T}_\sigma = 0$，$S_p$ 上：$\sigma_{ik}n_k = \bar{p}_i$；将两式乘以虚速度场 δv_i 然后相加有

$$\int_V \mathrm{div}\boldsymbol{T}_\sigma \delta\boldsymbol{v}\mathrm{d}V + \int_{S_p} (\bar{p}_i - \sigma_{ik}n_k)\delta v_i \mathrm{d}S = 0$$

令式（3-108）中 $a_{ik} = \sigma_{ik}$，$b_i = \delta v_i$，$\beta_{ik} = \delta\dot{\varepsilon}_{ik}$，代入上式并注意到 S_v 上 $\delta\bar{v}_i = 0$，有

$$\int_{S=S_p+S_v} \sigma_{ik}\delta v_i n_k \mathrm{d}S - \int_V \sigma_{ik}\delta\dot{\varepsilon}_{ik}\mathrm{d}V + \int_{S_p} (\bar{p}_i - \sigma_{ik}n_k)\delta v_i \mathrm{d}S = 0$$

整理并写成矢量形式必有

$$\int_{S_p} \bar{\boldsymbol{p}}\,\delta\boldsymbol{v}\mathrm{d}S = \int_V \sigma_{ik}\delta\dot{\varepsilon}_{ik}\mathrm{d}V \qquad （证毕）$$

充分性：若式（3-109）成立，与（3-108）相减，注意 $a_{ik} = \sigma_{ik}$，$\boldsymbol{a} = \boldsymbol{p}$，$\beta_{ik} = \delta\dot{\varepsilon}_{ik}$，$b_i = \delta v_i$，得

$$\int_{S_p} (\overline{\boldsymbol{p}} - \boldsymbol{p}) \delta \boldsymbol{v} \mathrm{d}S + \int_V \mathrm{div} \boldsymbol{T}_\sigma \delta \boldsymbol{v} \mathrm{d}V = 0$$

由变分引理式（3-26），$\delta \boldsymbol{v}$ 有任意性，故只有上式左端两个积分分别为零，于是有

$$\text{在 } S_\mathrm{p} \text{ 上：} \boldsymbol{P} = \overline{\boldsymbol{P}} \text{；在 } V \text{ 内：} \mathrm{div} \boldsymbol{T}_\sigma = 0$$

于是必有 $\boldsymbol{T}_\sigma = \sigma_{ij}$ 是静力许可的。（证毕）

简要证法： 由虚功原理式 $\int_{S_p} \overline{p}_i \delta v_i \mathrm{d}S = \int_V \sigma_{ik}^* \delta \dot{\varepsilon}_{ik} \mathrm{d}V$ 知，与任何虚速度场 δv_i 之间满足上式的应力场 $\sigma_{ik} = \sigma_{ik}^*$，即必为静力许可的。注意到 "$*$" 表示满足静力许可条件，足见上式写成矢量形式后即为式（3-109）（证毕）。于是许可应力场判别定理的另一种表述是：**应力张量 σ_{ik} 为静力许可应力场的充分必要条件是满足速度场变分形式的虚功率方程。**

（3）运动许可速度场判别条件。

对称应变速率场 $\dot{\varepsilon}_{ik}$ 为运动许可应变速率场的充分必要条件是与任何虚应力场 $\delta \sigma_{ik}$ 之间满足如下方程

$$\int_{S_v} \delta \boldsymbol{p}_i \overline{\boldsymbol{v}} \mathrm{d}S = \int_V \delta \sigma_{ik} \dot{\varepsilon}_{ik} \mathrm{d}V \tag{3-110}$$

式中，$\delta \boldsymbol{p}_i$ 为虚应力场 $\delta \sigma_{ik}$ 确定的边界外力，满足 $\delta \boldsymbol{p}_i = \delta \sigma_{ik} n_k \boldsymbol{e}_i$。

必要性： 若 $\dot{\varepsilon}_{ik}$ 为运动许可的，它必由 $\boldsymbol{v}$ 按式（3-65）导出，且在 S_v 上有 $\boldsymbol{v} = \overline{\boldsymbol{v}}$。将该与式（3-65）乘以满足平衡方程（3-59）与边界条件式（3-67）的虚应力场 $\delta \sigma_{ik}$，将此三个条件代入式（3-108），令 $\boldsymbol{T}_\mathrm{A} = \boldsymbol{T}_{\delta \sigma}$，$\boldsymbol{b} = \boldsymbol{v}$，则必得式（3-110）。

充分性： 若式（3-110）成立，将其和式（3-108）相减，注意到 $\boldsymbol{T}_\mathrm{A} = \boldsymbol{T}_{\delta \sigma}$，$\boldsymbol{a} = \delta \boldsymbol{p}$，$\boldsymbol{b} = \boldsymbol{v}$，得

$$\int_{S_v} \delta \boldsymbol{p} (\overline{\boldsymbol{v}} - \boldsymbol{v}) \mathrm{d}S + \int_V \mathrm{div} \boldsymbol{T}_{\delta \sigma} \boldsymbol{v} \mathrm{d}V = 0$$

由于已知 $\mathrm{div} \boldsymbol{T}_{\delta \sigma} = 0$，由变分引理必有在 S_v 上：$\boldsymbol{v} = \overline{\boldsymbol{v}}$。于是速度场 $\boldsymbol{v}$ 及由其导出的几何方程必为运动许可的（证毕）。

简要证法： 将虚余功率方程式（3-78）写成矢量形式即得

$$\int_{S_v} \delta \boldsymbol{p} \overline{\boldsymbol{v}} \mathrm{d}S = \int_V \delta \sigma_{ik} \dot{\varepsilon}_{ik}^* \mathrm{d}V$$

表明与任何虚应力场 $\delta \sigma_{ik}$ 之间满足上式的应变速率场必为运动许可的，即 $\dot{\varepsilon}_{ik} = \dot{\varepsilon}_{ik}^*$。注意到 "$*$" 表示满足运动许可条件，足见上式与式（3-110）完全一致（证毕）。于是运动许可应变速率场判别定理的另一种表述是：**应变速率张量 $\dot{\varepsilon}_{ik}$ 为运动许可的充分必要条件是满足应力场变分形式的虚余功率方程。**

（4）推论。

将式（3-109）和式（3-110）相加得下式

$$\int_{S_p} \overline{\boldsymbol{p}} \, \delta \boldsymbol{v} \mathrm{d}S + \int_{S_v} \delta \boldsymbol{p} \overline{\boldsymbol{v}} \mathrm{d}S = \int_V \delta \sigma_{ik} \dot{\varepsilon}_{ik} \mathrm{d}V + \int_V \sigma_{ik} \delta \dot{\varepsilon}_{ik} \mathrm{d}V \qquad (3\text{-}111)$$

上式表明若应力场 σ_{ik} 与速度场 $\boldsymbol{v}$ 和任何虚速度场 $\delta \boldsymbol{v}$ 及虚应力场 $\delta \sigma_{ik}$ 之间满足上式，则应力场 σ_{ik} 与速度场 $\boldsymbol{v}$ 分别是静力与运动许可场。

简要证法： 由虚功率原理的变分形式（3-80）可知

$$\int_{S_p} \overline{p}_i \delta v_i \mathrm{d}S + \int_{S_v} \delta p_i \overline{v}_i \mathrm{d}S = \int_V \delta \sigma_{ik} \dot{\varepsilon}_{ik}^* \mathrm{d}V + \int_V \sigma_{ik}^* \delta \dot{\varepsilon}_{ik} \mathrm{d}V$$

将上式左侧写成矢量形式，注意到右侧"＊"依次表示满足运动与静力许可条件，则该式与式（3-111）完全一致。它表明虚速度场与虚应力场在应力与速度已知表面所作总虚功等于变形体内与二者相适应的应变速率场及应力场储存的虚应变能之和。应指出，上述定理与推论均由虚功方程推出，未涉及本构关系，故结论适合任何本构关系的材料。

3.7　材料成形的变分原理

3.7.1　体积可压缩材料的变分原理

（1）常用的变分公式。

设给定某运动许可速度场 $\boldsymbol{v}$，于是可由本构方程计算出 V 内每点与该速度场相适应的 σ_{m} 和 T，若 V 内变分 $\delta \boldsymbol{v}$ 引起的相关变分为
应变速率：

$$\delta \dot{\varepsilon}_{ik} = \frac{1}{2} \left(\frac{\partial \delta v_i}{\partial x_k} + \frac{\partial \delta v_k}{\partial x_i} \right) \qquad (3\text{-}112)$$

剪应变速率强度：

$$\delta \dot{\Gamma} = \delta \sqrt{2 \dot{\varepsilon}_{ik}' \dot{\varepsilon}_{ik}'} = \frac{2 \cdot 2 \dot{\varepsilon}_{ik}' \delta \dot{\varepsilon}_{ik}'}{2 \sqrt{2 \dot{\varepsilon}_{ik}' \dot{\varepsilon}_{ik}'}} = \frac{2 \dot{\varepsilon}_{ik}' \delta \dot{\varepsilon}_{ik}'}{\dot{\Gamma}} \qquad (3\text{-}113)$$

平均应变速率：

$$\delta \dot{\varepsilon}_{\mathrm{m}} = (\delta \dot{\varepsilon}_{11} + \delta \dot{\varepsilon}_{22} + \delta \dot{\varepsilon}_{33}) / 3 \qquad (3\text{-}114)$$

$\delta \sigma_{ik}$ 引起的相关变分为
剪应力强度：

$$\delta T = \delta \sqrt{(1/2) \sigma_{ik}' \sigma_{ik}'} = \frac{(1/2) 2 \sigma_{ik}' \delta \sigma_{ik}'}{2 \sqrt{(1/2) \sigma_{ik}' \sigma_{ik}'}} = \frac{\sigma_{ik}' \delta \sigma_{ik}'}{2T} \qquad (3\text{-}115)$$

平均应力：

$$\delta \sigma_{\mathrm{m}} = (\delta \sigma_{11} + \delta \sigma_{22} + \delta \sigma_{33}) / 3 \qquad (3\text{-}116)$$

式中

$$\delta \dot{\varepsilon}_{ik}' = \delta \dot{\varepsilon}_{ik} - \delta \dot{\varepsilon}_{\mathrm{m}} \delta_{ik}, \quad \delta \sigma_{ik}' = \delta \sigma_{ik} - \delta \sigma_{\mathrm{m}} \delta_{ik} \qquad (3\text{-}117)$$

以下表述可压缩材料的变分原理。

（2）虚速度原理。

欲使运动许可速度场v成为真实速度场的必要充分条件是它对任何虚速度场δv满足下式

$$\int_{S_p} \overline{p}\, \delta v \mathrm{d}S = \int_V (T \delta \dot{\Gamma} + 3\sigma_m \delta \dot{\varepsilon}_m)\mathrm{d}V \tag{3-118}$$

必要性：设v是真实速度场，则由本构方程式（3-61）确定下列运动学应力场

$$\sigma_{ik} = (2T/\dot{\Gamma})\dot{\varepsilon}'_{ik} + \sigma_m \delta_{ik} \tag{3-119}$$

无疑是静力许可的，因为它应能满足式（3-109）。由式（3-117）、式（3-119）和式（3-113）得

$$\sigma_{ik}\delta\dot{\varepsilon}_{ik} = \sigma'_{ik}\delta\dot{\varepsilon}'_{ik} + 3\sigma_m\delta\dot{\varepsilon}_m = (2T/\dot{\Gamma})\dot{\varepsilon}'_{ik}\delta\dot{\varepsilon}'_{ik} + 3\sigma_m\delta\dot{\varepsilon}_m = T\delta\dot{\Gamma} + 3\sigma_m\delta\dot{\varepsilon}_m \tag{3-120}$$

将上式代入式（3-109），即得式（3-118）。

充分性：设对某个运动许可速度场v有式（3-118）成立，现由v按式（3-119）求出运动学应力σ_{ik}，再利用式（3-120）就有

$$T\delta\dot{\Gamma} + 3\sigma_m\delta\dot{\varepsilon}_m = \sigma_{ik}\delta\dot{\varepsilon}_{ik}$$

将其代入式（3-118），便得到式（3-109），故运动学应力场σ_{ik}是静力许可的。速度场v是真实的。

（3）虚应力原理。

欲使静力许可应力场σ_{ik}成为真实应力场的必要充分条件是它对任何虚应力场$\delta\sigma_{ik}$满足下式

$$\int_{S_v} \delta p \overline{v}\mathrm{d}S = \int_V (\delta T\dot{\Gamma} + 3\delta\sigma_m\dot{\varepsilon}_m)\mathrm{d}V \tag{3-121}$$

必要性：设σ_{ik}是真实应力场，按本构方程式（3-61）、式（3-119）确定下列静力学应变速率

$$\dot{\varepsilon}_{ik} = (\dot{\Gamma}/2T)\sigma'_{ik} + \dot{\varepsilon}_m\delta_{ik} \tag{3-122}$$

无疑是运动许可的，它应能满足式（3-110）。先利用式（3-122）与式（3-115）求出

$$\delta\sigma_{ik}\dot{\varepsilon}_{ik} = \delta\sigma'_{ik}\dot{\varepsilon}'_{ik} + 3\delta\sigma_m\dot{\varepsilon}_m = (\dot{\Gamma}/2T)\sigma'_{ik}\delta\sigma'_{ik} + 3\delta\sigma_m\dot{\varepsilon}_m = \delta T\dot{\Gamma} + 3\delta\sigma_m\dot{\varepsilon}_m \tag{3-123}$$

将其代入式（3-110），即得式（3-121）。

充分性：设对某个静力许可应力场σ_{ik}已有式（3-121）成立，现由σ_{ik}按式（3-122）求出静力学应变速率场$\dot{\varepsilon}_{ik}$，再利用式（3-123）就有$\delta T\dot{\Gamma} + 3\delta\sigma_m\dot{\varepsilon}_m = \delta\sigma_{ik}\dot{\varepsilon}_{ik}$，将其代入式（3-121），得到的公式正是式（3-110），也就是

说静力学应变速率场 $\dot{\varepsilon}_{ik}$ 是运动许可的。因而应力场 σ_{ik} 是真实的。

（4）推论。

将式（3-118）、式（3-121）相加得到下式

$$\int_{S_p} \bar{p} \delta v \mathrm{d}S + \int_{S_v} \delta p \bar{v} \mathrm{d}S = \int_V [(T\delta \dot{\Gamma} + \delta T \dot{\Gamma}) + 3(\sigma_m \delta \dot{\varepsilon}_m + \delta \sigma_m \dot{\varepsilon}_m)] \mathrm{d}V$$

$$(3\text{-}124)$$

上式表明欲使运动许可速度场 v 和静力许可应力场 σ_{ik} 同时成为真实场，必要和充分条件是它们对任何虚速度场 δv 和虚应力场 $\delta \sigma_{ik}$ 满足方程（3-124）。

3.7.2 体积不可压缩材料变分原理

（1）体积不可压缩材料特点。

与体积可压缩材料相比，不可压缩材料特点为：

1）运动许可速度场 v 与虚速度场 δv 都必须满足不可压缩条件 $\mathrm{div}v = 0$，$\mathrm{div}\delta v = 0$。

2）因为 $\dot{\varepsilon}_m \equiv 0$，故由本构方程式（3-61），依据 $\dot{\varepsilon}'_{ik} = \dot{\varepsilon}_{ik}$ 可求出偏差压力，但无法按式（3-60）求平均应力 σ_m，欲求 σ_m 必须利用平衡方程与边界外力条件。

3）若偏应力张量 σ'_{ik} 借助补充一球张量 $\sigma_m I$ 而成为静力许可应力场，则 σ'_{ik} 为静力许可的。

4）体积不可压缩材料有以下关系：$\dot{\varepsilon}_m = 0$，$\delta \dot{\varepsilon}_m = 0$，$\sigma_{ik}\delta \dot{\varepsilon}_{ik} = \sigma'_{ik}\delta \dot{\varepsilon}'_{ik}$，$\delta \sigma_{ik}\dot{\varepsilon}_{ik} = \delta \sigma'_{ik}\dot{\varepsilon}'_{ik}$，$\sigma'_{ik}\delta \dot{\varepsilon}'_{ik} = T\delta \dot{\Gamma}$，$\delta \sigma'_{ik}\dot{\varepsilon}'_{ik} = \delta T\dot{\Gamma}$。

（2）许可场判别式。

对体积不可压缩材料许可场判别式（3-109）~式（3-111）依次为

静力许可偏应力场判别式：

$$\int_{S_p} \bar{p} \delta v \mathrm{d}S = \int_V \sigma'_{ik}\delta \dot{\varepsilon}'_{ik} \mathrm{d}V \tag{3-125}$$

运动许可偏应变速率场判别式：

$$\int_{S_v} \delta p \bar{v} \mathrm{d}S = \int_V \delta \sigma'_{ik}\dot{\varepsilon}'_{ik} \mathrm{d}V \tag{3-126}$$

应指出：不可压缩介质上式偏差应变速率场就是应变速率场。

静力与运动许可偏张量场判别式为

$$\int_{S_p} \bar{p} \delta v \mathrm{d}S + \int_{S_v} \delta p \bar{v} \mathrm{d}S = \int_V (\delta \sigma'_{ik}\dot{\varepsilon}'_{ik} + \sigma'_{ik}\delta \dot{\varepsilon}'_{ik}) \mathrm{d}V \tag{3-127}$$

（3）变分原理。

体积不可压缩介质的变分原理数学表达式与许可场判别式（3-125）~

式（3-127）具有完全相同的形式：

虚速度原理式（3-118）：

$$\int_{S_p} \bar{p}\,\delta v \mathrm{d}S = \int_V T\delta\dot{\Gamma}\mathrm{d}V \tag{3-128}$$

虚应力原理式（3-121）：

$$\int_{S_v} \delta p\bar{v}\mathrm{d}S = \int_V \delta T\dot{\Gamma}\mathrm{d}V \tag{3-129}$$

推论式（3-124）：

$$\int_{S_p} \bar{p}\,\delta v \mathrm{d}S + \int_{S_v} \delta p\bar{v}\mathrm{d}S = \int_V (T\delta\dot{\Gamma} + \delta T\dot{\Gamma})\mathrm{d}V \tag{3-130}$$

（4）对变分原理的理解。

为了加深理解，我们换一种方式对式（3-128）～式（3-130）进行表述：设式（3-128）中 δv 及与其对应的 $\delta\dot{\Gamma}$ 为无限小，由 3.6.3 节虚速度场基本特点（1），则式中 T 和 $\bar{p}$ 可认为不变，此时 δ 便可作为变分符号提到积分号外面去，移项后则有

$$\delta\left(\int_V T\dot{\Gamma}\mathrm{d}V - \int_{S_p} \bar{p}v\mathrm{d}S \right) = 0 \tag{3-131}$$

令 $\dot{\phi} = \int_V T\dot{\Gamma}\mathrm{d}V - \int_{S_p} \bar{p}v\mathrm{d}S$，则上式为

$$\delta\dot{\phi} = 0 \tag{3-132}$$

式（3-132）表明 $\dot{\phi}$ 是关于函数 v 的总势能泛函，其一阶变分为零，注意到 T 与 $\dot{\Gamma}$ 之间满足流动法则，表明泛函 $\dot{\phi}$ 对真实速度场 v 取驻值。这是对式（3-128）虚速度原理或总势能泛函对运动许可速度场的变分的理解。读者应注意式（3-132）与式（3-83）的区别，后者不受物理条件（流动法则）的制约。同样式（3-129）、式（3-130）也可变化为类似式（3-132）的形式，有

$$\delta\left(\int_V T\dot{\Gamma}\mathrm{d}V - \int_{S_v} p\bar{v}\mathrm{d}S \right) = 0 \qquad \delta\dot{\phi} = 0 \tag{3-133}$$

$$\int_V (T\delta\dot{\Gamma} + \delta T\dot{\Gamma})\mathrm{d}V - \int_{S_p} \bar{p}\,\delta v\mathrm{d}S - \int_{S_v} \delta p\bar{v}\mathrm{d}S = 0$$

$$\int_V \delta(T\dot{\Gamma})\,\mathrm{d}V - \int_{S_p+S_v} (\bar{p}\,\delta v + \delta p\bar{v})\,\mathrm{d}S = \delta\int_V T\dot{\Gamma}\mathrm{d}V - \delta\int_S \bar{p}v\mathrm{d}S$$

$$\delta\left(\int_V T\dot{\Gamma}\mathrm{d}V - \int_S pv\mathrm{d}S \right) = 0 \qquad \delta\dot{\phi} = 0 \tag{3-134}$$

式（3-133）、式（3-134）T 与 $\dot{\Gamma}$ 之间均满足流动法则可参照式（3-132）的物理意义进行理解并注意与式（3-83）的区别。

3.7.3　最小能原理

对真实速度场，若把总势能泛函定义成

$$\dot{\phi} = \int_V E(\dot{\varepsilon}_{ik}) \, \mathrm{d}V - \int_{S_p} \bar{p}_i v_i \mathrm{d}S \tag{3-135}$$

变分有

$$\delta\dot{\phi} = \int_V \frac{\partial E}{\partial \dot{\varepsilon}_{ik}} \delta\dot{\varepsilon}_{ik} \mathrm{d}V - \int_{S_p} \bar{p}_i \delta v_i \mathrm{d}S \tag{3-136}$$

由于真实速度场 v_i 是运动许可的，与其相适合本构关系的应力场 σ_{ik} 是静力许可的，若本构方程中 σ_{ik} 是 $\dot{\varepsilon}_{ik}$ 的光滑函数，且满足

$$\frac{\partial \sigma_{ik}}{\partial \dot{\varepsilon}_{jl}} = \frac{\partial \sigma_{jl}}{\partial \dot{\varepsilon}_{ik}} \tag{3-137}$$

则一定存在一个势函数 $E(\dot{\varepsilon}_{ik})$，且有梯度场

$$\sigma_{ik} = \frac{\partial E}{\partial \dot{\varepsilon}_{ik}} \tag{3-138}$$

式（3-138）代入式（3-136）并注意到虚功方程式（3-76）则有

$$\delta\dot{\phi} = \delta\left(\int_V \sigma_{ik} \dot{\varepsilon}_{ik} \mathrm{d}V - \int_{S_p} \bar{p}_i v_i \mathrm{d}S \right) = 0 \tag{3-139}$$

式（3-139）表明，无论何种本构关系，只要式（3-137）、式（3-138）成立，则必存在势函数 $E(\dot{\varepsilon}_{ik})$，于是便有式（3-135）、式（3-139）表示的最小势能原理成立。

同理对真实位移场 u_i 有

$$\phi = \int_V E(\varepsilon_{ik}) \, \mathrm{d}V - \int_{S_p} \bar{p}_i u_i \mathrm{d}S, \quad \delta\phi = 0 \tag{3-140}$$

采用同样方法，由式（3-78）虚余功率方程，对真实应力场得

$$\dot{R} = \int_V E(\sigma_{ik}) \, \mathrm{d}V - \int_{S_v} \sigma_{ik} n_k \bar{v}_i \mathrm{d}S, \quad E(\sigma_{ik}) = \int_0^{\sigma_{ik}} \dot{\varepsilon}_{ik} \mathrm{d}\sigma_{ik}, \quad \delta\dot{R} = 0 \tag{3-141}$$

$$R = \int_V E(\sigma_{ik}) \, \mathrm{d}V - \int_{S_u} \sigma_{ik} n_k \bar{u}_i \mathrm{d}S, \quad E(\sigma_{ik}) = \int_0^{\sigma_{ik}} \varepsilon_{ik} \mathrm{d}\sigma_{ik}, \quad \delta R = 0 \tag{3-142}$$

上述两式称为最小余能原理。应指出，变分引理具体形式还取决于不同材料具体应力与应变关系。

3.8 刚-塑性材料的变分原理

3.8.1 第一变分原理

3.8.1.1 第一变分原理成立条件

采用刚-塑性材料流动模型，忽略质量力、惯性力，注意到体积不可压缩且暂不考虑速度间断面，$\dot{\varepsilon}_e = \sqrt{(2/3)\,\dot{\varepsilon}_{ik}\dot{\varepsilon}_{ik}} = \dot{\Gamma}/\sqrt{3}$，$\sigma_e = \sigma_s = \sqrt{3}k = \sqrt{3}\tau_s = \sqrt{3}T$ 塑

性区内真实解应满足如下 7 个条件：

(1) 平衡方程　　　　　　　　　　$\sigma_{ik,\,k} = 0$

(2) Mises 屈服准则　　　　$T = k = \sqrt{(1/2)\,\sigma'_{ik}\sigma'_{ik}}$

(3) 几何方程　　　　　　　$\dot{\varepsilon}_{ik} = \dfrac{1}{2}\left(\dfrac{\partial v_i}{\partial x_k} + \dfrac{\partial v_k}{\partial x_i}\right)$

(4) 本构方程　　　　　　　$\dot{\varepsilon}_{ik} = \dfrac{\dot{\Gamma}}{2T}\sigma'_{ik} = \dfrac{3}{2}\dfrac{\dot{\varepsilon}_e}{\sigma_s}\sigma'_{ik}$

(5) 体积不变条件　　　　　　$\dot{\varepsilon}_{ik}\delta_{ik} = 0$

(6) 应力边界条件　　　　S_p 上：$\sigma_{ik}n_k = \bar{p}_i$

(7) 速度边界条件　　　　S_v 上：$v_i = \bar{v}_i$

3.8.1.2　第一变分原理证明

第一变分原理表明：在一切运动许可速度场 v_i^* 中，使泛函

$$\dot{\phi}_1 = \sqrt{\frac{2}{3}}\,\sigma_s\int_V \sqrt{\dot{\varepsilon}_{ik}\dot{\varepsilon}_{ik}}\,\mathrm{d}V - \int_{S_p}\bar{p}_i v_i\,\mathrm{d}S \tag{3-143}$$

的 $\delta\dot{\phi}_1 = 0$，且 $\dot{\phi}_1$ 取最小值的 v_i 必为本问题真实解。

证明： 设问题的真实解为 σ_{ik}、$\dot{\varepsilon}_{ik}$ 和 v_i，而运动许可解为 σ_{ik}^*、$\dot{\varepsilon}_{ik}^*$ 和 v_i^*。

由式（3-61）并注意式体积不变条件，$\sigma'_{ik} = \sqrt{\dfrac{2}{3}}\,\sigma_s\dfrac{\dot{\varepsilon}_{ik}}{\sqrt{\dot{\varepsilon}_{ik}\dot{\varepsilon}_{ik}}}$，有

$$\sqrt{\frac{2}{3}}\,\sigma_s\sqrt{\dot{\varepsilon}_{ik}\dot{\varepsilon}_{ik}} = \sqrt{\frac{2}{3}}\,\sigma_s\frac{\dot{\varepsilon}_{ik}\dot{\varepsilon}_{ik}}{\sqrt{\dot{\varepsilon}_{ik}\dot{\varepsilon}_{ik}}} = \sigma'_{ik}\dot{\varepsilon}_{ik} = \left(\sigma_{ik} - \frac{1}{3}\sigma_{jj}\delta_{ik}\right)\dot{\varepsilon}_{ik} = \sigma_{ik}\dot{\varepsilon}_{ik}$$

$$\tag{3-144}$$

式（3-144）表明式（3-143）中 $\sqrt{\dfrac{2}{3}}\,\sigma_s\sqrt{\dot{\varepsilon}_{ik}\dot{\varepsilon}_{ik}} = \sigma_{ik}\dot{\varepsilon}_{ik}$ 相当于式（3-137）、

式（3-138）中的 $E(\dot{\varepsilon}_{ik})$ 并满足两式条件，故对真实速度场 v_i 有 $\delta\dot{\phi}_1 = 0$，表明泛函 $\dot{\phi}_1$ 有驻值。以下证明对真实速度场 v_i、$\dot{\phi}_1$ 取最小值。由 Drucker 公设可知

$$\int_V(\sigma_{ik}^* - \sigma_{ik})\dot{\varepsilon}_{ik}^*\,\mathrm{d}V \geqslant 0 \tag{3-145}$$

对真实解的 σ_{ik} 和运动许可速度场 v_i^*、$\dot{\varepsilon}_{ik}^*$ 之间用虚功方程

$$\int_V\sigma_{ik}\dot{\varepsilon}_{ik}^*\,\mathrm{d}V = \int_{S_p}\bar{p}_i v_i^*\,\mathrm{d}S + \int_{S_v}\sigma_{ik}n_k\bar{v}_i\,\mathrm{d}S$$

将上式代入式（3-145）：

$$\int_V\sigma_{ik}^*\dot{\varepsilon}_{ik}^*\,\mathrm{d}V - \int_{S_p}\bar{p}_i v_i^*\,\mathrm{d}S \geqslant \int_{S_v}\sigma_{ik}n_k\bar{v}_i\,\mathrm{d}S \tag{3-146}$$

由于真实解 σ_{ik} 和 $\dot{\varepsilon}_{ik}$、v_i 之间也满足虚功方程

$$\int_{S_v} \sigma_{ik} n_k \bar{v}_i \mathrm{d}S = \int_V \sigma_{ik} \dot{\varepsilon}_{ik} \mathrm{d}V - \int_{S_p} \bar{p}_i v_i \mathrm{d}S \qquad (3\text{-}147)$$

将式（3-147）代入式（3-146）

$$\int_V \sigma_{ik}^* \dot{\varepsilon}_{ik}^* \mathrm{d}V - \int_{S_p} \bar{p}_i v_i^* \mathrm{d}S \geqslant \int_V \sigma_{ik} \dot{\varepsilon}_{ik} \mathrm{d}V - \int_{S_p} \bar{p}_i v_i \mathrm{d}S \qquad (3\text{-}148)$$

把式（3-144）代入式（3-148）得

$$\int_V \sigma_{ik}^* \dot{\varepsilon}_{ik}^* \mathrm{d}V - \int_{S_p} \bar{p}_i v_i^* \mathrm{d}S \geqslant \sqrt{\frac{2}{3}} \sigma_s \int_V \sqrt{\dot{\varepsilon}_{ik} \dot{\varepsilon}_{ik}} \mathrm{d}V - \int_{S_p} \bar{p}_i v_i \mathrm{d}S$$

即

$$\dot{\phi}_1^* \geqslant \dot{\phi}_1$$

足见泛函 $\dot{\phi}_1$ 取最小值，于是刚-塑性材料的第一变分原理得证。此原理又称
A. A. 马尔柯夫（Mapkob）原理。

注意到 S_v 上 $\sigma_{ik} n_k = p_i$，式（3-146）可写成无速度间断面的上界定理表达
式（3-94）：

$$\int_{S_v} p_i \bar{v}_i \mathrm{d}S \leqslant \int_V \sigma_{ik}^* \dot{\varepsilon}_{ik}^* \mathrm{d}V - \int_{S_p} \bar{p}_i v_i^* \mathrm{d}S \qquad (3\text{-}149)$$

3.8.1.3 与虚速度原理的区别

将不可压缩材料虚速度原理式（3-128）进行改写，注意到其成立条件及

$T\dot{\Gamma} = \sqrt{\dfrac{2}{3}} \sigma_s \sqrt{\dot{\varepsilon}_{ik} \dot{\varepsilon}_{ik}}$，矢量形式写成分量形式有

$$\int_V T \delta \dot{\Gamma} \mathrm{d}V - \int_{S_p} \bar{\boldsymbol{p}} \, \delta \boldsymbol{v} \mathrm{d}S = \delta \left(\int_V T \dot{\Gamma} \mathrm{d}V - \int_{S_p} \bar{\boldsymbol{p}} \boldsymbol{v} \mathrm{d}S \right)$$

$$= \delta \left(\int_V \sqrt{\frac{2}{3}} \sigma_s \sqrt{\dot{\varepsilon}_{ik} \dot{\varepsilon}_{ik}} \mathrm{d}V - \int_{S_p} \bar{p}_i v_i \mathrm{d}S \right) = \delta \dot{\phi}_1 = 0$$

式中

$$\dot{\phi}_1 = \sqrt{\frac{2}{3}} \sigma_s \int_V \sqrt{\dot{\varepsilon}_{ik} \dot{\varepsilon}_{ik}} \mathrm{d}V - \int_{S_p} \bar{p}_i v_i \mathrm{d}S \qquad (3\text{-}150)$$

式（3-150）与刚-塑性材料的第一变分原理式（3-143）完全一致。于是，虚速度
原理表述为：运动许可速度场 $\boldsymbol{v}$ 成为真实速度场的必要充分条件是它对式（3-134）
的一阶变分 $\delta \dot{\phi}_1 = 0$。即真实速度场使 $\dot{\phi}_1$ 取驻值。表明虚速度原理只提供判断
真实速度场的准则，并未指明如何确定真实速度场。而第一变分原理不仅证明
泛函 $\dot{\phi}_1$ 有驻值，而且证明对真实速度场 $\dot{\phi}_1$ 取最小值。如将最小势能原理
式（3-139）用于刚-塑性材料，则与虚速度原理、第一变分原理具有完全相同的
形式。

3.8.2 完全广义变分原理

将运动许可条件作为约束条件以拉格朗日乘子 $\alpha_{ik} = \alpha_{ki}$，$\lambda$，$\mu_i$ 引入式（3-143）中构成新泛函

$$\dot{\phi}_1^* = \sqrt{\frac{2}{3}}\sigma_s \int_V \sqrt{\dot{\varepsilon}_{ik}\dot{\varepsilon}_{ik}}\,\mathrm{d}V - \int_{S_p} \bar{p}_i v_i \mathrm{d}S - \int_V \alpha_{ik}\left[\dot{\varepsilon}_{ik} - \frac{1}{2}(v_{i,k} + v_{k,i})\right]\mathrm{d}V +$$

$$\int_V \lambda\dot{\varepsilon}_{ik}\delta_{ik}\mathrm{d}V - \int_{S_v} \mu_i(v_i - \bar{v})\mathrm{d}S$$

$$(3\text{-}151)$$

在一切 σ_{ik}、$\dot{\varepsilon}_{ik}$ 和 v_i 的函数中，使上述泛函取驻值的 σ_{ik}，$\dot{\varepsilon}_{ik}$ 和 v_i 是真实解。此即刚-塑性材料完全广义变分原理。此时，可预先无约束地选择 $\dot{\varepsilon}_{ik}$ 和 v_i 使新泛函 $\dot{\phi}_1^*$ 一阶变分等于零。

证明：只要证明使泛函式（3-151）的一阶变分为零，则 σ_{ik}、$\dot{\varepsilon}_{ik}$ 和 v_i 满足全部方程和相应的边界条件即可。对式（3-151）变分，并令其为零得

$$\delta\dot{\phi}_1^* = \sqrt{\frac{2}{3}}\sigma_s \int_V \frac{2\dot{\varepsilon}_{ik}}{2\sqrt{\dot{\varepsilon}_{ik}\dot{\varepsilon}_{ik}}}\delta\dot{\varepsilon}_{ik}\mathrm{d}V - \int_{S_p} \bar{p}_i\delta v_i\mathrm{d}S - \int_V \delta\alpha_{ik}\left[\dot{\varepsilon}_{ik} - \frac{1}{2}(v_{i,k} + v_{k,i})\right]\mathrm{d}V -$$

$$\int_V \alpha_{ik}\left[\delta\dot{\varepsilon}_{ik} - \frac{1}{2}(\delta v_{i,k} + \delta v_{k,i})\right]\mathrm{d}V + \int_V \delta\lambda\dot{\varepsilon}_{ik}\delta_{ik}\mathrm{d}V + \int_V \lambda\delta\dot{\varepsilon}_{ik}\delta_{ik}\mathrm{d}V -$$

$$\int_{S_v} \delta\mu_i(v_i - \bar{v}_i)\mathrm{d}S - \int_{S_v} \mu_i(\delta v_i)\mathrm{d}S = 0$$

由本构关系 $s_{ik} = \sqrt{\frac{2}{3}}\dfrac{\sigma_s\dot{\varepsilon}_{ik}}{\sqrt{\dot{\varepsilon}_{ik}\dot{\varepsilon}_{ik}}}$，$s_{ik} = \sigma_{ik} - \dfrac{1}{3}\sigma_{jj}\delta_{ik}$，$\alpha_{ik}\dfrac{1}{2}(\delta v_{i,k} + \delta v_{k,i}) = \alpha_{ik}\delta v_{i,k}$，整理得

$$\delta\dot{\phi}_1^* = \int_V\left(\sigma_{ik} - \frac{1}{3}\sigma_{jj}\delta_{ik} - \alpha_{ik} + \lambda\delta_{ik}\right)\delta\dot{\varepsilon}_{ik}\mathrm{d}V - \int_{S_p} \bar{p}_i\delta v_i\mathrm{d}S -$$

$$\int_V\left[\dot{\varepsilon}_{ik} - \frac{1}{2}(v_{i,k} + v_{k,i})\right]\delta\alpha_{ik}\mathrm{d}V + \int_V \alpha_{ik}\delta v_{i,k}\mathrm{d}V + \int_V \dot{\varepsilon}_{ik}\delta_{ik}\delta\lambda\mathrm{d}V -$$

$$\int_{S_v}(v_i - \bar{v}_i)\delta\mu_i\mathrm{d}S - \int_{S_v} \mu_i\delta v_i\mathrm{d}S = 0$$

用分部积分和高斯公式

$$\int_V \alpha_{ik}\delta v_{i,k}\mathrm{d}V = \int_V (\alpha_{ik}\delta v_i)_{,k}\mathrm{d}V - \int_V \alpha_{ik,k}\delta v_i\mathrm{d}V$$

$$= \int_{S_p+S_v} \alpha_{ik}\delta v_i n_k\mathrm{d}S - \int_V \alpha_{ik,k}\delta v_i\mathrm{d}V$$

代入上式整理得：

$$\delta \dot{\phi}_1^* = \int_V (\sigma_{ik} - \alpha_{ik}) \delta \dot{\varepsilon}_{ik} dV + \int_V \left(\lambda - \frac{1}{3} \sigma_{jj} \right) \delta_{ik} \delta \dot{\varepsilon}_{ik} dV +$$

$$\int_{S_p} (\alpha_{ik} n_k - \bar{p}_i) \delta v_i dS + \int_V \left[\dot{\varepsilon}_{ik} - \frac{1}{2} (v_{i,k} + v_{k,i}) \right] \delta \alpha_{ik} dV +$$

$$\int_{S_v} (\alpha_{ik} n_k - \mu_i) \delta v_i dS - \int_V \alpha_{ik,k} \delta v_i dV + \int_V \dot{\varepsilon}_{ik} \delta_{ik} \delta \lambda dV -$$

$$\int_{S_v} (v_i - \bar{v}_i) \delta \mu_i dS = 0$$

注意到自变函数变分的任意性，得到

在体积 V 内 $\qquad \sigma_{ik} - \alpha_{ik} = 0$ 或 $\sigma_{ik} = \alpha_{ik}$；$\sigma_{ik,k} = 0$

$$\dot{\varepsilon}_{ik} - \frac{1}{2}(v_{i,k} + v_{k,i}) = 0, \quad \lambda - \frac{1}{3}\sigma_{jj} = 0, \quad \dot{\varepsilon}_{ik}\delta_{ik} = 0$$

在 S_p 面上 $\qquad \alpha_{ik} n_k - \bar{p}_i = 0$

在 S_v 面上 $\qquad v_i - \bar{v}_i = 0, \quad \alpha_{ik} n_k - \mu_i = 0$

上述诸式分别为平衡方程、几何方程、边界条件和体积不变条件。表明预先任选 $\dot{\varepsilon}_{ik}$ 和 v_i，只要能使式（3-151）泛函的一阶变分为零，则它们以及相应的应力 σ_{ik} 就一定满足基本方程组和相应边界条件，所以为真实解。即按此变分引理求解与在给定边界条件下求解基本方程组是等价的。

3.8.3 不完全广义变分原理

由于预选速度场时，几何方程与速度边界条件容易满足，体积不变条件不易满足，所以只把体积不变条件用拉格朗日乘子 λ 引入泛函中得到如下新泛函

$$\dot{\phi}_1^{**} = \sqrt{\frac{2}{3}} \sigma_s \int_V \sqrt{\dot{\varepsilon}_{ik} \dot{\varepsilon}_{ik}} dV - \int_{S_p} \bar{p}_i v_i dS + \int_V \lambda \dot{\varepsilon}_{ik} \delta_{ik} dV \qquad (3-152)$$

用同样方法可以证明在一切满足几何方程与速度边界条件的 v_i 中使式（3-152）泛函取驻值的 v_i 是真实解，此时 $\lambda = \frac{1}{3}\sigma_{jj}$，乃是刚-塑性材料不完全的广义变分原理。

3.8.4 刚-塑性材料第二变分原理

第二变分原理证明如下。

在满足平衡方程、Mises 屈服条件和应力边界条件的一切静力许可应力场 σ_{ik}^* 中，使泛函

$$\dot{\phi}_2 = -\int_{S_v} \sigma_{ik} n_k v_i dS \qquad (3-153)$$

取最小值的 σ_{ik} 必为本问题的真实解。

证明：设本问题的真实解为 $\sigma_{ik}, \dot{\varepsilon}_{ik}, v_i$，静力许可解为 σ_{ik}^*，因为静力许

可应力场 σ_{ik}^* 与真实解的应变速率之间未必适合本构关系，由 Drucker 公设有

$$\int_V (\sigma_{ik} - \sigma_{ik}^*)\dot{\varepsilon}_{ik}\mathrm{d}V \geqslant 0 \tag{3-154}$$

真实解为 σ_{ik}，$\dot{\varepsilon}_{ik}$，v_i 由虚功原理

$$\int_V \sigma_{ik}\dot{\varepsilon}_{ik}\mathrm{d}V = \int_{S_p} \bar{p}_i v_i \mathrm{d}S + \int_{S_v} \sigma_{ik} n_k \bar{v}_i \mathrm{d}S \tag{3-155}$$

真实解的 $\dot{\varepsilon}_{ik}$ 与静力许可应力场 σ_{ik}^* 之间也应满足虚功原理

$$\int_V \sigma_{ik}^* \dot{\varepsilon}_{ik}\mathrm{d}V = \int_{S_p} \bar{p}_i v_i \mathrm{d}S + \int_{S_v} \sigma_{ik}^* n_k \bar{v}_i \mathrm{d}S \tag{3-156}$$

注意到在 S_p 上 $p_i^* = \bar{p}_i$，将式（3-156）、式（3-155）代入式（3-154），移项得

$$\int_{S_v} \sigma_{ik} n_k \bar{v}_i \mathrm{d}S \geqslant \int_{S_v} \sigma_{ik}^* n_k \bar{v}_i \mathrm{d}S$$

或

$$- \int_{S_v} \sigma_{ik} n_k \bar{v}_i \mathrm{d}S \leqslant - \int_{S_v} \sigma_{ik}^* n_k \bar{v}_i \mathrm{d}S$$

即

$$\dot{\phi}_2^* \geqslant \dot{\phi}_2 \tag{3-157}$$

足见，真实解应力 σ_{ik} 使泛函 $\dot{\phi}_2$ 取最小值，于是刚-塑性材料的第二变分原理得证。此原理又称为希尔（Hill）原理。

注意到 $p_i = \sigma_{ik} n_k$，$p_i^* = \sigma_{ik}^* n_k$，式（3-157）的第一式可写成下界定理数学表达式（3-90）：

$$\int_{S_v} p_i^* \bar{v}_i \mathrm{d}S \leqslant \int_{S_v} p_i \bar{v}_i \mathrm{d}S$$

3.8.5　轧制变分原理具体形式

3.8.5.1　虚速度原理

对于体积可压缩材料轧制，虚速度原理可表述为：为使运动许可速度场成为真实场，必要充分条件是对任何虚速度场 $\delta \boldsymbol{v}$，满足下列方程

$$\int_{S_p} \bar{p}\,\delta\boldsymbol{v}\mathrm{d}S + \int_{S_f} \bar{\tau}_f e_v \delta v_f \mathrm{d}S + Q\delta\boldsymbol{v} = \int_V (T\delta\dot{\Gamma} + 3\sigma_m \delta\dot{\varepsilon}_m)\,\mathrm{d}V \tag{3-158}$$

式中，e_v 为与接触面相对滑动速度 $\Delta\boldsymbol{v}$ 方向相反的单位矢量；δv_f 为 $\delta\boldsymbol{v}$ 沿 S_f 的切向分量；Q 为后外端界面上的水平合外力；$\delta\boldsymbol{v}$ 为后外端界面水平速度的变分。

式（3-158）证明与式（3-118）相同。对于满足体积不变的轧制情况，虚速度原理简化为

$$\int_{S_p} \bar{p}\, \delta\boldsymbol{v} \mathrm{d}S + \int_{S_f} \bar{\tau}_f e_v \delta\boldsymbol{v}_f \mathrm{d}S + Q\delta\boldsymbol{v} = \int_V T\delta\dot{\varGamma}\mathrm{d}V \qquad (3\text{-}159)$$

3.8.5.2 总功率最小原理

前述虚速度原理仅提供真实速度场判断准则，总功率最小原理则给出求解真实速度场的方法，由式（3-158），定义

$$\dot{\phi}(\boldsymbol{v}) = \int_V (T\dot{\varGamma} + 3\sigma_m\dot{\varepsilon}_m)\, \mathrm{d}V - \int_{S_p} \bar{p}\boldsymbol{v}\mathrm{d}S - \int_{S_f} \bar{\tau}_f e_v \delta\boldsymbol{v}_f \mathrm{d}S - Q\boldsymbol{v} \qquad (3\text{-}160)$$

为总功率。其一阶变分为

$$\delta\dot{\phi}(\boldsymbol{v}) = \int_V (T\delta\dot{\varGamma} + 3\sigma_m\delta\dot{\varepsilon}_m)\, \mathrm{d}V - \int_{S_p} \bar{p}\delta\boldsymbol{v}\mathrm{d}S - \int_{S_f} \bar{\tau}_f e_v \delta\boldsymbol{v}_f \mathrm{d}S - Q\delta\boldsymbol{v} = 0$$

$$(3\text{-}161)$$

这是运动许可速度场 $\boldsymbol{v}$ 成为真实速度场的必要和充分条件。即在所考察的运动许可速度场中，真实速度场式 $\dot{\phi}(\boldsymbol{v})$ 有极值。然后证明 $\boldsymbol{v}$ 是真实的，则 $\delta^2\dot{\phi} > 0$，即 $\dot{\phi}$ 有极小值[4]（证明从略）。

3.9 刚-黏塑性材料变分原理

3.9.1 刚-黏塑性材料变分原理

针对大塑性变形速度敏感性材料，即弹性变形可以忽略的变分原理为刚-黏塑性材料的变分原理。前已述及，无论何种本构关系，只要式（3-137）、式（3-138）成立，则一切运动许可速度场 v_i^* 与 $\dot{\varepsilon}_{ij}^*$ 中，真实的速度场 $\dot{\varepsilon}_{ij}$、v_i 使式（3-135）的泛函的一阶变分为零，即

$$\delta\dot{\phi} = \delta\left\{\int_V E(\dot{\varepsilon}_{ik})\,\mathrm{d}V - \int_{S_p} \bar{p}_i v_i \mathrm{d}S\right\} = 0 \qquad (3\text{-}162)$$

则泛函 $\dot{\phi}$ 取极值。所以首先必须证明刚-黏塑性材料满足式（3-137）、式（3-138），其次证明 $\dot{\phi}$ 取最小值。

证明：刚-黏塑性材料本构方程满足

$$\dot{\varepsilon}_{ik} = \frac{3}{2}\frac{\dot{\varepsilon}_e}{\sigma_e}\sigma'_{ik} \qquad (3\text{-}163)$$

$$\sigma'_{ik} = \frac{2}{3}\frac{\sigma_e}{\dot{\varepsilon}_e}\dot{\varepsilon}_{ik} \qquad (3\text{-}164)$$

表明本构方程是单值函数，故满足式（3-138）。设 σ_e 按 Hausmer F E 等推荐的下式确定，即

$$\sigma_e = \sigma_{sc}\left[1 + \left(\frac{\dot{\varepsilon}_e}{\gamma_0}\right)^n\right] \tag{3-165}$$

式中，$\sigma_{sc} = \sigma_{sc}(\varepsilon)$ 为静屈服应力；γ_0 为流动参数。

注意到式 (3-163) 及 $\dot{\varepsilon}_{ik}\delta_{ik} = 0$，$\dot{\varepsilon}_e = \sqrt{\dfrac{2}{3}\dot{\varepsilon}_{ik}\dot{\varepsilon}_{ik}}$，式 (3-138) 中

$$E(\dot{\varepsilon}_{ik}) = \int_0^{\dot{\varepsilon}_{ij}} \sigma_{ik}\mathrm{d}\dot{\varepsilon}_{ij} = \int_0^{\dot{\varepsilon}_{ij}} \sigma'_{ik}\mathrm{d}\dot{\varepsilon}_{ik} = \int_0^{\dot{\varepsilon}_e} \sigma_e\mathrm{d}\dot{\varepsilon}_e$$

将式 (3-165) 代入上式有

$$E(\dot{\varepsilon}_{ik}) = \int_0^{\dot{\varepsilon}_e} \sigma_{sc}\left[1 + \left(\frac{\dot{\varepsilon}_e}{\gamma_0}\right)^n\right]\mathrm{d}\dot{\varepsilon}_e = \frac{1}{n+1}(n\sigma_{sc} + \sigma_e)\dot{\varepsilon}_e \tag{3-166}$$

$$\frac{\partial E}{\partial \dot{\varepsilon}_{ik}} = \frac{1}{n+1}\left[(n\sigma_{sc} + \sigma_e)\frac{2}{3}\frac{\dot{\varepsilon}_{ik}}{\dot{\varepsilon}_e} + n\sigma_{sc}\left(\frac{\dot{\varepsilon}_e}{\gamma_0}\right)^n\frac{2}{3}\frac{\dot{\varepsilon}_{ik}}{\dot{\varepsilon}_e}\right]$$

$$= \frac{1}{n+1}\frac{2}{3}\frac{\dot{\varepsilon}_{ik}}{\dot{\varepsilon}_e}(\sigma_e + n\sigma_e) = \frac{2}{3}\frac{\sigma_e}{\dot{\varepsilon}_e}\dot{\varepsilon}_{ik} = \sigma'_{ik}$$

在 $\dot{\varepsilon}_{ik}\delta_{ik} = 0$ 时，则有

$$\frac{\partial E}{\partial \dot{\varepsilon}_{ik}} = \sigma_{ik}$$

所以满足式 (3-138)，故式 (3-162) 成立，表明泛函 $\dot{\phi}$ 取极值。

以下证明 $\dot{\phi}$ 取最小值，故必须证明 $\delta^2\dot{\phi} \geq 0$。

注意到式 (3-162) 第二项 $\bar{p}_i v_i$ 是 v_i 的线性函数，因此 $\delta^2\displaystyle\int_{S_p}\bar{p}_i v_i\mathrm{d}S = 0$，所以只需证明第一项，即 $\delta^2\dot{\phi} = \displaystyle\int_V \delta^2 E(\dot{\varepsilon}_{ik})\mathrm{d}V \geq 0$ 或 $\delta^2 E(\dot{\varepsilon}_{ik}) \geq 0$ 即可。注意到式 (3-165)，则有

$$E(\dot{\varepsilon}_{ik}) = \int_0^{\dot{\varepsilon}_e} \sigma_e(\dot{\varepsilon}_e)\mathrm{d}\dot{\varepsilon}_e, \delta E = \frac{\partial E}{\partial \dot{\varepsilon}_e}\delta\dot{\varepsilon}_e = \sigma_e\delta\dot{\varepsilon}_e$$

$$\delta^2 E = \delta(\delta E) = \delta(\sigma_e\delta\dot{\varepsilon}_e) = \delta\sigma_e\delta\dot{\varepsilon}_e + \sigma_e\delta^2\dot{\varepsilon}_e = \frac{\delta\sigma_e}{\delta\dot{\varepsilon}_e}(\delta\dot{\varepsilon}_e)^2 + \sigma_e\delta^2\dot{\varepsilon}_e$$

假定材料是稳定的，即 σ_e 随 $\dot{\varepsilon}_e$ 增加而增加，则 $\dfrac{\delta\sigma_e}{\delta\dot{\varepsilon}_e} \geq 0$，所以 $\dfrac{\delta\sigma_e}{\delta\dot{\varepsilon}_e}(\delta\dot{\varepsilon}_e)^2 \geq 0$；下面继续证明 $\sigma_e\delta^2\dot{\varepsilon}_e \geq 0$。注意到 $\dot{\varepsilon}_e = \sqrt{\dfrac{2}{3}\dot{\varepsilon}_{ik}\dot{\varepsilon}_{ik}}$，则

$$\sigma_e \delta^2 \dot{\varepsilon}_e = \sigma_e \left. \frac{\partial^2}{\partial \zeta^2} \right|_{\zeta=0} \sqrt{\frac{2}{3}(\dot{\varepsilon}_{ik} + \zeta \delta \dot{\varepsilon}_{ik})(\dot{\varepsilon}_{ik} + \zeta \delta \dot{\varepsilon}_{ik})}$$

$$= \sigma_e \left. \frac{\partial}{\partial \zeta} \right|_{\zeta=0} \left[\frac{\frac{2}{3}(\dot{\varepsilon}_{ik} + \zeta \delta \dot{\varepsilon}_{ik}) \delta \dot{\varepsilon}_{ik}}{\sqrt{\frac{2}{3}(\dot{\varepsilon}_{jl} + \zeta \delta \dot{\varepsilon}_{jl})(\dot{\varepsilon}_{jl} + \zeta \delta \dot{\varepsilon}_{jl})}} \right]$$

$$= \sigma_e \left[\frac{\frac{2}{3}\delta \dot{\varepsilon}_{ik} \delta \dot{\varepsilon}_{ik}}{\sqrt{\frac{2}{3}\dot{\varepsilon}_{jl}\dot{\varepsilon}_{jl}}} - \frac{\left(\frac{2}{3}\dot{\varepsilon}_{ik}\delta \dot{\varepsilon}_{ik}\right)^2}{\left(\sqrt{\frac{2}{3}\dot{\varepsilon}_{jl}\dot{\varepsilon}_{jl}}\right)^3} \right]$$

$$= \frac{\sigma_e}{\dot{\varepsilon}_e} \left\{ (\delta \dot{\varepsilon}_e)^2 - \frac{1}{4\dot{\varepsilon}_e^2} \left[\delta(\dot{\varepsilon}_e^2) \right]^2 \right\} = \frac{\sigma_e}{\dot{\varepsilon}_e} \{\cdots\}$$

下面证明上式 $\{\cdots\}$ 括号内的值是非负的。因为 $\dot{\varepsilon}_e$ 与坐标选取无关,故用其主应变速率表示,即 $\dot{\varepsilon}_e^2 = \frac{2}{3}(\dot{\varepsilon}_1^2 + \dot{\varepsilon}_2^2 + \dot{\varepsilon}_3^2)$,$(\delta \dot{\varepsilon}_e)^2 = \frac{2}{3}[(\delta \dot{\varepsilon}_1)^2 + (\delta \dot{\varepsilon}_2)^2 + (\delta \dot{\varepsilon}_3)^2]$,经简单变换后有

$$\{\cdots\} = \frac{2}{3} \cdot \frac{(\dot{\varepsilon}_1 \delta \dot{\varepsilon}_2 - \dot{\varepsilon}_2 \delta \dot{\varepsilon}_1)^2 + (\dot{\varepsilon}_2 \delta \dot{\varepsilon}_3 - \dot{\varepsilon}_3 \delta \dot{\varepsilon}_2)^2 + (\dot{\varepsilon}_3 \delta \dot{\varepsilon}_1 - \dot{\varepsilon}_1 \delta \dot{\varepsilon}_3)^2}{\dot{\varepsilon}_1^2 + \dot{\varepsilon}_2^2 + \dot{\varepsilon}_3^2} \geqslant 0$$

因为 $\dfrac{\sigma_e}{\dot{\varepsilon}_e}$ 为正,所以 $\sigma_e \delta^2 \dot{\varepsilon}_e \geqslant 0$,于是 $\dot{\phi}$ 取最小值。证毕。

3.9.2 刚-黏塑性材料不完全广义变分原理

将体积不变条件以拉格朗日乘子 λ 引入泛函中,用 3.8.1 节方法可证明不完全广义变分原理,即在一切运动许可速度场 v_i 中,真实解使新泛函

$$\dot{\phi}^* = \int_V E(\dot{\varepsilon}_{ik})\, \mathrm{d}V - \int_{S_p} \bar{p}_i v_i \mathrm{d}S + \int_V \lambda \dot{\varepsilon}_{ik} \delta_{ik} \mathrm{d}V \tag{3-167}$$

取驻值,即 $\delta \dot{\phi}^* = 0$,此时拉氏乘子等于平均应力,即 $\lambda = \dfrac{1}{3}\sigma_{kk}$。若将 S_p 面上摩擦功率单独写出上式为

$$\dot{\phi}^* = \int_V E(\dot{\varepsilon}_{ik})\, \mathrm{d}V - \int_{S_p} \bar{p}_i v_i \mathrm{d}S - \int_{S_f} \tau_f |\Delta v_f| \mathrm{d}S + \int_V \lambda \dot{\varepsilon}_{ik} \delta_{ik} \mathrm{d}V \tag{3-168}$$

接触面上摩擦应力取决于相对滑动速度,可由 Chen 和 Kobayashi 的计算公式求得

$$\tau_f = -mk \left[\frac{2}{\pi} \tan^{-1} \left(\frac{|\Delta \boldsymbol{v}_f|}{a |\boldsymbol{v}_D|} \right) \right] \boldsymbol{t} \tag{3-169}$$

式中,m 为摩擦因子,$0 \leqslant m \leqslant 1$;$k$ 为屈服切应力;$|\Delta \boldsymbol{v}_f|$ 为工具与工件相对速度

矢量；$|\mathbf{v}_\mathrm{D}|$ 为工具速度矢量；t 为相对速度方向单位矢量；a 为小于工具速度几个数量级的常数，可取 10^{-5}。

3.10　弹-塑性硬化材料的变分原理

3.10.1　全量理论最小能原理

全量理论塑性应力应变关系，就相当于非线性弹性关系。和线性弹性一样，也存在最小势能原理和最小余能原理。为简明，采用 Mises 等向强化加载面，取泊松系数 $\nu = \dfrac{1}{2}$ 及统一强化曲线假设，取

$$\sigma_\mathrm{e} = A\varepsilon_\mathrm{e}^n \tag{3-170}$$

假定材料是稳定的，即 $\dfrac{\mathrm{d}\sigma_\mathrm{e}}{\mathrm{d}\varepsilon_\mathrm{e}} \geqslant 0$，此时本构关系为单值函数有

$$\sigma'_{ik} = \frac{2}{3}\frac{\sigma_\mathrm{e}}{\varepsilon_\mathrm{e}}\varepsilon_{ik} \tag{3-171}$$

$$\varepsilon_{ik} = \frac{3}{2}\frac{\varepsilon_\mathrm{e}}{\sigma_\mathrm{e}}\sigma'_{ik} \tag{3-172}$$

于是　　　$E(\varepsilon_{ik}) = \displaystyle\int_0^{\varepsilon_{ij}} \sigma_{ik}\mathrm{d}\varepsilon_{ik} = \int_0^{\bar{\varepsilon}} \sigma_\mathrm{e}\mathrm{d}\varepsilon_\mathrm{e} = \int_0^{\bar{\varepsilon}} A\varepsilon_\mathrm{e}^n\mathrm{d}\varepsilon_\mathrm{e} = \dfrac{1}{n+1}\sigma_\mathrm{e}\cdot\varepsilon_\mathrm{e}$

同 3.9.1 节式（3-166）导出相同，可得到 $\dfrac{\partial E}{\partial \varepsilon_{ik}} = \sigma_{ik}$，故满足式（3-137）、式（3-138），于是在一切运动许可位移场（u_i^* 和 ε_{ik}^*）中，真实的 u_i 和 ε_{ij} 使如下泛函的一阶变分为零，即

$$\phi = \int_V E(\varepsilon_{ik})\,\mathrm{d}V - \int_{S_p} \bar{p}_i u_i\mathrm{d}S \qquad \delta\phi = 0 \tag{3-173}$$

同上方法可证明 $\delta^2\phi \geqslant 0$，即泛函式（3-35）有最小值。上述即全量理论最小势能原理。由于全量理论结果有时与实验符合较好，表明其适用范围实际上比简单加载更广。冷加工或应变速率影响较小时，用上式较方便。

用同样方法也可证明在一切静力许可应力场中，真实应力场使泛函式（3-141）、式（3-142）取最小值，即全量理论的最小余能原理。

3.10.2　增量理论的最小能原理

忽略质量力与惯性力，某时刻 t 加载，在 S_p 上给定 $\dot{\bar{p}}_i$（面力对时间的变化

率），在 S_v 上给定 $\bar{v}_i = \dot{\bar{u}}_i$，并已知在 t 之前任意时刻 $t_x(0 \leqslant t_x \leqslant t)$ 的应力、应变和位移场 σ_{ik}、ε_{ik}、u_i。此时真实解 $\dot{\sigma}_{ik}$、$\dot{\varepsilon}_{ik}$、v_i 应满足：（1）在 V 内应力率平衡方程 $\dot{\sigma}_{ik,k} = 0$；（2）$\dot{\varepsilon}_{ik} = \dfrac{1}{2}(v_{i,k} + v_{k,i})$；（3）在 S_p 上 $\dot{\sigma}_{ik}n_k = \dot{\bar{p}}_i$；（4）在 S_v 上 $v_i = \dot{\bar{v}}_i = \dot{\bar{u}}_i$；（5）$\dot{\sigma}_{ik}$ 和 $\dot{\varepsilon}_{ik}$ 间满足本构关系。

由于 t 时刻之前结果已知，加载时强化材料 $\dot{\sigma}_{ik}$ 和 $\dot{\varepsilon}_{ik}$ 间存在线性关系且这种关系可逆惟一。所以卸载情况下 $\dot{\sigma}_{ik}$ 和 $\dot{\varepsilon}_{ik}$ 之间满足线弹性关系。为导出速率问题的最小势能和最小余能原理，需利用速率问题不等式。

从满足真实解条件的状态（1）：$\sigma_{ik}^{(1)}$，$\varepsilon_{ik}^{(1)}$，变到另一状态（2）：$\sigma_{ik}^{(2)}$，$\varepsilon_{ik}^{(2)}$。在变载过程中位于加载面上的应力为 σ_{ik}，它与 $\mathrm{d}\varepsilon_{ik}$ 适合本构关系，而 $\sigma_{ik}^{(1)}$ 与 $\mathrm{d}\varepsilon_{ik}$ 未必适合本构关系，由 Drucker 公设有

$$\int_{(1)}^{(2)} (\sigma_{ik} - \sigma_{ik}^{(1)})\mathrm{d}\varepsilon_{ik} \geqslant 0 \tag{3-174}$$

为将此式变成相应的速率问题的不等式，在变载中任选一状态 σ_{ij}^s，于是

$$\left.\begin{array}{l} \sigma_{ik} = \sigma_{ik}^s + \dot{\sigma}_{ik}\mathrm{d}t \\[2mm] \sigma_{ik}^{(1)} = \sigma_{ik}^s + \dot{\sigma}_{ik}^{(1)}\mathrm{d}t \\[2mm] \varepsilon_{ik} = \varepsilon_{ik}^s + \dot{\varepsilon}_{ik}\mathrm{d}t \end{array}\right\} \tag{3-175}$$

式中，$\mathrm{d}t > 0$，把式（3-175）代入式（3-174）得

$$\int_{(1)}^{(2)} (\dot{\sigma}_{ik} - \dot{\sigma}_{ik}^{(1)})\mathrm{d}\dot{\varepsilon}_{ik} \geqslant 0 \tag{3-176}$$

由于 $\dot{\sigma}_{ik}$ 和 $\dot{\varepsilon}_{ik}$ 间满足线性关系有

$$\int_{(1)}^{(2)} \dot{\sigma}_{ik}\mathrm{d}\dot{\varepsilon}_{ik} = \int_{(1)}^{(2)} \dot{\varepsilon}_{ik}\mathrm{d}\dot{\sigma}_{ik} = \frac{1}{2}\dot{\sigma}_{ik}\dot{\varepsilon}_{ik}$$

于是速率不等式（3-176）可写成

$$\frac{1}{2}\dot{\sigma}_{ik}^{(2)}\dot{\varepsilon}_{ik}^{(2)} - \frac{1}{2}\dot{\sigma}_{ik}^{(1)}\dot{\varepsilon}_{ik}^{(1)} - \dot{\sigma}_{ik}^{(1)}(\dot{\varepsilon}_{ik}^{(2)} - \dot{\varepsilon}_{ik}^{(1)}) \geqslant 0 \tag{3-177}$$

注意到此式中已令状态（1）为速率问题的真实解（$\dot{\sigma}_{ik}$，$\dot{\varepsilon}_{ik}$），并令状态（2）为运动许可解（$\dot{\sigma}_{ik}^*$，$\dot{\varepsilon}_{ik}^*$）（式中，$\dot{\sigma}_{ik}^*$ 由 $\dot{\varepsilon}_{ik}^*$ 按本构关系求得），则上式可写成

$$\frac{1}{2}\dot{\sigma}_{ik}^*\dot{\varepsilon}_{ik}^* - \dot{\sigma}_{ik}\dot{\varepsilon}_{ik}^* \geqslant \frac{1}{2}\dot{\sigma}_{ik}\dot{\varepsilon}_{ik} - \dot{\sigma}_{ik}\dot{\varepsilon}_{ik}$$

或

$$\dot{E}(\dot{\varepsilon}_{ik}^*) - \dot{\sigma}_{ik}\dot{\varepsilon}_{ik}^* \geqslant \dot{E}(\dot{\varepsilon}_{ik}) - \dot{\sigma}_{ik}\dot{\varepsilon}_{ik}$$

积分为

$$\int_V \dot{E}(\dot{\varepsilon}_{ik}^*)\,\mathrm{d}V - \int_V \dot{\sigma}_{ik}\dot{\varepsilon}_{ik}^*\,\mathrm{d}V \geqslant \int_V \dot{E}(\dot{\varepsilon}_{ik})\,\mathrm{d}V - \int_V \dot{\sigma}_{ik}\dot{\varepsilon}_{ik}\,\mathrm{d}V$$

不等式两侧第二项由速率问题虚功率方程有 S_v 上 $\bar{v}_i = \bar{v}_i^*$ 故 $\int_{S_v} \dot{\sigma}_{ik} n_k \bar{v}_i \mathrm{d}S$ 相消仅剩 S_p 项，于是：

$$\int_V \dot{E}(\dot{\varepsilon}_{ik}^*)\,\mathrm{d}V - \int_{S_p} \dot{\bar{p}}_i v_i^*\,\mathrm{d}S \geqslant \int_V \dot{E}(\dot{\varepsilon}_{ik})\,\mathrm{d}V - \int_{S_p} \dot{\bar{p}}_i v_i\,\mathrm{d}S$$

$$\dot{\phi}^* \geqslant \dot{\phi}$$

从而得到在一切运动许可应变速率场中，真实场使下泛函取最小值

$$\dot{\phi} = \int_V \dot{E}(\dot{\varepsilon}_{ik})\,\mathrm{d}V - \int_{S_p} \dot{\bar{p}}_i v_i \mathrm{d}S \tag{3-178}$$

此即速率问题的最小势能原理，主要在弹-塑性有限元分析中应用。

　　同样也可得到，在一切静力许可应力速率场中，真实场使泛函

$$\dot{R} = \int_V \dot{E}_{\mathrm{R}}(\dot{\sigma}_{ik})\,\mathrm{d}V - \int_{S_v} \dot{\sigma}_{ik} n_k \bar{v}_i \mathrm{d}S \tag{3-179}$$

取最小值。这就是速率问题的最小余能原理，目前在材料成形中应用不多。

参 考 文 献

[1] 赵志业，王国栋. 现代塑性加工力学 [M]. 沈阳：东北工学院出版社，1986.
[2] 赵德文. 连续体成形力数学解法 [M]. 沈阳：东北大学出版社，2003.
[3] 王国栋，赵德文. 现代材料成形力 [M]. 沈阳：东北大学出版社，2004.
[4] 赵德文. 成形能率积分线性化原理及应用 [M]. 北京：冶金工业出版社，2012.

4 能率变换法的原理

<<<<<<<<<<<<<<<<<<<<<<<<<<<<<<<<<<<<<<<<<<<<<<<<<<<<<<<<<<<<<<<<<<

本章先介绍刚-塑性材料成形能率泛函的构成，由此引出非线性 Mises 比能率难以通过常规方法直接求解的关键性难题。再从此非线性 Mises 比能率的源头出发，提出基于线性屈服准则而开发线性比能率，进而提出以线性比能率取代非线性 Mises 比能率的新方法。此方法将可获得能率泛函的近似解析解。在此基础上，著者又根据非线性 Mises 比能率的特点，采用应变速率张量化矢量、矢量再分解的两步操作，完成非线性比能率的恒等变换，由此方法可获得能率泛函的精确解。以上两种方法分别称为比能率取代法和根矢量分解法，本章将重点证明两种方法的原理内涵与实施形式。

4.1 刚-塑性材料成形能率泛函

由刚-塑性材料第一变分原理可知，刚-塑性材料成形能率泛函的基本形式为

$$\dot{\phi}_1 = \int_V \sigma_e \dot{\varepsilon}_e \mathrm{d}V - \int_{S_p} \bar{p}_i v_i \mathrm{d}S = \sqrt{\frac{2}{3}} \sigma_s \int_V \sqrt{\dot{\varepsilon}_{ik} \dot{\varepsilon}_{ik}} \mathrm{d}V - \int_{S_p} \bar{p}_i v_i \mathrm{d}S \qquad (4-1)$$

式中，$\sigma_e = \sigma_s$ 为等效应力；$\dot{\varepsilon}_e = \sqrt{\dfrac{2}{3}} \sqrt{\dot{\varepsilon}_{ik} \dot{\varepsilon}_{ik}}$ 为等效应变速率。

材料变形区内单位体积塑性功率通常简称为比能率，可以表达成矢量的乘积，即

$$D(\dot{\varepsilon}_{ik}) = \boldsymbol{\sigma}' \cdot \dot{\boldsymbol{\varepsilon}} = |\boldsymbol{\sigma}'| |\dot{\boldsymbol{\varepsilon}}| \cos\theta \qquad (4-2)$$

假定两矢量满足 Levy-Mises 流动法则，即两矢量的分量成比例，则有 $\theta = 0$，于是

$$D(\dot{\varepsilon}_{ik}) = |\boldsymbol{\sigma}'| \cdot |\dot{\boldsymbol{\varepsilon}}| \qquad (4-3)$$

将 Mises 圆柱半径 $R = |\boldsymbol{\sigma}'| = \sqrt{\dfrac{2}{3}} \sigma_s$ 与应变速率矢量的模 $|\dot{\boldsymbol{\varepsilon}}| = \sqrt{\dot{\varepsilon}_{ik} \dot{\varepsilon}_{ik}}$ 代入式 (4-3)，可得

$$D(\dot{\varepsilon}_{ik}) = |\boldsymbol{\sigma}'| \cdot |\dot{\boldsymbol{\varepsilon}}| = \sqrt{\frac{2}{3}} \sigma_e \sqrt{\dot{\varepsilon}_{ik} \dot{\varepsilon}_{ik}} = \sigma_e \dot{\varepsilon}_e \qquad (4-4)$$

式中，等效应变速率为 $\dot{\varepsilon}_e = \sqrt{\dfrac{2}{3}} \sqrt{\dot{\varepsilon}_{ik} \dot{\varepsilon}_{ik}}$。

对于刚-塑性材料，有 $\sigma_e = \sigma_s$。于是，单位体积塑性功率或比能率可写为

$$D(\dot{\varepsilon}_{ik}) = \sqrt{\frac{2}{3}} \sigma_s \sqrt{\dot{\varepsilon}_{ik}\dot{\varepsilon}_{ik}} \tag{4-5}$$

该式表明：对刚-塑性材料，分量同名的应力与应变速率张量乘积就是等效应力与等效应变速率的乘积，即屈服应力与等效应变速率之积。

在塑性变形区内，内部刚-塑性材料成形功率实质是一点的单位体积塑性功率或比能率对整个变性区体积 V 的积分，即

$$\dot{W}_i = \int_V \sigma_{ik}\dot{\varepsilon}_{ik}\mathrm{d}V = \int_V D(\dot{\varepsilon}_{ik})\,\mathrm{d}V = \int_V \sigma_e\dot{\varepsilon}_e\mathrm{d}V = \int_V \sqrt{\frac{2}{3}}\sigma_s\sqrt{\dot{\varepsilon}_{ik}\dot{\varepsilon}_{ik}}\mathrm{d}V \tag{4-6}$$

从式（4-6）可看出：刚-塑性材料内部成形功率（或称内部成形能率）泛函项的非线性性质源于非线性 Mises 屈服条件的非线性；非线性等效应变速率以二次根号形式存在，这是制约该项难以积分求解的原因。

对于具体的成形过程，除此能率项外，还存在其他能率项。如对于轧制过程而言，轧制总功率泛函的表达式为

$$\dot{\phi}_1 = \sqrt{\frac{2}{3}}\sigma_s\int_V \sqrt{\dot{\varepsilon}_{ik}\dot{\varepsilon}_{ik}}\mathrm{d}V + \int_{S_f}\tau_f|\Delta v_f|\mathrm{d}S + \int_{S_D}k|\Delta v_t|\mathrm{d}S + q_b F_b v_b - q_a F_a v_a$$
$$\tag{4-7}$$

或写成

$$J = \dot{W}_i + \dot{W}_f + \dot{W}_s + \dot{W}_b + \dot{W}_a \tag{4-8}$$

式中，$\dot{W}_i$ 为内部变形功率；$\dot{W}_f$ 为摩擦功率；$\dot{W}_s$ 为剪切功率；$\dot{W}_a$、$\dot{W}_b$ 为张力功率，并且计算前张力时，功率项为负。

还应指出，以能量法研究轧件内部裂纹或缺陷压合时，上式仍需增加附加功率项。

4.2 比能率取代法

4.2.1 Tresca 比能率

最简单的线性屈服条件是 Tresca 屈服准则，表达式如下：

$$\sigma_1 - \sigma_3 = \sigma_s \tag{4-9}$$

或

$$\sigma_1 - \sigma_3 = 2k = \sigma_s \tag{4-10}$$

式中，$k = \sigma_s/2$。

前已述及，非线性的 Mises 屈服轨迹为圆，其单位体积塑性功率表达式是非

线性表达式（4-5）。这是刚-塑性材料成形能率泛函积分困难的根本原因。开发逼近 Mises 屈服轨迹的一次线性屈服条件，开发出单位体积塑性功率的线性表达式并使成形能率泛函积分线性化，显然是比能率取代法的根本出发点。

由图 4-1 可以看出 Tresca 屈服准则在 π 平面上的屈服轨迹为 Mises 圆的内接六边形，在外切与内接六边形之间诸多逼近 Mises 圆的线性屈服轨迹中，Tresca 轨迹实际上是对 Mises 圆逼近程度最小的，而且未反映出中间主应力 σ_2 的影响。

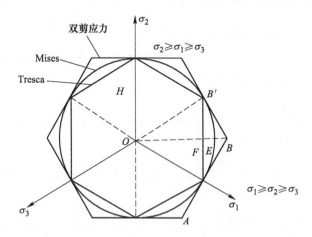

图 4-1   π 平面上 Tresca、双剪应力屈服轨迹与误差三角形

设应力分量 σ_{ik} 满足屈服函数 $f(\sigma_{ik}) = 0$ 且与 $\dot{\varepsilon}_{ik}$ 间满足流动法则，由塑性势的概念[1]可得

$$\dot{\varepsilon}_{ik} = \lambda \frac{\partial f}{\partial \sigma_{ik}} \qquad (4-11)$$

式中，λ 为瞬时正比例常数。

按 Tresca 屈服准则，B' 应力状态为 $\sigma_1 = \sigma_2$，为轴对称应力状态；F 点应力 $\sigma_2 = \dfrac{\sigma_1 + \sigma_3}{2}$，为平面变形应力状态。所以，在 $B'F$ 及 FA' 区域：

$$f_1 = \sigma_1 - \sigma_3 - \sigma_s = 0, \ \sigma_2 \geqslant \frac{\sigma_1 + \sigma_3}{2} \qquad (4-12)$$

$$f_2 = -\sigma_3 + \sigma_1 - \sigma_s = 0, \quad \sigma_2 \leqslant \frac{\sigma_1 + \sigma_3}{2} \qquad (4-13)$$

令 $1 \geqslant \mu \geqslant 0$，$1 \geqslant \lambda \geqslant 0$，由式（4-11）及式（4-12）有

$$\dot{\varepsilon}_1 : \dot{\varepsilon}_2 : \dot{\varepsilon}_3 = 1 : 0 : -1 = \mu : 0 : -\mu$$

由式（4-1）及式（4-13）有

$$\dot{\varepsilon}_1 : \dot{\varepsilon}_2 : \dot{\varepsilon}_3 = -1 : 0 : 1 = -(1 - \lambda) : 0 : 1 - \lambda$$

将两式线性组合则有

$$\dot{\varepsilon}_1 : \dot{\varepsilon}_2 : \dot{\varepsilon}_3 = (\mu + \lambda - 1) : 0 : 1 - \mu - \lambda$$

取 $\dot{\varepsilon}_1 = \dot{\varepsilon}_{max} = \mu + \lambda - 1$, $\dot{\varepsilon}_2 = 0$, $\dot{\varepsilon}_3 = \dot{\varepsilon}_{min} = 1 - \mu - \lambda$, 有

$$\dot{\varepsilon}_{max} - \dot{\varepsilon}_{min} = 2(\mu + \lambda - 1), \quad \mu + \lambda - 1 = \frac{\dot{\varepsilon}_{max} - \dot{\varepsilon}_{min}}{2} \tag{4-14}$$

注意应力点在 F 有 $\sigma_2 = \dfrac{\sigma_1 + \sigma_3}{2}$, 则

$$D(\dot{\varepsilon}_{ik}) = \sigma_1 \dot{\varepsilon}_1 + \sigma_2 \dot{\varepsilon}_2 + \sigma_3 \dot{\varepsilon}_3$$

$$= \sigma_1(\mu + \lambda - 1) + \sigma_3(1 - \mu - \lambda) = \sigma_1(\mu + \lambda - 1) - \sigma_3(\mu + \lambda - 1)$$

$$= (\sigma_1 - \sigma_3)(\mu + \lambda - 1)$$

$$\tag{4-15}$$

注意到在 F 点将式 (4-12)、式 (4-13) 联立, 得 $\sigma_1 - \sigma_3 = \sigma_s$。将该式与式 (4-14) 代入式 (4-15) 得

$$D(\dot{\varepsilon}_{ik}) = \sigma_s(\mu + \lambda - 1) = \frac{\sigma_s}{2}(\dot{\varepsilon}_{max} - \dot{\varepsilon}_{min}) = 0.5\sigma_s(\dot{\varepsilon}_{max} - \dot{\varepsilon}_{min}) = \sigma_s |\dot{\gamma}_{max}|$$

$$\tag{4-16}$$

注意到屈服时 D 点变形状态满足 $\dot{\varepsilon}_1 = \dot{\varepsilon}_{max} = -\dot{\varepsilon}_3 = \dot{\varepsilon}_{min}$, $\dot{\varepsilon}_2 = 0$, 代入式(4-16) 有

$$D(\dot{\varepsilon}_{ik}) = \frac{\sigma_s}{2}(\dot{\varepsilon}_{max} - \dot{\varepsilon}_{min}) = \frac{\sigma_s}{2}(2\dot{\varepsilon}_1) = \sigma_s |\dot{\varepsilon}_1| = \sigma_s |\dot{\varepsilon}_3| = \sigma_s |\dot{\varepsilon}_i|_{max} \tag{4-17}$$

式 (4-17) 为 Tresca 屈服准则比能率表达式。比较式 (4-17) 与式 (4-5) 可知 Tresca 准则的比塑性功率表达式是最简化的, 它的大小仅取决于绝对值最大的线应变速率。在所有情况下, 比能率表达式为

$$D(\dot{\varepsilon}_{ik}) = \sigma_s |\dot{\varepsilon}_i|_{max} = \frac{1}{2}\sigma_s(|\dot{\varepsilon}_1| + |\dot{\varepsilon}_2| + |\dot{\varepsilon}_3|) \tag{4-18}$$

4.2.2 TSS 比能率

俞茂宏教授 1983 年最先提出了双剪应力屈服准则[2]: 当一点应力状态所存在的三个主剪应力之间, 两个较大剪应力之和达到某一定值时, 材料发生屈服。即主应力按代数值大小排列, 只要一点两个主剪应力满足以下关系式, 材料就发生屈服:

$$\left. \begin{array}{l} f = \tau_{13} + \tau_{12} = \sigma_1 - \dfrac{1}{2}(\sigma_2 + \sigma_3) = \sigma_s \qquad \text{当} \ \sigma_2 \leqslant \dfrac{1}{2}(\sigma_1 + \sigma_3) \ \text{时} \\[4mm] f' = \tau_{13} + \tau_{23} = \dfrac{1}{2}(\sigma_1 + \sigma_2) - \sigma_3 = \sigma_s \qquad \text{当} \ \sigma_2 \geqslant \dfrac{1}{2}(\sigma_1 + \sigma_3) \ \text{时} \end{array} \right\}$$

$$\tag{4-19}$$

该准则在 π 平面上屈服轨迹为 Mises 圆的外切正六边形，如图 4-1 所示。黄文彬等[3]证明该准则的单位体积塑性功率表达式为

$$D(\dot{\varepsilon}_{ik}) = \frac{2}{3}\sigma_s(\dot{\varepsilon}_{max} - \dot{\varepsilon}_{min}) = 0.6667\sigma_s(\dot{\varepsilon}_{max} - \dot{\varepsilon}_{min}) \tag{4-20}$$

式中，假定材料拉、压屈服极限 σ_s 相等；$\dot{\varepsilon}_{max}$、$\dot{\varepsilon}_{min}$ 为最大与最小主应变速率。

著者认为 TSS 屈服准则与 Tresca 准则具有同样重要理论意义，因为该准则确定了诸多逼近 Mises 准则的若干线性屈服轨迹的"上限"，也是图 4-1 中误差三角形 $B'FB$ 的斜边 $B'B$，其屈服轨迹恰为 Mises 圆的外切六边形。该准则与 Tresca 准则的最大区别在于其考虑了中间主应力 σ_2 对屈服的影响，且影响最大。

如用式（4-20）双剪应力屈服准则的比塑性功率代替式（4-5），材料成形内部塑性变形功率的积分（4-6）变为

$$\dot{W}_i = \int_V D(\dot{\varepsilon}_{ij})\mathrm{d}V = \int_V \sqrt{\frac{2}{3}}\sigma_s\sqrt{\dot{\varepsilon}_{ij}\dot{\varepsilon}_{ij}}\,\mathrm{d}V \doteq \int_V \frac{2}{3}\sigma_s(\dot{\varepsilon}_{max} - \dot{\varepsilon}_{min})\mathrm{d}V \tag{4-21}$$

诸多应用表明，由于双剪应力屈服轨迹为误差三角形的"上限"，该式解析结果将明显高于式（4-6）的解析结果，但积分简单并考虑到了中间主应力对屈服的影响。

4.2.3 比能率取代法的实质

既然外切与内接六边形之间的任何一次线性方程均为逼近 Mises 准则的线性屈服条件，那么寻找最逼近 Mises 轨迹的线性屈服条件，并联解流动法则可求出其比能率线性表达式，然后取代成形能率泛函的被积函数-Mises 比能率非线性表达式，进而可使泛函被积函数线性化，使泛函整体积分可积并得到解析结果。这是本书提出的创新解法之一。

采用线性化的屈服条件及流动法则推导的系列不同线性屈服准则的比能率表达式并用以取代式（4-5）的 $D(\dot{\varepsilon}_{ij}) = \sqrt{2/3}\,\sigma_s\sqrt{\dot{\varepsilon}_{ij}\dot{\varepsilon}_{ij}}$ 的非线性被积函数，进而使成形能率积分线性化的方法定义为比能率取代法。

如用式（4-20）双剪应力屈服准则的比能率对式（4-6）的泛函积分线性化时，被积函数进行下述替换，可得

$$\dot{W}_i = \int_V D(\dot{\varepsilon}_{ij})\mathrm{d}V = \int_V \sqrt{\frac{2}{3}}\sigma_s\sqrt{\dot{\varepsilon}_{ij}\dot{\varepsilon}_{ij}}\,\mathrm{d}V \doteq \int_V \frac{2}{3}\sigma_s(\dot{\varepsilon}_{max} - \dot{\varepsilon}_{min})\mathrm{d}V \tag{4-22}$$

可以看出，由于双剪应力屈服轨迹为误差三角形的"上限"，该式积分的解析结

果将明显大于式（4-6）的积分结果。因此，如何开发出既考虑了中间主应力影响又与 Mises 准则误差最小的线性屈服条件及相应比能率表达式是本书成形能率泛函比能率取代法的主要任务。

4.3　根矢量分解法

4.3.1　张量化矢量

4.3.1.1　转化为九维矢量

由第一变分原理，刚-塑性材料成形总功率泛函式为

$$\dot{\phi}_1 = \sqrt{\frac{2}{3}}\, \sigma_s \int_V \sqrt{\dot{\varepsilon}_{ik}\dot{\varepsilon}_{ik}}\, dV - \int_{S_p} \bar{p}_i v_i\, dS \tag{4-23}$$

将其非线性泛函项内部变形功率的被积函数应变率张量的不变量改写成应变率矢量的模，即

$$\sqrt{\dot{\varepsilon}_{ik}\dot{\varepsilon}_{ik}} = |\dot{\varepsilon}| = \sqrt{\dot{\varepsilon}_q\dot{\varepsilon}_q} \qquad (q = 1,\ 2,\ \cdots,\ 9) \tag{4-24}$$

式中，$\dot{\varepsilon}_{ik}$ 为应变张量；$\dot{\varepsilon}_q$ 为一个正交坐标基矢量；$\dot{\varepsilon}$ 为各正交坐标基矢量和。

于是

$$\dot{W}_i = \int_V \sqrt{\frac{2}{3}}\, \sigma_s \sqrt{\dot{\varepsilon}_{ik}\dot{\varepsilon}_{ik}}\, dV = \sqrt{\frac{2}{3}}\, \sigma_s \int_V |\dot{\varepsilon}|\, dV \tag{4-25}$$

将式（4-24）代入式（4-25）则可得

$$\dot{W}_i = \sqrt{\frac{2}{3}}\, \sigma_s \int_V \sqrt{\dot{\varepsilon}_{ik}\dot{\varepsilon}_{ik}}\, dV = \sqrt{\frac{2}{3}}\, \sigma_s \int_V |\dot{\varepsilon}|\, dV = \sqrt{\frac{2}{3}}\, \sigma_s \int_V \sqrt{\dot{\varepsilon}_q\dot{\varepsilon}_q}\, dV$$
$$(q = 1,\ 2,\ \cdots,\ 9) \tag{4-26}$$

4.3.1.2　转化为五维矢量

由于张量 $\dot{\varepsilon}_{ik}$（$i = 1,\ 2,\ 3$；$k = 1,\ 2,\ 3$）对称，即 $\dot{\varepsilon}_{ij} = \dot{\varepsilon}_{ji}$；且 $\dot{\varepsilon}_{ii} = 0$，式（4-26）被积函数的模转化为五维矢量的模，于是有

$$\dot{W}_i = \sqrt{\frac{2}{3}}\, \sigma_s \int_V \sqrt{\dot{\varepsilon}_{ik}\dot{\varepsilon}_{ik}}\, dV = \sqrt{\frac{2}{3}}\, \sigma_s \int_V \sqrt{\dot{\varepsilon}_q\dot{\varepsilon}_q}\, dV \qquad (q = 1,\ 2,\ 3,\ 4,\ 5)$$
$$\tag{4-27}$$

式中，分矢量 $\dot{\varepsilon}_q$ 可按下式确定：

$$\left.\begin{array}{l} \varepsilon_1' = \varepsilon_{11}'\cos(\beta + \pi/6) - \varepsilon_{22}'\sin\beta \\[4pt] \varepsilon_2' = \varepsilon_{11}'\sin(\beta + \pi/6) + \varepsilon_{22}'\cos\beta \\[4pt] \varepsilon_3' = \varepsilon_{12},\ \ \varepsilon_4' = \varepsilon_{23},\ \ \varepsilon_5' = \varepsilon_{31} \end{array}\right\} \tag{4-28}$$

上式计算时，由于是塑性变形，因此需要依靠下述关系：

$$\dot{\varepsilon}'_{ik} = \dot{\varepsilon}_{ik} - \dot{\varepsilon}_{m}, \quad \dot{\varepsilon}_{m} = \dot{\varepsilon}_{ii}/3 = 0 \tag{4-29}$$

4.3.1.3 转化为四维矢量

工程上，多数金属成形问题常简化为平面变形或轴对称变形问题，此时应变速率场满足：

$$\dot{\varepsilon}_{2} = \dot{\varepsilon}_{22} = 0；或 \dot{\varepsilon}_{2} = \dot{\varepsilon}_{3}，\dot{\varepsilon}_{22} = \dot{\varepsilon}_{33}；或 \dot{\varepsilon}_{2} = \dot{\varepsilon}_{1}，\dot{\varepsilon}_{22} = \dot{\varepsilon}_{11} \tag{4-30}$$

在平面变形条件，$\dot{\varepsilon}_{2} = \dot{\varepsilon}_{22} = 0$，则式（4-27）化为四维矢量：

$$\dot{W}_{i} = \sqrt{\frac{2}{3}}\sigma_{s}\int_{V}\sqrt{\dot{\varepsilon}_{ik}\dot{\varepsilon}_{ik}}\,\mathrm{d}V \xrightarrow[\text{平面变形}]{\dot{\varepsilon}_{ik} = \dot{\varepsilon}_{kt}, \ \dot{\varepsilon}_{ii} = 0} = \sqrt{\frac{2}{3}}\sigma_{s}\int_{V}\sqrt{2\dot{\varepsilon}_{11}^{2} + 2\dot{\varepsilon}_{21}^{2} + 2\dot{\varepsilon}_{23}^{2} + 2\dot{\varepsilon}_{13}^{2}}\,\mathrm{d}V$$

$$= \frac{2\sigma_{s}}{\sqrt{3}}\int_{V}\sqrt{\dot{\varepsilon}_{1}^{2} + \dot{\varepsilon}_{2}^{2} + \dot{\varepsilon}_{3}^{2} + \dot{\varepsilon}_{4}^{2}}\,\mathrm{d}V = \frac{2\sigma_{s}}{\sqrt{3}}\int_{V}\sqrt{\dot{\varepsilon}_{q}\dot{\varepsilon}_{q}}\,\mathrm{d}V \quad (q = 1, 2, 3, 4) \tag{4-31}$$

在轴对称变形条件下，$\dot{\varepsilon}_{2} = \dot{\varepsilon}_{3}$，$\dot{\varepsilon}_{22} = \dot{\varepsilon}_{33}$，则式（4-26）转化为四维矢量：

$$\dot{W}_{i} = \sqrt{\frac{2}{3}}\sigma_{s}\int_{V}\sqrt{\dot{\varepsilon}_{ik}\dot{\varepsilon}_{ik}}\,\mathrm{d}V \xrightarrow[\text{轴对称变形}]{\dot{\varepsilon}_{ik} = \dot{\varepsilon}_{kt}, \ \dot{\varepsilon}_{ii} = 0} = \frac{2\sigma_{s}}{\sqrt{3}}\int_{V}\sqrt{\frac{3}{4}\dot{\varepsilon}_{11}^{2} + \dot{\varepsilon}_{21}^{2} + \dot{\varepsilon}_{23}^{2} + \dot{\varepsilon}_{13}^{2}}\,\mathrm{d}V$$

$$= \frac{2\sigma_{s}}{\sqrt{3}}\int_{V}\sqrt{\dot{\varepsilon}_{1}^{2} + \dot{\varepsilon}_{2}^{2} + \dot{\varepsilon}_{3}^{2} + \dot{\varepsilon}_{4}^{2}}\,\mathrm{d}V = \frac{2\sigma_{s}}{\sqrt{3}}\int_{V}\sqrt{\dot{\varepsilon}_{q}\dot{\varepsilon}_{q}}\,\mathrm{d}V \quad (q = 1, 2, 3, 4) \tag{4-32}$$

将式（4-31）、式（4-32）写成统一的应变率矢量形式

$$\dot{W}_{i} = \sqrt{\frac{2}{3}}\sigma_{s}\int_{V}\sqrt{\dot{\varepsilon}_{ik}\dot{\varepsilon}_{ik}}\,\mathrm{d}V = \frac{2\sigma_{s}}{\sqrt{3}}\int_{V}\sqrt{(g\dot{\varepsilon}_{11})^{2} + \dot{\varepsilon}_{21}^{2} + \dot{\varepsilon}_{23}^{2} + \dot{\varepsilon}_{13}^{2}}\,\mathrm{d}V$$

$$= \frac{2\sigma_{s}}{\sqrt{3}}\int_{V}\sqrt{\dot{\varepsilon}_{q}\dot{\varepsilon}_{q}}\,\mathrm{d}V \quad (q = 1, 2, 3, 4) \tag{4-33}$$

式（4-33）为成形能率泛函化为四维应变速率矢量的统一形式。式中对平面变形 $g = 1$；对轴对称变形 $g = \sqrt{\frac{3}{2}}$。显然，若为主轴应变速率张量，则式（4-31）、式（4-32）的被积函数将依次化为二维、一维矢量的模。

4.3.2 矢量再分解

4.3.2.1 九维矢量分解

应变速率张量 ε_{ik} 与应变矢量 $\boldsymbol{\varepsilon}$ 以及某一维度应变分量 ε_{q} 之间存在如下关系：

$$\varepsilon^{2} = \varepsilon_{q}\varepsilon_{q} = \varepsilon_{ik}\varepsilon_{ik} \tag{4-34}$$

由式（4-26）可得

$$D(\dot{\varepsilon}_{ik}) = \sigma_s \sqrt{\frac{2}{3}} \sqrt{\dot{\varepsilon}_{ik}\dot{\varepsilon}_{ik}} \qquad (i = 1,\ 2,\ 3;\ k = 1,\ 2,\ 3)$$

$$= \sigma_s \sqrt{\frac{2}{3}} \sqrt{\dot{\varepsilon}_q \dot{\varepsilon}_q} \qquad (q = 1,\ 2,\ \cdots,\ 9)$$

$$= \sigma_s \sqrt{\frac{2}{3}} \left(\frac{\dot{\varepsilon}_1^2}{\sqrt{\dot{\varepsilon}_q \dot{\varepsilon}_q}} + \frac{\dot{\varepsilon}_2^2}{\sqrt{\dot{\varepsilon}_q \dot{\varepsilon}_q}} + \cdots + \frac{\dot{\varepsilon}_9^2}{\sqrt{\dot{\varepsilon}_q \dot{\varepsilon}_q}} \right)$$

$$= \sigma_s \sqrt{\frac{2}{3}} \left\{ \dot{\varepsilon}_1 \left[\sqrt{1 + \left(\frac{\dot{\varepsilon}_q}{\dot{\varepsilon}_1}\right)^2_{q \neq 1}} \right]^{-1} + \cdots + \dot{\varepsilon}_9 \left[\sqrt{1 + \left(\frac{\dot{\varepsilon}_q}{\dot{\varepsilon}_9}\right)^2_{q \neq 9}} \right]^{-1} \right\} \tag{4-35}$$

式（4-35）为九维矢量的分解形式，相应的方向余弦分别为

$$l_q = \left[\sqrt{1 + \left(\frac{\dot{\varepsilon}_i}{\dot{\varepsilon}_q}\right)^2_{q \neq i}} \right]^{-1} \qquad (i = 1,\ 2,\ \cdots,\ 9) \tag{4-36}$$

4.3.2.2　五维矢量分解

由式（4-27），五维矢量成形能率泛函的分解过程如下：

$$\dot{W}_i = \sqrt{\frac{2}{3}} \sigma_s \int_V \sqrt{\dot{\varepsilon}_{ik}\dot{\varepsilon}_{ik}} \, dV = \sqrt{\frac{2}{3}} \sigma_s \int_V \sqrt{\dot{\varepsilon}_q \dot{\varepsilon}_q} \, dV$$

$$= \sigma_s \sqrt{\frac{2}{3}} \left(\int_V \dot{\varepsilon}_1 l_1 dV + \int_V \dot{\varepsilon}_2 l_2 dV + \cdots + \int_V \dot{\varepsilon}_5 l_5 dV \right)$$

$$= \sigma_s \sqrt{\frac{2}{3}} \sum_{q=1}^{5} \int_V \dot{\varepsilon}_q l_q dV \qquad (q = 1,\ 2,\ 3,\ 4,\ 5) \tag{4-37}$$

五维矢量的方向余弦分别为

$$l_q = \left[\sqrt{1 + \left(\frac{\dot{\varepsilon}_{ij}}{\dot{\varepsilon}_q}\right)^2_{i=j \neq q}} \right]^{-1} = \left[\sqrt{1 + \left(\frac{\dot{\varepsilon}_i}{\dot{\varepsilon}_q}\right)^2_{i \neq q}} \right]^{-1} \tag{4-38}$$

对平面变形与轴对称变形问题，成形能率泛函可写成式（4-27）统一的四维矢量形式，参照前述方法，其单位矢量方向余弦为

$$l_q = \left[\sqrt{1 + (\dot{\varepsilon}_i / \dot{\varepsilon}_q)^2_{i \neq q}} \right]^{-1} \qquad (q = 1,\ 2,\ 3,\ 4) \tag{4-39}$$

由以上计算公式可知，方向余弦 $l_q(q = 1,\ 2,\ \cdots,\ 9)$ 是通过应变比值确定。需要指出的是，在计算方向余弦时，为方便起见，将可以用到积分中值定理：设 $f(x)$ 在 $[a,\ b]$ 上连续，则在 $[a,\ b]$ 上至少存在一点 ξ，使得

$$\int_a^b f(x) \, dx = f(\xi)(b - a),\ f(\xi) = \frac{\int_a^b f(x) \, dx}{b - a} \tag{4-40}$$

参 考 文 献

［1］章顺虎. 塑性程序力学原理［M］. 北京：冶金工业出版社，2015.

［2］Yu M H. Twin shear stress yield criterion［J］. International Journal of Mechanical Sciences, 1983, 25（1）：71~74.

［3］黄文彬，曾国平. 应用双剪应力屈服准则求解某些塑性力学问题［J］. 力学学报，1989, 21（2）：249~256.

5 屈服准则及其比能率线性化

<<<<<<<<<<<<<<<<<<<<<<<<<<<<<<<<<<<<<<<<<<<<<<<<<<<<<<<<<<<<<<<<<<<<<<<<<<

本章拟从几何和数学两个角度开发线性屈服准则，从而实现对非线性 Mises 准则及其比能率（或称比塑性功率）的逼近。这两类逼近方法的实现途径为：根据 π 平面上各屈服轨迹间的相对关系，以十二边形逼近 Mises 圆，从而建立各种具有几何特色的线性屈服准则；通过对已有线性表达的 Tresca 准则和 TSS 准则进行各种数学平均，从而得到一些逼近 Mises 准则的线性屈服准则。本章将从科学假定、数学表达、几何描述以及实验验证方面阐述这些新屈服准则的特点，并导出它们对应的比能率表达式，从而为后续成形能率泛函的解析奠定基础。

5.1 已有屈服准则的不足

5.1.1 Tresca 屈服准则

1864 年法国工程师 Tresca 提出[1]：假定同一金属在同样变形条件下，无论是简单应力状态还是复杂应力状态，只要最大剪应力达到极限值就发生屈服，即

$$\left.\begin{array}{l} \tau_{12} = (\sigma_1 - \sigma_2)/2 \\ \tau_{23} = (\sigma_2 - \sigma_3)/2 \\ \tau_{13} = (\sigma_1 - \sigma_3)/2 \end{array}\right\} = C \tag{5-1}$$

把单向拉伸屈服时 $\tau_{\max} = \sigma_s/2 = C$ 代入上式，得到 Tresca 屈服准则

$$|\sigma_1 - \sigma_2| = \sigma_s, \quad |\sigma_2 - \sigma_3| = \sigma_s, \quad |\sigma_1 - \sigma_3| = \sigma_s \tag{5-2}$$

式（5-2）中三式不会同时满足，只要满足其中之一即可发生塑性变形。通常规定 $\sigma_1 > \sigma_2 > \sigma_3$，于是

$$f^{\text{Tresca}} = \sigma_1 - \sigma_3 = \sigma_s \tag{5-3}$$

将薄壁管扭转的剪应力状态 $\sigma_x = \sigma_y = \sigma_z = \tau_{yz} = \tau_{zx} = 0$ 时，$\tau_{xy} = \sigma_1 = -\sigma_3 = \tau_s = k$，代入式（5-1）的第三式得 $C = k$。该值再代入式（5-1）整理得

$$f^{\text{Tresca}} = \sigma_1 - \sigma_3 = 2k \tag{5-4}$$

式（5-1）和式（5-2）为 Tresca 屈服准则的常见形式。比较两式可得 $k^{\text{Tresca}} = \sigma_s/2$。

在主应力空间（坐标系如图 5-1a 所示），式（5-2）表示三对平行平面围成的轴线与三个坐标轴等倾的无限长六棱柱，如图 5-1b 所示。棱柱面为塑性表面，

其在三个坐标轴上的 6 个截距均等于 σ_s。该准则的不足之处在于未反映中间主应力 σ_2 的影响。

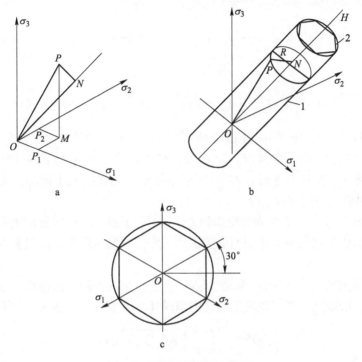

图 5-1 屈服准则的几何解释
a—主应力空间坐标；b—塑性柱面；c—π 平面

前已述及，根据流动法则，Tresca 屈服准则的比塑性功率可表示为[2]

$$D^{\text{Tresca}} = \sigma_s \,|\dot{\varepsilon}_i|_{\max} = \frac{1}{2}\sigma_s(\,|\dot{\varepsilon}_1| + |\dot{\varepsilon}_2| + |\dot{\varepsilon}_3|\,) \tag{5-5}$$

式（5-5）表明，Tresca 准则的比塑性功率比较简单，它的大小仅取决于绝对值最大的线应变速率。

5.1.2 Mises 屈服准则

1913 年 Mises 提出假定[3]：只要偏差应力张量二次不变量 I_2' 达到某一定值时，材料便开始屈服，即

$$I_2' = \frac{1}{6}\big[\,(\sigma_x - \sigma_y)^2 + (\sigma_y - \sigma_z)^2 + (\sigma_z - \sigma_x)^2 + 6(\tau_{xy}^2 + \tau_{yz}^2 + \tau_{zx}^2)\,\big]$$

$$= C = k^2 = \sigma_s^2/3 \tag{5-6}$$

或

$$I'_2 = \frac{1}{6} \left[(\sigma_1 - \sigma_2)^2 + (\sigma_2 - \sigma_3)^2 + (\sigma_3 - \sigma_1)^2 \right] = C = k^2 = \sigma_s^2/3 \quad (5\text{-}7)$$

通过代入单向拉伸与纯剪应力状态的受力条件可得

$$\frac{\sqrt{2}}{2} \left[(\sigma_x - \sigma_y)^2 + (\sigma_y - \sigma_z)^2 + (\sigma_z - \sigma_x)^2 + 6(\tau_{xy}^2 + \tau_{yz}^2 + \tau_{zx}^2) \right] = \sigma_s = \sqrt{3}\,k$$

$$(5\text{-}8)$$

$$\frac{\sqrt{2}}{2} \left[(\sigma_1 - \sigma_2)^2 + (\sigma_2 - \sigma_3)^2 + (\sigma_1 - \sigma_3)^2 \right] = \sigma_s = \sqrt{3}\,k \quad (5\text{-}9)$$

由式 (5-9) 可知，按 Mises 屈服准则 $k^{\text{Mises}} = \sigma_s/\sqrt{3} = 0.577\sigma_s$。这说明，按 Mises 屈服准则单向拉伸时屈服剪应力为 $\sigma_s/2$，纯剪时增大至 $\sigma_s/2$ 的 1.155 倍。这和 Tresca 准则认为剪应力达到 $\sigma_s/2$ 为判断是否屈服的依据是不同的。大量事实证明 Mises 屈服准则更符合实际。

1924 年汉基进行了合理的物理和力学解释，认为 Mises 屈服准则表示各向同性材料内部所积累的单位体积变形能达到一定值时发生屈服，故又称为形变能定值定理。

应特别指出：式 (5-8) 和式 (5-9) 为应力空间上的二次曲线，故将两式称为非线性屈服准则，基于该准则的比能率同样亦为非线性表达式，如下所示[2]：

$$D^{\text{Mises}} = \int_V \sqrt{\frac{2}{3}}\, \sigma_s \sqrt{\dot{\varepsilon}_{ik} \dot{\varepsilon}_{ik}}\, \mathrm{d}V \quad (5\text{-}10)$$

式 (5-10) 表示的非线性比能率是刚塑性材料成形能率泛函积分困难的根本原因。能否开发逼近 Mises 屈服轨迹的一次线性屈服条件，开发出线性的比能率从而实现能率泛函积分线性化，显然具有重要的意义。

5.1.3　TSS 屈服准则

双剪应力 (TSS) 屈服准则[4]是俞茂宏教授最先提出的。该准则与 Tresca 准则具有同样重要的理论意义，因为该准则给出了已有屈服准则的上限。若主应力按代数值大小排列，只要一点两个主剪应力满足以下关系式材料就发生屈服

$$\left. \begin{array}{l} \tau_{13} + \tau_{12} = \sigma_1 - \dfrac{1}{2}(\sigma_2 + \sigma_3) = \sigma_s \qquad \text{当 } \sigma_2 \leqslant \dfrac{1}{2}(\sigma_1 + \sigma_3) \text{ 时} \\[4mm] \tau_{13} + \tau_{23} = \dfrac{1}{2}(\sigma_1 + \sigma_2) - \sigma_3 = \sigma_s \qquad \text{当 } \sigma_2 \geqslant \dfrac{1}{2}(\sigma_1 + \sigma_3) \text{ 时} \end{array} \right\} \quad (5\text{-}11)$$

该准则与 Tresca 准则的最大区别在于其考虑了中间主应力 σ_2 的影响，且影响最大。该准则在 π 平面上屈服轨迹为 Mises 圆的外切正六边形，如图 5-2 所示。在等倾空间为 Mises 屈服柱面的外切正六棱柱面。图 5-2 中在 Mises 圆的外切的 B'，对应轴对称应力状态。这类交点共 6 个，在这些交点上各准则与 Mises 准则

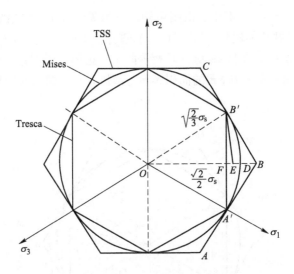

图 5-2　π 平面上 Mises 轨迹的线性逼近

的求解结果相同。最大误差在平面变形应力状态对应的 *FEB* 线段上，也是误差三角形直角边 *FB*。*B* 点为 TSS 准则的对应点，也是偏离 Mises 圆的最大点。斜边 *B'B* 为误差最大的 TSS 准则屈服轨迹。

对于 TSS 准则，黄文彬等人[5]证明该准则的比塑性功率表达式为

$$D^{TSS} = \frac{2}{3}\sigma_s(\dot{\varepsilon}_{max} - \dot{\varepsilon}_{min}) = 0.6667\sigma_s(\dot{\varepsilon}_{max} - \dot{\varepsilon}_{min}) \tag{5-12}$$

式中，假定材料拉、压屈服极限 σ_s 相等；$\dot{\varepsilon}_{max}$、$\dot{\varepsilon}_{min}$ 为最大与最小主应变速率。

许多应用表明，该比塑性功率因其线性的特点，积分简单，但解析结果明显高于式（5-10）。

5.2　几何逼近屈服准则

在 π 平面上，对 Mises 圆的各种线性逼近将会得出具有不同特色的线性屈服准则，从而可获得易于积分的线性比塑性功率。以下介绍各种具有不同特点的线性屈服准则。

5.2.1　EA 屈服准则

5.2.1.1　建立方法

如图 5-3 和图 5-4 所示[6]，Tresca 偏差应力矢量由 *OB'* 沿直线 *B'F* 变化至 *OF*；TSS 偏差应力矢量由 *OB'* 沿直线 *BB'* 变化至 *OB*；Mises 偏差应力矢量由 *OB'* 沿圆弧

$B'D$ 转动但模长（半径）不变。由图可知，三组矢量在 B' 点共线并且模长相等，在水平线 OB 上虽共线但模长不等。Mises 轨迹介于 Tresca 轨迹 $B'F$ 与 TSS 轨迹 $B'B$ 之间。于是可建立一个与 Mises 圆面积相等的十二边形。根据这一要求，在十二分之一象限内，直角三角形 $B'FE$ 的面积必须与圆弧 $B'D$ 的覆盖面积相等。

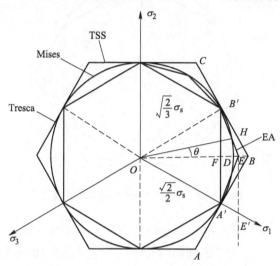

图 5-3　EA 准则在 π 平面上的几何描述

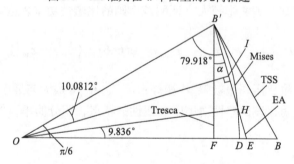

图 5-4　误差三角形中的 EA 准则几何描述

π 平面上 Mises 轨迹覆盖的扇形 ODB' 面积为

$$S_{ODB'} = S_{ODA'} = \pi R^2/12 = \pi\,(OB')^2/12 = \pi\left(\sqrt{2/3}\,\sigma_s\right)^2/12 = 0.1745\sigma_s^2$$

$$\text{(5-13)}$$

Tresca 准则覆盖的直角三角形 $OB'F$ 面积为

$$S_{OB'F} = B'F \cdot OF/2 = 0.1443\sigma_s^2 \tag{5-14}$$

二者面积之差为误差三角形 $FB'B$ 内圆弧 $B'D$ 覆盖的面积 $S_{B'FD}$。令其等于直角三角形 $B'FE$ 面积即

$$S_{B'FD} = S_{ODB'} - S_{OB'F} = S_{B'FE} = B'F \cdot FE/2 \tag{5-15}$$

将 $B'F = \dfrac{1}{2}\sqrt{\dfrac{2}{3}}\sigma_s$ 代入上式，解得

$$\left.\begin{aligned}
FE &= 0.1479264\sigma_s \\
OE &= OF + FE = 0.8550332\sigma_s \\
ED &= OE - \sqrt{2/3}\,\sigma_s = 0.0385336\sigma_s \\
B'E &= \sqrt{FE^2 + B'F^2} = 0.4342222\sigma_s
\end{aligned}\right\} \tag{5-16}$$

5.2.1.2 数学方程

下面建立 $A'E$ 与 $B'E$ 的屈服方程。图5-5为主应力分量在 π 平面的投影，由于 E 点为平面变形状态，于是有

$$\sigma_1 = \sqrt{3}\,OE/(\sqrt{2}\cos30°) = 1.2092\sigma_s, \quad \sigma_3 = 0, \quad \sigma_2 = (\sigma_1 + \sigma_3)/2 = \sqrt{3}\,\pi\sigma_s/9 \tag{5-17}$$

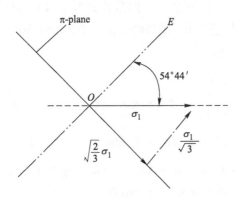

图5-5 主应力分量 σ_1 在 π 平面的投影

设 Haigh Westergaard 空间直线 $A'E$ 方程为

$$\sigma_1 - a_1\sigma_2 - a_2\sigma_3 - c = 0 \tag{5-18}$$

注意屈服时 $c = \sigma_s$，且满足 $a_1 + a_2 = 1$。将 E 点应力分量式（5-17）代入式（5-18），注意 E 点处于屈服状态有

$$2\sqrt{3}\,\pi\sigma_s/9 - a_1\sqrt{3}\,\pi\sigma_s/9 - \sigma_s = 0 \tag{5-19}$$

解得：$a_1 = 0.346$，$a_2 = 0.654$。将 a_1、a_2 代入式（5-19），则屈服方程为

$$\sigma_1 - 0.346\sigma_2 - 0.654\sigma_3 = \sigma_s, \quad \sigma_2 \leqslant (\sigma_1 + \sigma_3)/2 \tag{5-20}$$

同理，屈服轨迹 $B'E$ 方程为

$$0.654\sigma_1 + 0.346\sigma_2 - \sigma_3 = \sigma_s, \quad \sigma_2 \geqslant (\sigma_1 + \sigma_3)/2 \tag{5-21}$$

方程式（5-20）、式（5-21）即新屈服准则的数学表达式。由于该准则的屈服轨迹在 π 平面上与 Mises 圆相交且覆盖的面积相等，将其定义为等面积屈服准则（equal area yield criterion）简称 EA 屈服准则。

5.2.1.3 几何表述

由图 5-3 和图 5-4，EA 准则的几何表示为 π 平面与 Mises 圆相交的等边非等角十二边形，边长与顶角计算如下：

$$\left.\begin{aligned}
&B'F = \sqrt{2/3}\,\sigma_s/2 \\
&\tan\angle FB'E = (OE - OF)\,/B'F = 0.3623442 \\
&\angle FB'E = 19.918° \\
&\angle OB'E = 60° + 19.918° = 79.918° \\
&\angle OEB' = 180° - 30° - 79.918° = 70.082° \\
&B'E = B'F/\cos 19.918° = 0.43422\sigma_s
\end{aligned}\right\} \quad (5\text{-}22)$$

通过这些参数的计算可知，式（5-20）、式（5-21）表示的是与 Mises 圆相交的等边非等角十二边形的两条边，十二边形的 6 个内接点与 Mises 圆内接十二边形 6 个顶点相重合，在 Mises 轨迹之上，内接点顶角为 159.836°；另外 6 个顶点在 Mises 圆外侧距 Mises 轨迹为 0.0385366σ_s，顶角为 140.164°；十二边形的各边边长相等，皆为 0.43422σ_s。

5.2.1.4 比塑性功率

由流动法则 $\dot{\varepsilon}_{ij} = \lambda \dfrac{\partial f}{\partial \sigma_{ij}}$ 及式（5-20）、式（5-21）可得

$$\left.\begin{aligned}
&\dot{\varepsilon}_1 : \dot{\varepsilon}_2 : \dot{\varepsilon}_3 = 1 : -0.346 : -0.654 = \lambda : -0.346\lambda : -0.654\lambda \\
&\dot{\varepsilon}_1 : \dot{\varepsilon}_2 : \dot{\varepsilon}_3 = 0.654 : 0.346 : -1 = 0.654\mu : 0.346\mu : -\mu
\end{aligned}\right\} \quad (5\text{-}23)$$

因为 $\lambda \geq 0$，$\mu \geq 0$，将上述两式线性组合有

$$\dot{\varepsilon}_1 : \dot{\varepsilon}_2 : \dot{\varepsilon}_3 = (0.654\mu + \lambda) : 0.346(\mu - \lambda) : -(0.654\lambda + \mu) \quad (5\text{-}24)$$

取

$$\left.\begin{aligned}
&\dot{\varepsilon}_1 = (0.654\mu + \lambda) = \dot{\varepsilon}_{max} \\
&\dot{\varepsilon}_3 = -(0.654\lambda + \mu) = \dot{\varepsilon}_{min} \\
&\dot{\varepsilon}_{max} - \dot{\varepsilon}_{min} = \dot{\varepsilon}_1 - \dot{\varepsilon}_3 = 1.654(\mu + \lambda)
\end{aligned}\right\} \quad (5\text{-}25)$$

注意到 E 点为平面变形状态，$\sigma_2 = (\sigma_1 + \sigma_3)\,/2$，则比塑性功率为

$$D^{EA} = \sigma_1\dot{\varepsilon}_1 + \sigma_2\dot{\varepsilon}_2 + \sigma_3\dot{\varepsilon}_3 = \frac{9(\sigma_1 - \sigma_3)\,(\mu + \lambda)}{2\sqrt{3}\,\pi} \quad (5\text{-}26)$$

在角点 E 将 EA 屈服方程联立得

$$\sigma_1 - \sigma_3 = \frac{2\sqrt{3}\,\pi\sigma_s}{9} \quad (5\text{-}27)$$

将式 (5-25) 和式 (5-27) 代入式 (5-26) 可得 EA 屈服准则单位体积塑性功率

$$D^{EA} = 0.6046\sigma_s(\dot{\varepsilon}_{\max} - \dot{\varepsilon}_{\min}) \qquad (5-28)$$

5.2.1.5 计算实例

已知材料许用拉压应力相等，为 $[\sigma] = 200$MPa，承受应力状态为 $\sigma_1 = 210$MPa，$\sigma_2 = 190$MPa，$\sigma_3 = 10$MPa，校核其强度。

解：该应力状态为 $\sigma_2 > (\sigma_1 + \sigma_3)/2$，由 Tresca 准则式 (5-3)，得 $f = \sigma_1 - \sigma_3 = 210 - 10 = 200$MPa；由 Mises 准则式 (5-9)，得 $f = \dfrac{1}{\sqrt{2}}[(\sigma_1 - \sigma_2)^2 + (\sigma_2 - \sigma_3)^2 + (\sigma_3 - \sigma_1)^2]^{1/2} = 191$MPa；由 EA 准则式 (5-21)，得 $f = 0.654\sigma_1 + 0.346\sigma_2 - \sigma_3 = 193.08$MPa。EA 准则与 Mises 准则相对误差仅为 1%，表明其对 Mises 屈服准则具有较高的逼近程度。

5.2.2 EP 屈服准则

对于 Mises 圆，除了面积这一几何参数外，还有周长这一特征参数。为此，本节从周长相等的角度去开发一个新的屈服准则。

5.2.2.1 屈服方程

如图 5-6 和图 5-7 所示，Tresca 轨迹上的偏差应力矢量沿着直线 $B'F$ 由 OB' 变成 OF，TSS 轨迹上的偏差应力矢量沿着直线 $B'B$ 由 OB' 变化至 OB，Mises 轨迹沿着 $B'D$ 从 OB' 变化至 OD，三者在 B' 点时共线，该处偏差应力矢量模长相

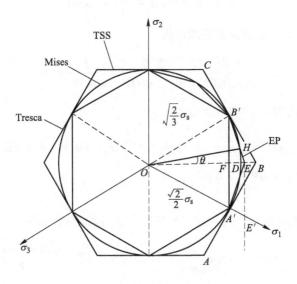

图 5-6 π平面上的屈服轨迹

等。本节提出的等周长（简称 EP）屈服准则，其特点如下[7]：在误差三角形 $FB'B$ 中，它的轨迹与 $B'D$ 相交；直线 $B'E$ 的长度等于 $B'D$ 的弧长。

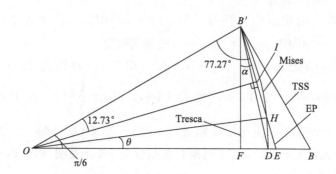

图 5-7　π 平面上 EP 屈服准则的几何描述

因为 Mises 轨迹的屈服半径长度为 $\sqrt{2/3}\,\sigma_s$，所以直线 $B'E$ 的长度 l 可表达成式（5-29）

$$l = B'E = \frac{1}{12} \times 2\pi\left(\sqrt{\frac{2}{3}}\sigma_s\right) = \frac{\pi\sqrt{6}}{18}\sigma_s \tag{5-29}$$

在直角三角形 $B'FE$ 中，令 $\alpha = \angle FB'E$、$x = FE$，那么它们之间有如下关系

$$x = FE = l\sin\alpha = \frac{\pi\sqrt{6}}{18}\sigma_s\sin\alpha \tag{5-30}$$

在三角形 $B'OE$ 中，根据正弦定理可得

$$\frac{OE}{\sin\angle OB'E} = \frac{B'E}{\sin\angle B'OE} = \frac{l}{\sin 30°} = 2l \tag{5-31}$$

在直角三角形 $B'FO$ 中，有下式成立

$$\left.\begin{array}{l} OB' = \sqrt{\dfrac{2}{3}}\sigma_s, \ OF = \sqrt{\dfrac{2}{3}}\sigma_s \times \cos30° = \dfrac{\sqrt{2}}{2}\sigma_s, \ OE = OF + FE = \dfrac{\sqrt{2}}{2}\sigma_s + x \\[2mm] \angle OB'F = 60°, \ \angle OB'E = 60° + \alpha \end{array}\right\} \tag{5-32}$$

将式（5-29）~式（5-31）代入式（5-32）中，并注意到 $\sin^2\alpha + \cos^2\alpha = 1$，可得

$$\cos\alpha = \frac{3}{\pi}, \ \alpha = \angle FB'E = \arccos\left(\frac{3}{\pi}\right) = 17.27°, \ x = FE = \frac{\sqrt{6(\pi^2-9)}}{18}\sigma_s = 0.127\sigma_s \tag{5-33}$$

因此

$$OE = OF + FE = \frac{\sqrt{2}}{2}\sigma_s + \frac{\sqrt{6(\pi^2 - 9)}}{18}\sigma_s = \frac{9\sqrt{2} + \sqrt{6(\pi^2 - 9)}}{18}\sigma_s = 0.834\sigma_s$$

$$DE = OE - OD = \frac{9\sqrt{2} + \sqrt{6(\pi^2 - 9)}}{18}\sigma_s - \sqrt{2/3}\,\sigma_s = 0.0175\sigma_s$$

$$(5\text{-}34)$$

以下是 Haigh Westergaard 主应力空间中 $A'E$ 和 $B'E$ 的推导过程，在 π 平面上主应力分量的投影如图 5-8 所示。由图 5-8 可得 E 点的应力状态如下：

$$\sigma_1 = \sqrt{\frac{3}{2}}OE' = \frac{\sqrt{6}}{2} \times \frac{OE}{\cos 30°} = \sqrt{2}OE = \frac{18 + 2\sqrt{3(\pi^2 - 9)}}{18}\sigma_s = \frac{9 + \sqrt{3(\pi^2 - 9)}}{9}\sigma_s$$

$$\sigma_3 = 0$$

$$\sigma_2 = \frac{\sigma_1 + \sigma_3}{2} = \frac{9 + \sqrt{3(\pi^2 - 9)}}{18}\sigma_s$$

$$(5\text{-}35)$$

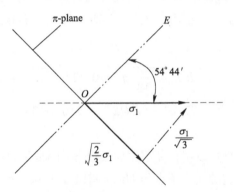

图 5-8　π 平面上主应力分量 σ_1 的投影

假设 $A'E$ 满足下面方程

$$\sigma_1 - \xi_1\sigma_2 - \xi_2\sigma_3 - c = 0 \tag{5-36}$$

注意到屈服时 $c = \sigma_s$、$\xi_1 + \xi_2 = 1$，将式（5-35）中的应力分量代入式（5-36）中可得

$$\xi_1 = \frac{2\sqrt{3(\pi^2 - 9)}}{9 + \sqrt{3(\pi^2 - 9)}} = 0.304;\ \xi_2 = \frac{9 - \sqrt{3(\pi^2 - 9)}}{9 + \sqrt{3(\pi^2 - 9)}} = 0.696 \quad (5\text{-}37)$$

将式（5-37）确定的系数回代至式（5-36）中可得

当 $\sigma_2 \leqslant \frac{1}{2}(\sigma_1 + \sigma_3)$ 时，$\sigma_1 - \frac{2\sqrt{3(\pi^2 - 9)}}{9 + \sqrt{3(\pi^2 - 9)}}\sigma_2 - \frac{9 - \sqrt{3(\pi^2 - 9)}}{9 + \sqrt{3(\pi^2 - 9)}}\sigma_3 = \sigma_s$

$$(5\text{-}38)$$

或

$$当 \sigma_2 \leqslant \frac{1}{2}(\sigma_1 + \sigma_3) 时, \quad \sigma_1 - 0.304\sigma_2 - 0.696\sigma_3 = \sigma_s \tag{5-39}$$

同理，$B'E$ 的轨迹方程如下

$$当 \sigma_2 \geqslant \frac{1}{2}(\sigma_1 + \sigma_3) 时, \quad \frac{9 - \sqrt{3(\pi^2 - 9)}}{9 + \sqrt{3(\pi^2 - 9)}}\sigma_1 + \frac{2\sqrt{3(\pi^2 - 9)}}{9 + \sqrt{3(\pi^2 - 9)}}\sigma_2 - \sigma_3 = \sigma_s$$

$$\tag{5-40}$$

或

$$当 \sigma_2 \geqslant \frac{1}{2}(\sigma_1 + \sigma_3) 时, \quad 0.696\sigma_1 + 0.304\sigma_2 - \sigma_3 = \sigma_s \tag{5-41}$$

式（5-38）~式（5-41）为新屈服准则的表达式。

5.2.2.2　屈服轨迹

由图 5-6 可知，与 Mises 圆在点 H 相交的线 $B'E$ 是十二边形的十二分之一，EP 屈服准则的轨迹为十二边形。由式（5-29）和式（5-33）可得十二边形的边长和顶角分别为

$$B'E = \frac{\pi\sqrt{6}}{18}\sigma_s = 0.4275\sigma_s \tag{5-42}$$

$$\angle OB'E = 60° + \angle \alpha = 77.27°; \quad \angle OEB' = 180° - 30° - 77.27° = 72.73°$$

$$\tag{5-43}$$

式（5-42）和式（5-43）表明，新屈服轨迹是与 Mises 屈服准则有交点 H 的等边非等角的十二边形。它的六个顶点与 Mises 圆以及 Tresca 六边形的六个顶点相重合，内接点顶角为 154.54°；另外六个顶点在 Mises 圆的外侧，距离 Mises 圆相距 0.0175σ_s，顶角为 145.46°；十二边形边长为 0.4275σ_s。由此可见，EP 准则对 Mises 准则具有较高的逼近程度。

5.2.2.3　比塑性功率

应力张量 σ_{ij} 满足 $f(\sigma_{ij}) = 0$，应变速率 $\dot{\varepsilon}_{ij} = \mathrm{d}\lambda \cdot \partial f / \partial \sigma_{ij}$，对于任意参数 $\lambda \geqslant 0$，$\mu \geqslant 0$，由式（5-39）~式（5-41）可得

$$\dot{\varepsilon}_1 : \dot{\varepsilon}_2 : \dot{\varepsilon}_3 = 1 : (-0.304) : (-0.696)$$

$$= 1 : \left[-\frac{2\sqrt{3(\pi^2 - 9)}}{9 + \sqrt{3(\pi^2 - 9)}} \right] : \left[-\frac{9 - \sqrt{3(\pi^2 - 9)}}{9 + \sqrt{3(\pi^2 - 9)}} \right]$$

$$= \lambda : \left[-\frac{2\sqrt{3(\pi^2 - 9)}}{9 + \sqrt{3(\pi^2 - 9)}}\lambda \right] : \left[-\frac{9 - \sqrt{3(\pi^2 - 9)}}{9 + \sqrt{3(\pi^2 - 9)}}\lambda \right] \tag{5-44}$$

$$\dot{\varepsilon}_1 : \dot{\varepsilon}_2 : \dot{\varepsilon}_3 = 0.696 : 0.304 : (-1)$$

$$= \frac{9 - \sqrt{3(\pi^2 - 9)}}{9 + \sqrt{3(\pi^2 - 9)}} : \frac{2\sqrt{3(\pi^2 - 9)}}{9 + \sqrt{3(\pi^2 - 9)}} : (-1)$$

$$= \frac{9 - \sqrt{3(\pi^2 - 9)}}{9 + \sqrt{3(\pi^2 - 9)}} \mu : \frac{2\sqrt{3(\pi^2 - 9)}}{9 + \sqrt{3(\pi^2 - 9)}} \mu : (-\mu) \quad (5\text{-}45)$$

式 (5-44) 和式 (5-45) 的线性组合为

$$\dot{\varepsilon}_1 : \dot{\varepsilon}_2 : \dot{\varepsilon}_3 = \left[\lambda + \frac{9 - \sqrt{3(\pi^2 - 9)}}{9 + \sqrt{3(\pi^2 - 9)}} \mu \right] : \frac{2\sqrt{3(\pi^2 - 9)}}{9 + \sqrt{3(\pi^2 - 9)}} (\mu - \lambda) :$$

$$\left\{ - \left[\frac{9 - \sqrt{3(\pi^2 - 9)}}{9 + \sqrt{3(\pi^2 - 9)}} \lambda + \mu \right] \right\} \quad (5\text{-}46)$$

令 $\dot{\varepsilon}_1 = \lambda + \dfrac{9 - \sqrt{3(\pi^2 - 9)}}{9 + \sqrt{3(\pi^2 - 9)}} \mu$，那么可得

$$\dot{\varepsilon}_2 = \frac{2\sqrt{3(\pi^2 - 9)}}{9 + \sqrt{3(\pi^2 - 9)}} (\mu - \lambda) ; \quad \dot{\varepsilon}_3 = - \left[\frac{9 - \sqrt{3(\pi^2 - 9)}}{9 + \sqrt{3(\pi^2 - 9)}} \lambda + \mu \right] \quad (5\text{-}47)$$

注意到 $\dot{\varepsilon}_{\max} = \dot{\varepsilon}_1$，$\dot{\varepsilon}_{\min} = \dot{\varepsilon}_3$，可得

$$\dot{\varepsilon}_{\max} - \dot{\varepsilon}_{\min} = \frac{18}{9 + \sqrt{3(\pi^2 - 9)}} (\mu + \lambda)$$

$$\mu + \lambda = \frac{9 + \sqrt{3(\pi^2 - 9)}}{18} (\dot{\varepsilon}_{\max} - \dot{\varepsilon}_{\min}) \quad (5\text{-}48)$$

在顶点 E 处，注意到 $\sigma_2 = (\sigma_1 + \sigma_3)/2$，那么由式 (5-39)~式 (5-41) 可得

$$\frac{18}{9 + \sqrt{3(\pi^2 - 9)}} \sigma_1 - \frac{18}{9 + \sqrt{3(\pi^2 - 9)}} \sigma_3 = 2\sigma_s ; \quad \sigma_1 - \sigma_3 = \frac{9 + \sqrt{3(\pi^2 - 9)}}{9} \sigma_s$$

$$(5\text{-}49)$$

由式 (5-48) 和式 (5-49) 可得单位体积塑性功率为

$$D(\dot{\varepsilon}_{ij}) = \sigma_1 \dot{\varepsilon}_1 + \sigma_2 \dot{\varepsilon}_2 + \sigma_3 \dot{\varepsilon}_3 = \sigma_1 \dot{\varepsilon}_1 + \frac{\sigma_1 + \sigma_3}{2} \dot{\varepsilon}_2 + \sigma_3 \dot{\varepsilon}_3$$

$$= (\sigma_1 - \sigma_3) \frac{9}{9 + \sqrt{3(\pi^2 - 9)}} (\mu + \lambda)$$

$$= \frac{9 + \sqrt{3(\pi^2 - 9)}}{9} \sigma_s \times \frac{9}{9 + \sqrt{3(\pi^2 - 9)}} \times \frac{9 + \sqrt{3(\pi^2 - 9)}}{18} (\dot{\varepsilon}_{\max} - \dot{\varepsilon}_{\min})$$

$$= \frac{9 + \sqrt{3(\pi^2 - 9)}}{18} \sigma_s (\dot{\varepsilon}_{\max} - \dot{\varepsilon}_{\min}) \quad (5\text{-}50)$$

或

$$D(\dot{\varepsilon}_{ij}) = 0.5897\sigma_s(\dot{\varepsilon}_{\max} - \dot{\varepsilon}_{\min}) \tag{5-51}$$

由式（5-50）可知，EP 准则的比塑性功率是 σ_s、$\dot{\varepsilon}_{\max}$、$\dot{\varepsilon}_{\min}$ 的线性函数，不同于非线性的 Mises 比塑性功率，将有助于求解内部成形能率泛函。

5.2.3　GA 屈服准则

以上屈服准则分别从面积和周长两个几何参数去逼近 Mises 圆，属于单一的几何参数逼近。本节介绍的屈服准则将同时对两个几何参数进行逼近，以期得到更加合理的结果。

5.2.3.1　屈服方程与轨迹

若从 Mises 圆的几何参数出发，对 Mises 圆的周长和面积进行同时逼近，可以开发出几何逼近（GA）屈服准则。引入方差概念进行几何逼近，可以将方差 ρ 表达成如下数学形式[8]：

$$\rho = \frac{(C_{\mathrm{GA}} - C_{\mathrm{Mises}})^2 + (S_{\mathrm{GA}} - S_{\mathrm{Mises}})^2}{2} \tag{5-52}$$

式中，C_{GA}、C_{Mises} 为 GA 屈服准则与 Mises 准则的周长；S_{GA}、S_{Mises} 为 GA 准则与 Mises 准则的面积。

GA 屈服准则在 π 平面上的轨迹如图 5-9 所示，其在误差三角形 $OB'B$ 中的轨迹 $B'E$ 如图 5-10 所示。

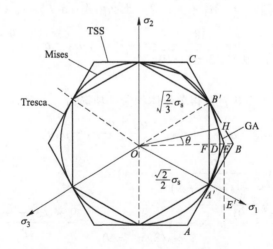

图 5-9　π 平面上 Mises 轨迹的线性逼近

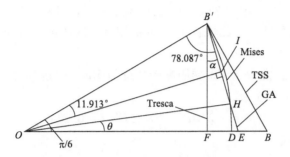

图 5-10　GA 准则在误差三角形内轨迹 $B'E$

设未知长度 $x = FE$，可计算出 C_{GA}、C_{Mises}、S_{GA} 以及 S_{Mises} 为

$$
\left.
\begin{aligned}
&C_{GA} = 12 \cdot B'E = 12 \sqrt{\frac{1}{6}\sigma_s^2 + x^2}, \quad C_{Mises} = 2\pi \cdot B'E = \frac{2\sqrt{6}\,\pi}{3}\sigma_s \\
&S_{GA} = 6 \cdot B'F \cdot (OF + x) = \sqrt{3}\sigma_s + \sqrt{6}\,x, \quad S_{Mises} = \pi\,(OB')^2 = \frac{2\pi}{3}\sigma_s
\end{aligned}
\right\}
$$

$$(5\text{-}53)$$

将式 (5-53) 代入式 (5-52)，并按 $\partial\rho/\partial x = 0$ 求极值，可确定出

$$
x = \frac{4}{30}\sigma_s \tag{5-54}
$$

于是，边长 OE、$B'E$、DF、OI 与角度 $\angle\alpha$、$\angle OB'E$、$\angle OEB'$、$\angle B'OI$ 为

$$
\left.
\begin{aligned}
&OE = OF + FE = \frac{\sqrt{2}}{2}\sigma_s + \frac{4}{30}\sigma_s = \frac{15\sqrt{2}+4}{30}\sigma_s = 0.8403\sigma_s \\
&B'E = \sqrt{B'F^2 + FE^2} = \frac{\sqrt{166}}{30}\sigma_s = 0.4295\sigma_s \\
&DF = OE - OD = 0.0238\sigma_s \\
&OI = OB' \cdot \cos\angle B'OI = 0.7989\sigma_s
\end{aligned}
\right\} \tag{5-55}
$$

$$
\left.
\begin{aligned}
&\angle\alpha = \arctan\!\left(\frac{EF}{B'F}\right) = 18.087° \\
&\angle OB'E = 60° + \angle\alpha = 78.087° \\
&\angle OEB' = 180° - 30° - 78.087° = 71.913° \\
&\angle B'OI = 90° - \angle\alpha = 11.913°
\end{aligned}
\right\} \tag{5-56}
$$

此外，GA 屈服准则与 Mises 屈服准则在 E 点和 I 点的误差 Δ_E 和 Δ_I 计算如下：

$$
\Delta_E = (OE - OD)/OD = 2.91\% \tag{5-57}
$$

$$
\Delta_I = (OI - OD)/OD = -2.15\% \tag{5-58}
$$

GA 屈服准则的周长、面积与 Mises 圆相比，相对误差分别为

$$
\Delta_C = (C_{GA} - C_{Mises})/C_{Mises} = 0.46\% \tag{5-59}
$$

$$\Delta_S = (S_{GA} - S_{Mises}) / S_{Mises} = -1.71\% \tag{5-60}$$

式（5-57）~式（5-60）的比较表明，GA 屈服准则的轨迹与 Mises 轨迹误差较小，逼近程度较高。

在图 5-10 中，点 H 为 GA 屈服准则轨迹与 Mises 轨迹的交点，由线 OH、水平线 OE 形成的交角 θ 为

$$\theta = \angle B'OB - 2 \times \angle B'OI = 6.174° \tag{5-61}$$

矢量 OH 满足下式

$$\tan\theta = \tan 6.174° = \frac{2\sigma_2 - \sigma_1 - \sigma_3}{\sqrt{3}(\sigma_1 - \sigma_3)} \tag{5-62}$$

式（5-62）中的正切值由 Mises 轨迹上 H 点的应力状态或矢量 OH 的端点唯一确定。

总的来说，式（5-57）~式（5-61）表明 GA 屈服准则的轨迹是与 Mises 轨迹相交于 H 点的等边非等角的十二边形。轨迹的六个顶点在 Mises 圆上，内接点顶角为 156.174°；另外六个顶点位于 Mises 圆的外侧，相距 $0.0238\sigma_s$，顶角为 143.826°；十二边形的边长为 $0.4295\sigma_s$。

以下为主应力空间 $A'E$ 和 $B'E$ 的推导过程。主应力分量在 π 平面的投影如图 5-11 所示。

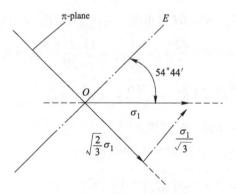

图 5-11　σ_1 在 π 平面上投影

由图 5-11 可得 E 点的应力状态为

$$\left.\begin{aligned}
\sigma_1 &= \sqrt{\frac{3}{2}} OE' = \frac{\sqrt{6}}{2} \times \frac{OE}{\cos 30°} = \sqrt{2} OE = \frac{15 + 2\sqrt{2}}{15}\sigma_s \\
\sigma_2 &= \frac{\sigma_1 + \sigma_3}{2} = \frac{15 + 2\sqrt{2}}{30}\sigma_s \\
\sigma_3 &= 0
\end{aligned}\right\} \tag{5-63}$$

假设 $A'E$ 线满足如下方程

$$\sigma_1 - a_1\sigma_2 - a_2\sigma_3 - c = 0 \tag{5-64}$$

并注意到当材料屈服时有 $c = \sigma_s$，$a_1 + a_2 = 1$，代入应力分量至式（5-64）可得

$$a_1 = \frac{60\sqrt{2} - 16}{217} = 0.317, \quad a_2 = \frac{133 + 60\sqrt{2}}{217} = 0.683 \tag{5-65}$$

于是，式（5-64）可确定为

$$\sigma_1 - 0.317\sigma_2 - 0.683\sigma_3 = \sigma_s, \quad \sigma_2 \leqslant \frac{1}{2}(\sigma_1 + \sigma_3) \tag{5-66}$$

同理，轨迹 $B'E$ 的方程可确定为

$$0.683\sigma_1 + 0.317\sigma_2 - \sigma_3 = \sigma_s, \quad \sigma_2 \geqslant \frac{1}{2}(\sigma_1 + \sigma_3) \tag{5-67}$$

式（5-66）和式（5-67）即为 GA 屈服准则的数学表达式。该式表明：若应力分量 σ_1、σ_2、σ_3 按照系数 1、0.317、0.683 或 0.683、0.372、1 进行线性组合，则材料发生屈服。同时，该式为一线性屈服准则，可克服 Mises 屈服准则非线性在解析力能参数造成的困难。

由式（5-63）可求出 $\tau_s = (\sigma_1 - \sigma_3)/2 = 0.594\sigma_s$。该值表明，当材料的屈服剪应力达到 $0.594\sigma_s$，材料发生屈服。其中屈服应力 σ_s 可通过单轴拉伸或压缩实验确定。与前述屈服准则比较表明，GA 屈服准则的屈服剪应力接近于 Mises 屈服剪应力 $\tau_s = 0.577\sigma_s$，介于 Tresca 屈服剪应力 $\tau_s = 0.5\sigma_s$ 与 TSS 屈服剪应力 $\tau_s = 0.667\sigma_s$ 之间。

5.2.3.2 比塑性功率

由于应力分量 σ_{ij} 满足 $f(\sigma_{ij}) = 0$ 且 ε_{ij} 满足流动法则 $\varepsilon_{ij} = \mathrm{d}\lambda \dfrac{\partial f}{\partial \sigma_{ij}}$。任意假设 $\lambda \geqslant 0$，$\mu \geqslant 0$，则由式（5-66）和式（5-67）可得

$$\varepsilon_1 : \varepsilon_2 : \varepsilon_3 = 1 : (-0.317) : (-0.683) = \lambda : (-0.317)\lambda : (-0.683)\lambda \tag{5-68}$$

$$\varepsilon_1 : \varepsilon_2 : \varepsilon_3 = 0.683 : 0.317 : (-1) = 0.683\mu : 0.317\mu : (-\mu) \tag{5-69}$$

将以上两结果线性组合有

$$\varepsilon_1 : \varepsilon_2 : \varepsilon_3 = (\lambda + 0.683\mu) : 0.317(\mu - \lambda) : [-(0.683\lambda + \mu)] \tag{5-70}$$

取 $\varepsilon_1 = \lambda + 0.683\mu$ 有

$$\varepsilon_2 = 0.317(\mu - \lambda), \quad \varepsilon_3 = -(0.683\lambda + \mu) \tag{5-71}$$

其中 $\varepsilon_{max} = \varepsilon_1$，$\varepsilon_{min} = \varepsilon_3$，由此可得

$$\varepsilon_{max} - \varepsilon_{min} = 1.683(\mu + \lambda)，\mu + \lambda = \frac{1000}{1683}(\varepsilon_{max} - \varepsilon_{min}) \tag{5-72}$$

在顶点 E 处，注意到 $\sigma_2 = (\sigma_1 + \sigma_3)/2$，可有式（5-66）和式（5-67）得

$$1.683\sigma_1 - 1.683\sigma_3 = 2\sigma_s，\sigma_1 - \sigma_3 = \frac{2000}{1683}\sigma_s \tag{5-73}$$

因此，从式（5-72）和式（5-73）可得比塑性功率为

$$D(\varepsilon_{ij}) = \sigma_1\varepsilon_1 + \sigma_2\varepsilon_2 + \sigma_3\varepsilon_3 = \sigma_1\varepsilon_1 + \frac{\sigma_1 + \sigma_3}{2}\varepsilon_2 + \sigma_3\varepsilon_3$$

$$= 0.8415(\sigma_1 - \sigma_3)(\mu + \lambda) = \frac{1683}{2000} \cdot \frac{2000}{1683}\sigma_s \cdot \frac{1000}{1683}(\varepsilon_{max} - \varepsilon_{min})$$

$$= \frac{1000}{1683}\sigma_s(\varepsilon_{max} - \varepsilon_{min}) = 0.5942\sigma_s(\varepsilon_{max} - \varepsilon_{min}) \tag{5-74}$$

式（5-74）可看出，导出的比塑性功率为 σ_s、ε_{max} 以及 ε_{min} 的函数，这将有利于获得复杂力学问题的解析解。

5.2.3.3　实验验证

以 Lode 参数表达 TSS 准则、Mises 准则以及 GA 屈服准则可得

$$\frac{\sigma_1 - \sigma_3}{\sigma_s} = \begin{cases} \dfrac{4 + \mu_d}{3}，& -1 \leqslant \mu_d \leqslant 0 \\[2mm] \dfrac{4 - \mu_d}{3}，& 0 \leqslant \mu_d \leqslant 1 \end{cases} \tag{5-75}$$

$$\frac{\sigma_1 - \sigma_3}{\sigma_s} = \frac{2}{\sqrt{3 + \mu_d^2}} \tag{5-76}$$

$$\frac{\sigma_1 - \sigma_3}{\sigma_s} = \begin{cases} \dfrac{2000 + 317\mu_d}{1683}，& -1 \leqslant \mu_d \leqslant 0 \\[2mm] \dfrac{2000 - 317\mu_d}{1683}，& 0 \leqslant \mu_d \leqslant 1 \end{cases} \tag{5-77}$$

图 5-12 将 Tresca 准则、Mises 准则、TSS 准则以及 GA 准则进行了对比，其中包含了铜、Ni-Cr-Mo 合金钢、2024-T4 铝以及 X52、X62 管线钢实验数据。

由图可见，TSS 准则给出实验数据的上限，而 Tresca 准则给出下限，GA 屈服准则给出结果介于两者之间，GA 与实验数据吻合较好，对 Mises 准则具有较高的逼近程度。

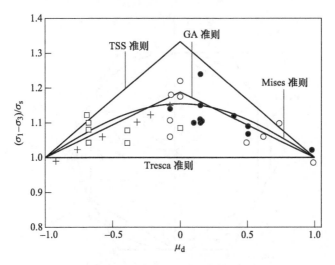

图 5-12　屈服准则与实验数据对比

●	铜，Lode;	○	Ni-Cr-Mo钢，Lessels;
□	X52和X60管线钢，Maxey;	+	2024-T4铝，Naghdi

5.2.4　CA 屈服准则

以上屈服准则均是从面积或周长这样的几何参数去逼近 Mises 圆，再计算逼近带来的误差，并未达到误差最小的目的。以下建立的屈服准则将直接以逼近误差最小为依据建立新的准则。

5.2.4.1　屈服方程与屈服轨迹

经典的 Tresca 屈服准则、Mises 屈服准则和 TSS 屈服准则在 π 平面上的屈服轨迹如图 5-13 所示。由图易见，Mises 屈服准则的屈服轨迹是一个圆，而 Tresca 屈服准则和 TSS 屈服准则的屈服轨迹则分别为 Mises 屈服准则的内接正六边形与外接正六边形。为了更好说明新屈服准则的构建方式，取图 5-13 中的部分（十二分之一）进行详细分析与说明，所取部分几何关系如图 5-14 所示。

假设在误差三角形 $\triangle B'FB$ 中的线段 FB 上有一动点 E，而随着动点 E 移动的直线 $B'E$ 就是新屈服准则的屈服轨迹。当 $B'E$ 与 Mises 屈服轨迹产生了交叉点 G 时，便开始了对 Mises 屈服准则轨迹的线性逼近。此时以点 G 为分界点，将交界范围分为上下两部分，上部分直线 $B'E$ 与 Mises 屈服轨迹距离最远处为 IM，下部分最远处则为 DE。动点 E 从 D 不断向 B 移动，上部分的最大误差距离 DE 不断减小，而下部分的最大误差 IM 不断增大。由图易见，新屈服准则对 Mises 屈服准则轨迹的逼近效果主要取决于上下两部分最大误差的距离大小。因此，应该协同控制好上下两部分的最大误差距离，即当上下两部分的最大误差 IM 与 DE 距离相等时，新屈服准则屈服轨迹 $B'E$ 对 Mises 屈服准则轨迹的逼近效果最好，这

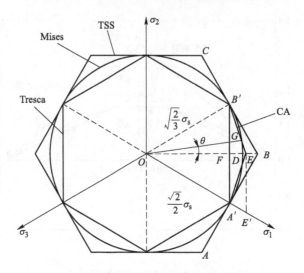

图 5-13　π平面上各屈服准则的几何轨迹

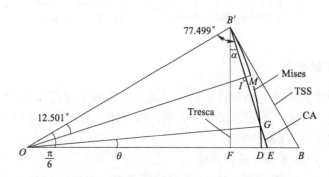

图 5-14　CA 屈服准则在误差三角形 △B'FB 内的轨迹

种逼近方法称作协同控制法。基于这个方法，通过寻找当 $DE=IM$ 时动点 E 的位置来确定新屈服准则的轨迹，而将所建立的新屈服准则命名为协同逼近（collaborative approximation）屈服准则，以下写作 CA 屈服准则[9]。

以点 O 为坐标原点建立直角坐标系，点 I、点 G 和点 B' 的坐标位置分别设为 (x_I, y_I)、(x_G, y_G) 和 $(x_{B'}, y_{B'})$。根据图 5-14 中几何关系易得 $OB'=OD=\sqrt{6}\sigma_s/3$、$OF=\sigma_s/\sqrt{2}$、$B'F=\sigma_s/\sqrt{6}$，假设未知长度 $OE=c$，然后将直线 $B'E$ 的轨迹表达为 $y=ax+b$ 的形式。将点 $B'(\sigma_s/\sqrt{2}, \sigma_s/\sqrt{6})$ 和 $E(c, 0)$ 代入该公式，所得表达式写作

$$y = \frac{\sigma_s}{\sqrt{3}(\sigma_s - \sqrt{2}c)}(x - c) \tag{5-78}$$

另一方面，Mises 屈服准则的轨迹可以数学表达为

$$x^2 + y^2 = \left(\frac{\sqrt{6}}{3}\sigma_s\right)^2 \tag{5-79}$$

联立式（5-78）和式（5-79），可以获得交叉点 G 的横坐标 x_G，表示为

$$x_G = \frac{\sqrt{q^2(6 - 9c)^2 + 6\sigma_s} + 3q^2c}{3(q^2 + 1)} \tag{5-80}$$

其中，为了表达简洁，简写 $q = \dfrac{\sigma_s}{\sqrt{3}(\sigma_s - \sqrt{2}c)}$。

根据图 5-14 中的几何关系，易得点 I 的横坐标 x_I，写作

$$x_I = \frac{x_G + x_{B'}}{2} = \left[\frac{2\sqrt{q^2(6 - 9c^2) + 6\sigma_s} + 3q^2c}{3(q^2 + 1)} + \sqrt{2}\right] \tag{5-81}$$

将式（5-81）代入式（5-78）中，即可获得点 I 的纵坐标 y_I，写作

$$y_I = q\left[\frac{2\sqrt{q^2(6 - 9c^2) + 6\sigma_s} + 3q^2c}{3(q^2 + 1)} + \sqrt{2} - c\right] \tag{5-82}$$

至此，可以数学表达出上下部分的误差距离 IM 和 DE，记为

$$IM = OM - OI = \frac{\sqrt{6}}{3}\sigma_s - \sqrt{x_I^2 + y_I^2} \tag{5-83}$$

$$DE = OE - OD = c - \frac{\sqrt{6}}{3}\sigma_s \tag{5-84}$$

假设 $IM = DE$，可以得到

$$c = \frac{2\sqrt{6}}{3}\sigma_s + \sqrt{x_I^2 + y_I^2} = 0 \tag{5-85}$$

对式（5-85）求解可得

$$c = 0.8358\sigma_s \tag{5-86}$$

根据所求得到的位置，可以将未知的长度 EF、$B'E$、DE、OI 和角 $\angle\alpha$、$\angle OB'E$、$\angle OEB'$、$\angle B'OI$ 表示出来，结果如下

$$\left.\begin{array}{l}
EF = OE - OF = 0.8358\sigma_s - \dfrac{1}{\sqrt{2}}\sigma_s = 0.1287\sigma_s \\[2mm]
B'E = \sqrt{B'F^2 + FE^2} = 0.4280\sigma_s \\[2mm]
DE = OE - OD = 0.0193\sigma_s \\[2mm]
OI = OB' \cdot \cos\angle B'OI = 0.7971\sigma_s
\end{array}\right\} \tag{5-87}$$

$$\left.\begin{array}{l}
\angle\alpha = \arctan\left(\dfrac{EF}{B'F}\right) = 17.499° \\[2mm]
\angle OB'E = 60° + \angle\alpha = 77.499° \\[2mm]
\angle OEB' = 180° - 30° - 77.499° = 72.501° \\[2mm]
\angle B'OI = 90° - \angle OB'E = 12.501°
\end{array}\right\} \tag{5-88}$$

为了说明 CA 屈服准则的逼近效果，以下将 CA 屈服轨迹与 Mises 屈服轨迹的周长差 Δ_C 与面积差 Δ_A 进行对比，结果如下

$$\Delta_C = (C_{CA} - C_{Mises})/C_{Mises} = 0.124\% \tag{5-89}$$

$$\Delta_A = (S_{CA} - S_{Mises})/S_{Mises} = -2.235\% \tag{5-90}$$

式中，C_{CA}、C_{Mises} 为周长；S_{CA}、S_{Mises} 为面积。

由式（5-89）和式（5-90）可见，CA 屈服准则轨迹的周长与面积都和 Mises 屈服准则轨迹相近，说明逼近效果好。同时，由以上几何参数的推导可知，CA 屈服准则的轨迹为一个等边不等角的十二边形。它与 Mises 屈服准则的轨迹相交，并且与其有十二个交点。CA 屈服准则轨迹的六个顶点在 Mises 圆上，顶角的角度为 154.998°；另外六个顶点则在 Mises 圆的外侧，其角度为 145.002°；CA 屈服准则轨迹的每一条边的边长均为 $0.4280\sigma_s$。

以下进行 CA 屈服准则的数学表达式的推导。主应力分量 σ_1 在 π 平面上的投影如图 5-15 所示。

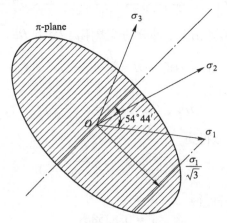

图 5-15　σ_1 在 π 平面上的投影

根据图 5-15 中几何关系，可以将图 5-13 中点 E 的各应力分量分别表示为

$$\left.\begin{aligned} \sigma_1 &= \sqrt{\frac{3}{2}}\,OE' = \frac{\sqrt{6}}{2} \times \frac{OE}{\cos30°} = \sqrt{2}\,OE = 1.182\sigma_s \\ \sigma_2 &= \frac{\sigma_1 + \sigma_3}{2} = 0.591\sigma_s \\ \sigma_3 &= 0 \end{aligned}\right\} \tag{5-91}$$

假设直线 $A'E$ 满足以下条件

$$\sigma_1 - a_1\sigma_2 - a_2\sigma_3 - d = 0 \tag{5-92}$$

注意到材料发生屈服时存在 $d = \sigma_s$，$a_1 + a_2 = 1$ 的关系，将其代入应力分量式（5-92）中，可以得到

$$a_1 = 0.308 \qquad a_2 = 0.692 \qquad\qquad (5\text{-}93)$$

因此，式 (5-92) 可以写作

$$\sigma_1 - 0.308\sigma_2 - 0.692\sigma_3 = \sigma_s, \ \text{当} \ \sigma_2 = \frac{1}{2}(\sigma_1 + \sigma_3) \ \text{时} \qquad (5\text{-}94)$$

同样，轨迹 $B'E'$ 的方程可以确定为

$$0.692\sigma_1 + 0.308\sigma_2 - \sigma_3 = \sigma_s, \ \text{当} \ \sigma_2 = \frac{1}{2}(\sigma_1 + \sigma_3) \ \text{时} \qquad (5\text{-}95)$$

式 (5-94) 和式 (5-95) 即为 CA 屈服准则的数学表达式。该式表明：若应力分量 σ_1、σ_2、σ_3 按照系数 1、0.308、0.692 或 0.692、0.308、1 进行线性组合，则材料发生屈服。值得注意的是，该式为线性表达式，使用该线性比塑性功率对非线性 Mises 比塑性功率进行替换后进行求解，可以解决非线性 Mises 比塑性功率求解困难的问题。

由式 (5-94) 可求出 $\tau_s = (\sigma_1 - \sigma_3)/2 = 0.591\sigma_s$。该值表明，当材料的屈服应力达到 $0.591\sigma_s$ 时，材料发生屈服。其中屈服应力 σ_s 可通过单轴拉伸或压缩实验确定。与所提及的三种经典屈服准则进行对比，CA 屈服准则的屈服剪应力接近于 Mises 屈服剪应力 $\tau_\sigma = 0.577\sigma_s$，介于 Tresca 屈服剪应力 $\tau_s = 0.5\sigma_s$ 与 TSS 屈服剪应力 $\tau_s = 0.667\sigma_s$ 之间。

5.2.4.2 比塑性功率的推导

应力分量 σ_{ij} 满足 $f(\sigma_{ij}) = 0$ 且 $\dot{\varepsilon}_{ij}$ 满足流动法则 $\dot{\varepsilon}_{ij} = \mathrm{d}\lambda \dfrac{\partial f}{\partial \sigma_{ij}}$。假设 $\lambda \geqslant 0$，$\mu \geqslant 0$，则由式 (5-94) 和式 (5-95) 可得

$$\dot{\varepsilon}_1 : \dot{\varepsilon}_2 : \dot{\varepsilon}_3 = 1 : (-0.308) : (-0.692) = \lambda : (-0.308)\lambda : (-0.692)\lambda$$

$$(5\text{-}96)$$

$$\dot{\varepsilon}_1 : \dot{\varepsilon}_2 : \dot{\varepsilon}_3 = 0.692 : 0.308 : (-1) = 0.692\mu : 0.308\mu : (-\mu) \qquad (5\text{-}97)$$

将以上两结果进行线性组合后有

$$\dot{\varepsilon}_1 : \dot{\varepsilon}_2 : \dot{\varepsilon} = (\lambda + 0.692\mu) : 0.308(\mu - \lambda) : [-(0.692\lambda + \mu)] \qquad (5\text{-}98)$$

取 $\dot{\varepsilon}_1 = \lambda + 0.692\mu$，则有

$$\dot{\varepsilon}_2 = 0.308(\mu - \lambda), \quad \dot{\varepsilon}_3 = -(0.692\lambda + \mu) \qquad (5\text{-}99)$$

其中 $\dot{\varepsilon}_{max} = \dot{\varepsilon}_1$，$\dot{\varepsilon}_{min} = \dot{\varepsilon}_3$，由此可得

$$\dot{\varepsilon}_{max} - \dot{\varepsilon}_{min} = 1.692(\lambda + \mu), \quad (\lambda + \mu) = \frac{1000}{1692}(\dot{\varepsilon}_{max} - \dot{\varepsilon}_{min}) \qquad (5\text{-}100)$$

在顶点 E 处，注意到 $\sigma_2 = (\sigma_1 + \sigma_3)/2$，可由式（5-94）和式（5-95）得

$$1.692\sigma_1 - 1.692\sigma_3 = 2\sigma_s, \quad \sigma_1 - \sigma_3 = \frac{2000}{1692}\sigma_s \tag{5-101}$$

因此，从式（5-90）和式（5-101）可得比塑性功率表达式为

$$\begin{aligned} D(\dot{\varepsilon}_{ij})_{CA} &= \sigma_1\dot{\varepsilon}_1 + \sigma_2\dot{\varepsilon}_2 + \sigma_3\dot{\varepsilon}_3 \\ &= 0.846(\sigma_1 - \sigma_3)(\mu + \lambda) \\ &= 0.591\sigma_s(\dot{\varepsilon}_{\max} - \dot{\varepsilon}_{\min}) \end{aligned} \tag{5-102}$$

由式（5-102）可看出，导出的比塑性功率仅为 σ_s、$\dot{\varepsilon}_{\max}$ 以及 $\dot{\varepsilon}_{\min}$ 的函数，这将有利于获得复杂力学问题的解析解。

5.2.4.3　实验验证

为了更好对比各屈服准则，以下分别将四种屈服准则以 Lode 参数[10]的形式表示出来，写作

$$\text{Tresca：} \frac{\sigma_1 - \sigma_3}{\sigma_s} = 1 \tag{5-103}$$

$$\text{Mises：} \frac{\sigma_1 - \sigma_3}{\sigma_s} = \frac{2}{\sqrt{3 + u_d^2}} \tag{5-104}$$

$$\text{TSS：} \frac{\sigma_1 - \sigma_3}{\sigma_s} = \begin{cases} \dfrac{4 + \mu_d}{3}, & -1 \leqslant \mu_d \leqslant 0 \\[2mm] \dfrac{4 - \mu_d}{3}, & 0 \leqslant \mu_d \leqslant 1 \end{cases} \tag{5-105}$$

$$\text{CA：} \frac{\sigma_1 - \sigma_3}{\sigma_s} = \begin{cases} \dfrac{2000 + 308\mu_d}{1692}, & -1 \leqslant \mu_d \leqslant 0 \\[2mm] \dfrac{2000 - 308\mu_d}{1692}, & 0 \leqslant \mu_d \leqslant 1 \end{cases} \tag{5-106}$$

图 5-16 对比了双轴拉伸实验中各种材料的屈服情况，其中包括铜[10]，Ni-Cr-Mo 钢[11]、2024-T4 铝[12]以及 X52、X60 管道钢[13]的屈服实验数据。

如图 5-16 所示，各种材料发生屈服时的位置几乎都在 TSS 屈服轨迹的内侧、Tresca 屈服轨迹的外侧，但均在 Mises 屈服轨迹附近。不难看出，在三种经典屈服准则中，使用 Mises 时能获得精度最高的材料屈服预测值。而 CA 屈服准则不仅实现了对 Mises 屈服轨迹的线性逼近，同时也对实验材料的屈服强度有着很高的预测精度。

图 5-17 为在扭转实验中发生屈服时所对应的在主应力平面上的屈服位置分布。图 5-17a 中为 Lode[10]对各种管材进行扭转实验的屈服数据分布；图 5-17b 为相关学者进行的各种管材扭转屈服实验的数据分布，使用到的材料包括 Mi-Cr-Mo

钢[11]、AlSi-1023 钢[14]、低碳钢[15]、结构钢[16]和管道钢[17]。

由图易见，在扭转实验中，Tresca 屈服轨迹和 TSS 屈服轨迹同样分别给出了材料屈服的下限解和上限解，与实验数据最为接近的仍是 Mises 屈服轨迹和 CA 屈服轨迹。图 5-16 与图 5-17 说明，CA 屈服准则实现了对 Mises 屈服准则的线性逼近，能够较好地预测出材料发生屈服时的数值。

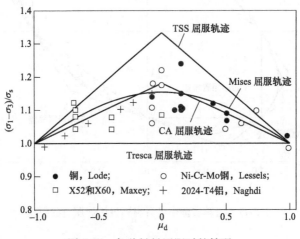

图 5-16 各种材料屈服时的情况

● 铜，Lode;	○ Ni-Cr-Mo钢，Lessels;
□ X52和X60，Maxey;	+ 2024-T4铝，Naghdi

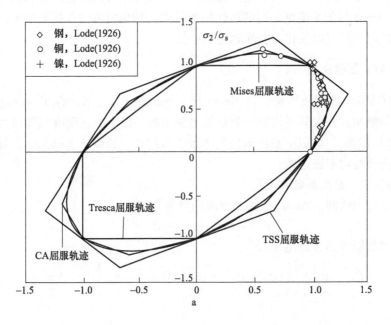

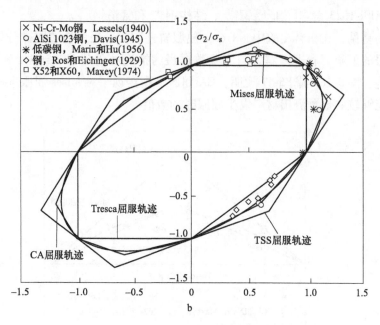

图 5-17　扭转实验中各种材料发生屈服时的数据

5.3　数学插值屈服准则

上一节中主要从几何的角度去逼近，而本节将介绍利用数学插值的方法去构造介于 Tresca 与 TSS 准则之间的线性屈服准则。插值的方法包括数学平均、黄金比例加权以及对连续变化的线性轨迹取中值。

5.3.1　MY 屈服准则

为使 Mises 准则线性化，在 Haigh Westergard 应力空间，将 Tresca 与双剪应力屈服函数相加并取其平均值作为新的屈服函数，相应的屈服准则简称为平均屈服（MY）准则[18]。以下给出该准则的数学表达式、屈服轨迹以及由物理方程推导出的比塑性功率表达式。

5.3.1.1　屈服函数表达式

在主应力空间，Tresca 准则的屈服函数表达式为

$$f^{\text{Tresca}} = \sigma_1 - \sigma_3 - \sigma_s = 0 \tag{5-107}$$

双剪应力的屈服函数表达式为

$$f_1^{\text{TSS}} = \sigma_1 - \frac{1}{2}(\sigma_2 + \sigma_3) - \sigma_s = 0 \qquad \sigma_2 \leqslant \frac{1}{2}(\sigma_1 + \sigma_3) \tag{5-108}$$

$$f_2^{\text{TSS}} = \frac{1}{2}(\sigma_1 + \sigma_2) - \sigma_3 - \sigma_s = 0 \qquad \sigma_2 \geqslant \frac{1}{2}(\sigma_1 + \sigma_3) \tag{5-109}$$

注意到方程式（5-107）~式（5-109）皆为一次线性，将方程式（5-107）与式（5-108）相加后除以 2 得

$$\sigma_1 - \frac{1}{4}\sigma_2 - \frac{3}{4}\sigma_3 = \sigma_s, \ \sigma_2 \leqslant \frac{1}{2}(\sigma_1 + \sigma_3) \tag{5-110}$$

若将方程式（5-107）与式（5-109）相加并除以 2 得

$$\frac{3}{4}\sigma_1 + \frac{1}{4}\sigma_2 - \sigma_3 = \sigma_s, \ \sigma_2 \geqslant \frac{1}{2}(\sigma_1 + \sigma_3) \tag{5-111}$$

式（5-110）与式（5-111）也是一次线性方程，其明确的意义是 Tresca 与双剪应力两个经典屈服函数相加后的平均值，故称为平均屈服准则。其最终的表达式为

$$\left. \begin{array}{l} \sigma_1 - \dfrac{1}{4}\sigma_2 - \dfrac{3}{4}\sigma_3 = \sigma_s, \ \sigma_2 \leqslant \dfrac{1}{2}(\sigma_1 + \sigma_3) \\[2mm] \dfrac{3}{4}\sigma_1 + \dfrac{1}{4}\sigma_2 - \sigma_3 = \sigma_s, \ \sigma_2 \geqslant \dfrac{1}{2}(\sigma_1 + \sigma_3) \end{array} \right\} \tag{5-112}$$

5.3.1.2 屈服轨迹的计算

在主应力空间屈服柱面上的点是以 σ_1、σ_2、σ_3 为分量的合矢量端点，合矢量的球应力分量 OO' 在 π 平面上投影与原点重合，为图 5-18 中的 O 点，合矢量的偏差应力分量端点则在屈服轨迹上。

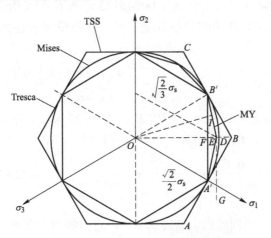

图 5-18　MY 准则在 π 平面上的屈服轨迹

由图 5-18，D 点应力状态对应的合矢量 OD 及分量 σ_1、σ_2、σ_3 在 π 平面上投影为

$$OG = OB = \sqrt{\frac{2}{3}}\sigma_1 = \frac{1}{\cos 30°} \cdot \sqrt{\frac{2}{3}}\sigma_s = \frac{2\sqrt{2}}{3}\sigma_s \tag{5-113}$$

局部轨迹放大图如图 5-19 所示。根据图 5-20 的投影关系，可得

$$\sigma_1 = \frac{2}{\sqrt{3}}\sigma_s, \quad \sigma_3 = 0, \quad \sigma_2 = \frac{1}{2}(\sigma_1 + \sigma_3)$$

$$OH = GD = \sqrt{\frac{2}{3}}\sigma_2 = \frac{2\sqrt{2}}{3}\sigma_s \cdot \sin 30° = \frac{\sqrt{2}}{3}\sigma_s, \quad \sigma_2 = \frac{\sigma_s}{\sqrt{3}} \tag{5-114}$$

将此应力值代入 Mises 准则式，可得

$$f^{\text{Mises}} = \frac{1}{\sqrt{2}}\sqrt{\left(\frac{2\sigma_s}{\sqrt{3}} - \frac{\sigma_s}{\sqrt{3}}\right)^2 + \left(\frac{\sigma_s}{\sqrt{3}}\right)^2 + \left(-\frac{2\sigma_s}{\sqrt{3}}\right)^2} = \sigma_s \tag{5-115}$$

这表明 D 点应力状态刚好处于屈服状态。将此应力值代入 MY 准则式 (5-112)，得

$$f^{\text{MY}} = \frac{2\sigma_s}{\sqrt{3}} - \frac{1}{4} \cdot \frac{\sigma_s}{\sqrt{3}} = \frac{7\sigma_s}{4\sqrt{3}} = 1.010363\sigma_s \tag{5-116}$$

式中，屈服应力 σ_s 之前的系数大于 1，说明上述应力状态按 MY 准则已先于 D 点屈服，屈服点位置 E 应在 D 点内侧。ED 距离由两式差值在 π 平面上的投影大小确定，于是 E 点确切位置为

$$ED = \sqrt{\frac{2}{3}}(f^{\text{Mises}} - f^{\text{MY}}) = 0.00846133\sigma_s \tag{5-117}$$

即，由图 5-19 中的 D 点向内移动 $0.00846133\sigma_s$ 为 E 点（伪内接点）位置。连接 $A'E$、$B'E$ 即为 MY 准则的屈服轨迹。MY 准则屈服轨迹的边长和顶角计算如下：

$$B'F = \frac{1}{2}\sqrt{\frac{2}{3}}\sigma_s, \quad \tan\angle FB'E = \frac{\sqrt{2/3}\,\sigma_s - \sqrt{2}\sigma_s/2 - ED}{\sqrt{2/3}\,\sigma_s/2} = 0.2472233$$

$$\angle FB'E = 13.89°, \quad \angle OB'E = 60° + 13.89° = 73.89°$$

$$\angle OEB' = 180° - 60° - 73.89° = 76.11°$$

$$B'E = \frac{B'F}{\cos 13.89°} = \frac{1}{2}\sqrt{\frac{2}{3}}\sigma_s \frac{1}{\cos 13.89°} = 0.4205457\sigma_s$$

$$\tag{5-118}$$

因此，MY 线性屈服准则的屈服轨迹为 Mises 圆内等边非等角内接十二边形，六个内接点顶角分别为 148.88°，六个伪内接点顶角为 152.22°，边长为 $0.4205457\sigma_s$。

5.3.1.3 比塑性功率

设应力分量 σ_{ik} 满足 $f(\sigma_{ik}) = 0$ 且与 $\dot{\varepsilon}_{ik}$ 满足流动法则

$$\dot{\varepsilon}_{ik} = d\lambda \frac{\partial f}{\partial \sigma_{ik}} \tag{5-119}$$

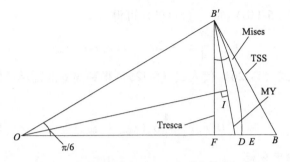

图 5-19　MY 准则在误差三角形内轨迹 $B'E$

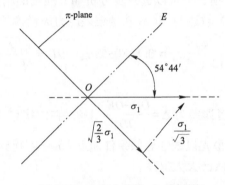

图 5-20　主应力分量 σ_1 的投影

由式（5-110）和流动法则，得

$$\dot{\varepsilon}_1 : \dot{\varepsilon}_2 : \dot{\varepsilon}_3 = 1 : -0.25 : -0.75 = \lambda : -0.25\lambda : -0.75\lambda \tag{5-120}$$

由式（5-111）和流动法则，得

$$\dot{\varepsilon}_1 : \dot{\varepsilon}_2 : \dot{\varepsilon}_3 = 0.75 : 0.25 : -1 = 0.75\mu : 0.25\mu : -\mu \tag{5-121}$$

因为 $\lambda \geqslant 0$，$\mu \geqslant 0$，两结果线性组合，有

$$\dot{\varepsilon}_1 : \dot{\varepsilon}_2 : \dot{\varepsilon}_3 = 0.75\mu + \lambda : 0.25(\mu - \lambda) : -(0.75\lambda + \mu) \tag{5-122}$$

因为 λ、μ 大小可任取，取 $\dot{\varepsilon}_1 = 0.75\mu + \lambda$，有

$$\dot{\varepsilon}_2 = 0.25(\mu - \lambda)，\quad \dot{\varepsilon}_3 = -(0.75\lambda + \mu) \tag{5-123}$$

其中，$\dot{\varepsilon}_{\max} = \dot{\varepsilon}_1$，$\dot{\varepsilon}_{\min} = \dot{\varepsilon}_3$。由此得

$$\dot{\varepsilon}_{\max} - \dot{\varepsilon}_{\min} = \dot{\varepsilon}_1 - \dot{\varepsilon}_3 = \frac{7}{4}(\mu + \lambda)，\quad (\mu + \lambda) = \frac{4}{7}(\dot{\varepsilon}_1 - \dot{\varepsilon}_3) = \frac{4}{7}(\dot{\varepsilon}_{\max} - \dot{\varepsilon}_{\min})$$

$$\tag{5-124}$$

注意到式（5-124）及在 E 点 $\sigma_2 = \dfrac{1}{2}(\sigma_1 + \sigma_3)$，塑性比功率为

$$D(\dot{\varepsilon}_{ij}) = \sigma_1 \dot{\varepsilon}_1 + \sigma_2 \dot{\varepsilon}_2 + \sigma_3 \dot{\varepsilon}_3 = \sigma_1\left(\frac{3\mu}{4} + \lambda\right) + \sigma_2\left(\frac{\mu - \lambda}{4}\right) - \sigma_3\left(\frac{3\lambda}{4} + \mu\right)$$

$$= (\sigma_1 - \sigma_3)\frac{7}{8}(\mu + \lambda) \tag{5-125}$$

在角点 E 根据式（5-110）或式（5-111）可得

$$\frac{7}{4}\sigma_1 - \frac{7}{4}\sigma_3 = 2\sigma_s, \quad \sigma_1 - \sigma_3 = \frac{8}{7}\sigma_s \qquad (5\text{-}126)$$

将式（5-124）、式（5-126）代入式（5-125）得到 MY 准则单位体积塑性功率或比塑性功率

$$D(\dot{\varepsilon}_{ij}) = \frac{4}{7}\sigma_s(\dot{\varepsilon}_{max} - \dot{\varepsilon}_{min}) \qquad (5\text{-}127)$$

5.3.1.4 精度分析

通过比较偏差矢量模长，可以进一步分析 MY 准则的精度。如图 5-19 所示，π 平面上 E、D 两点 MY 轨迹与 Mises 轨迹偏差应力矢量模长分别为

$$OE = \sqrt{\frac{2}{3}}\sigma_s - \frac{7\sqrt{2} - 4\sqrt{6}}{12}\sigma_s = 0.8080353\sigma_s, \quad OD = \sqrt{\frac{2}{3}}\sigma_s = 0.8164966\sigma_s$$

$$(5\text{-}128)$$

在伪内接点 E、D，二者误差为 $\Delta = \dfrac{OD-OE}{OD} = 1\%$。在内接点 A'、B'，二者最小误差为零。应指出，Hill 最先以线性屈服条件逼近 Mises 圆得到误差 8% 的精度，而 MY 准则的逼近精度显然已大大提高。

5.3.2 WA 屈服准则

本节将利用黄金比例来对 Tresca 和 TSS 准则加权，从而获得一逼近 Mises 轨迹的新准则，称该准则为加权平均屈服准则[19]。

5.3.2.1 数学表达式

Tresca 准则、Mises 准则以及 TSS 准则均是经典的屈服准则。在主应力空间，它们的数学表达式为[2]：

$$f^{\text{Tresca}} = \sigma_1 - \sigma_3 = \sigma_s \qquad (5\text{-}129)$$

$$f^{\text{Mises}} = \frac{\sqrt{2}}{2}\sqrt{(\sigma_1 - \sigma_2)^2 + (\sigma_2 - \sigma_3)^2 + (\sigma_3 - \sigma_1)^2} = \sigma_s \qquad (5\text{-}130)$$

$$\left.\begin{array}{l} f_1^{\text{TSS}} = \sigma_1 - \dfrac{1}{2}(\sigma_2 + \sigma_3) = \sigma_s, \quad \sigma_2 \leqslant \dfrac{1}{2}(\sigma_1 + \sigma_3) \\[3mm] f_2^{\text{TSS}} = \dfrac{1}{2}(\sigma_1 + \sigma_2) - \sigma_3 = \sigma_s, \quad \sigma_2 \geqslant \dfrac{1}{2}(\sigma_1 + \sigma_3) \end{array}\right\} \qquad (5\text{-}131)$$

式中，f^{Tresca}、f^{Mises}、f_1^{TSS}、f_2^{TSS} 为 Tresca 准则、Mises 准则以及 TSS 准则的屈服函数；σ_s 为材料屈服强度，可以通过单向拉伸试验予以确定。

为了确定一个新的线性屈服准则，黄金比例被引入作为加权系数。黄金比例是 $r = 0.618$，满足方程 $r^2 = 1 - r$。如果一条线段被分成两段，一种理想的划分是整体长度为 1，而其中一部分的长度占全长 0.618。该比例已经在科学研究与工

程技术领域广泛应用。基于该比例，可以采用这样的加权 $f_1^{WA} = 0.618f^{Tresca} + 0.382f_1^{TSS}$ 来确定新的屈服函数，这称为 WA 屈服准则。代入式（5-129）和式（5-131）可得

$$f_1^{WA} = \sigma_1 - 0.191\sigma_2 - 0.809\sigma_3 = \sigma_s, \quad \sigma_2 \leqslant \frac{1}{2}(\sigma_1 + \sigma_3) \quad (5\text{-}132)$$

同理，通过另外的加权 $f_2^{WA} = 0.618f^{Tresca} + 0.382f_2^{TSS}$ 可以得到新屈服准则的另一段表达式

$$f_2^{WA} = 0.809\sigma_1 + 0.191\sigma_2 - \sigma_3 = \sigma_s, \quad \sigma_2 \geqslant \frac{1}{2}(\sigma_1 + \sigma_3) \quad (5\text{-}133)$$

式（5-132）和式（5-133）称为加权平均屈服准则，它是 σ_1、σ_2 以及 σ_3 的线性函数。

代入纯剪应力状态的受力分量 $\sigma_1 = k$，$\sigma_2 = 0$，$\sigma_3 = -k$ 至式（5-132）或式（5-133）可得该准则的屈服剪应力为

$$k^{WA} = \frac{1000}{1809}\sigma_s \quad (5\text{-}134)$$

该式表明，新准则的屈服剪应力是独特的，不同于 Tresca 准则的 $\sigma_s/2$、Mises 准则的 $0.577\sigma_s$ 以及 TSS 准则的 $2\sigma_s/3$。通过比较可看出，本书的屈服剪应力靠近 Mises 准则的屈服剪应力。另外，式（5-134）的物理意义为当材料的屈服剪应力达到 $1000\sigma_s/1809$，材料发生塑性变形。

5.3.2.2 屈服轨迹

以上屈服准则轨迹见图 5-21。从图可知，Mises 轨迹是一个圆，Tresca 轨迹是圆的内接正六边形，而 TSS 轨迹是圆的外切六边形。这些准则具有六个交点，

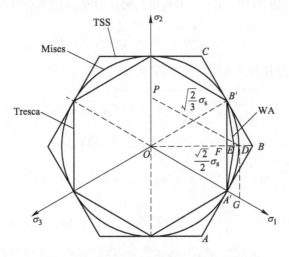

图 5-21 π 平面上不同屈服轨迹的几何描述

比如点 B' 和 A'。这些点对应着轴对称受力状态。图中有差异的点 F、D、B 对应着平面应变状态。不管如何，当材料发生屈服时，π 平面上主应力分量 σ_1、σ_2、σ_3 的合成必须落在屈服轨迹上。

在主应力空间中，σ_1 在 π 平面上的投影如图 5-22 所示。

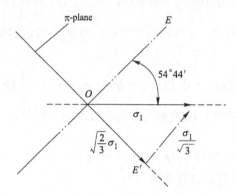

图 5-22   主应力 σ_1 的投影几何

根据以上两图可得

$$DP = \sqrt{\frac{2}{3}}\sigma_1, \ \ DG = \sqrt{\frac{2}{3}}\sigma_2 \tag{5-135}$$

于是，OB 和 GD 可以表示成

$$OB = \frac{OD}{\cos 30°} = \frac{2\sqrt{2}}{3}\sigma_s, \ \ GD = OD \cdot \tan 30° = \frac{\sqrt{2}}{3}\sigma_s \tag{5-136}$$

因为 $OG = DP = OB$，$OP = GD$，于是在屈服点 D 处的应力分量可以表示为

$$\sigma_1 = \frac{2\sqrt{3}}{3}\sigma_s, \ \ \sigma_2 = \frac{\sqrt{3}}{3}\sigma_s, \ \ \sigma_3 = 0 \tag{5-137}$$

将上式表示主应力分量代入式（5-130）可得

$$f^{\text{Mises}} = \frac{\sqrt{2}}{2}\sqrt{\left(\frac{2\sqrt{3}}{3}\sigma_s - \frac{\sqrt{3}}{3}\sigma_s\right)^2 + \left(\frac{\sqrt{3}}{3}\sigma_s\right)^2 + \left(-\frac{2\sqrt{3}}{3}\sigma_s\right)^2} = \sigma_s \tag{5-138}$$

同理，将以上主应力代入式（5-132）或式（5-133）可得

$$\left. \begin{array}{l} f_1^{\text{WA}} = \dfrac{2\sqrt{3}}{3}\sigma_s - 0.191 \times \dfrac{\sqrt{3}}{3}\sigma_s = 1.044\sigma_s > \sigma_s = f^{\text{Mises}} \\[3mm] f_2^{\text{WA}} = 0.809 \times \dfrac{2\sqrt{3}}{3}\sigma_s + 0.191\dfrac{\sqrt{3}}{3}\sigma_s = 1.044\sigma_s > \sigma_s = f^{\text{Mises}} \end{array} \right\} \tag{5-139}$$

式中表达的关系 $f_1^{\text{WA}} > f^{\text{Mises}}$ 或 $f_2^{\text{WA}} > f^{\text{Mises}}$，说明新构建的屈服点 E 将位于 Mises 屈服点 D 的外侧，它们之间的长度差值为

$$ED = \left| \sqrt{\frac{2}{3}} (f_1^{\text{WA}} - f^{\text{Mises}}) \right| = \left| \sqrt{\frac{2}{3}} (f_2^{\text{WA}} - f^{\text{Mises}}) \right| = 0.0359\sigma_s \quad (5\text{-}140)$$

于是，从点 D 向左移动 $0.0359\sigma_s$ 的距离将会得到 E 点。因此，新构造的直线 $B'E$ 被定义为新屈服准则的十二分之一。因为 $OD = \sqrt{\frac{2}{3}}\sigma_s$，$OF = \frac{\sqrt{2}}{2}\sigma_s$，$B'F = \frac{1}{2}\sqrt{\frac{2}{3}}\sigma_s$，$ED = 0.0359\sigma_s$，所以长度 FE 和角度 $\angle FB'E$ 可以按下式计算出

$$FE = OD - OF - ED = 0.0735\sigma_s, \quad \angle FB'E = \arctan\frac{FE}{B'F} = 10.2° \quad (5\text{-}141)$$

因此，屈服边 $B'E$ 和角度 $\angle OB'E$、$\angle OEB'$ 为

$$\left.\begin{array}{l} B'E = B'F/\cos 10.2° = 0.4148\sigma_s \\ \angle OB'E = 60° + 10.2° = 70.2° \\ \angle OEB' = 180 - 30° - 70.2° = 79.8° \end{array}\right\} \quad (5\text{-}142)$$

式 (5-142) 表明，新屈服准则的轨迹是一个边长为 $0.4148\sigma_s$ 的十二边形，其中 6 个顶角为140.4°，另外 6 个顶角为159.6°。

因为 $OE = OF + EF = 0.7805\sigma_s$，所以 E 处的应力分量为

$$\left.\begin{array}{l} \sigma_1 = \sqrt{3}\,OE/\sqrt{2}\cos 30° = 0.7805 \times \sqrt{2}\sigma_s \\ \sigma_2 = \sqrt{3}\,OE\tan 30°/\sqrt{2} = \dfrac{0.7805\sigma_s}{\sqrt{2}} \\ \sigma_3 = 0 \end{array}\right\} \quad (5\text{-}143)$$

5.3.2.3 比能率

比能率是比塑性功率的简称，它是成形能率泛函的被积函数。开发线性屈服准则将能导出一个线性的比能率，这将有利于积分的进行，是克服非线性 Mises 比能率求解困难的有效途径。

比能率的数学表达式为

$$D = \sigma_1 \dot{\varepsilon}_1 + \sigma_2 \dot{\varepsilon}_2 + \sigma_3 \dot{\varepsilon}_3 \quad (5\text{-}144)$$

基于 WA 准则和流动法则 $\dot{\varepsilon}_{ij} = d\lambda \cdot (\partial f / \partial \sigma_{ij})$ 可得如下比例关系：

$$\dot{\varepsilon}_1 : \dot{\varepsilon}_2 : \dot{\varepsilon}_3 = 1 : -0.191 : -0.809 = \xi : -0.191\xi : -0.809\xi \quad (5\text{-}145)$$

$$\dot{\varepsilon}_1 : \dot{\varepsilon}_2 : \dot{\varepsilon}_3 = 0.809 : 0.191 : -1 = 0.809\eta : 0.191\eta : -\eta \quad (5\text{-}146)$$

式中，ξ、η 为两个非零正数。

由以上两式的线性组合可得

$$\dot{\varepsilon}_1 : \dot{\varepsilon}_2 : \dot{\varepsilon}_3 = (\xi + 0.809\eta) : 0.191(\eta - \xi) : -(\eta + 0.809\xi) \quad (5\text{-}147)$$

考虑到 ξ 和 η 的定义，应变速率分量可以设定为

$$\dot{\varepsilon}_1 = \xi + 0.809\eta, \quad \dot{\varepsilon}_2 = 0.191(\eta - \xi), \quad \dot{\varepsilon}_3 = -(\eta + 0.809\xi) \quad (5\text{-}148)$$

注意到 $\dot{\varepsilon}_1 = \dot{\varepsilon}_{max}$ 与 $\dot{\varepsilon}_2 = \dot{\varepsilon}_{min}$ ，于是有

$$\xi + \eta = \frac{1000}{1809}(\dot{\varepsilon}_{max} - \dot{\varepsilon}_{min}) \tag{5-149}$$

因为点 E 对应着平面变形状态，因此中间主应力满足下式

$$\sigma_2 = \frac{1}{2}(\sigma_1 + \sigma_3) \tag{5-150}$$

将式（5-150）代入至式（5-132）或式（5-133）可得

$$\sigma_1 - \sigma_3 = \frac{2000}{1809}\sigma_s \tag{5-151}$$

因此，代入式（5-149）与式（5-151）至式（5-144）可得

$$D^{WA} = \frac{1000}{1809}\sigma_s(\dot{\varepsilon}_{max} - \dot{\varepsilon}_{min}) = 0.553\sigma_s(\dot{\varepsilon}_{max} - \dot{\varepsilon}_{min}) \tag{5-152}$$

式（5-152）是基于新准则而导出的比能率表达式。为对比，此处给出 Mises 比能率与 TSS 比能率如下[2]：

$$D^{Mises} = \sigma_s\sqrt{\frac{2}{3}\dot{\varepsilon}_{ij}\dot{\varepsilon}_{ij}} \tag{5-153}$$

$$D^{TSS} = \frac{2}{3}\sigma_s(\dot{\varepsilon}_{max} - \dot{\varepsilon}_{min}) = 0.667\sigma_s(\dot{\varepsilon}_{max} - \dot{\varepsilon}_{min}) \tag{5-154}$$

从以上式子可见，Mises 比能率是应变速率分量 $\dot{\varepsilon}_{ij}$ 的非线性函数，而其他比能率均是 $\dot{\varepsilon}_{max}$ 和 $\dot{\varepsilon}_{min}$ 的线性函数。需要特别指出的是，著者导出的比能率低于 TSS 比能率，将能解决 TSS 比能率经常给出偏高计算结果的问题。

需要强调的是，著者导出的 WA 屈服准则是 σ_1、σ_2、σ_3 的线性函数，其比能率也是 $\dot{\varepsilon}_{max}$ 和 $\dot{\varepsilon}_{min}$ 的线性函数，这对于解决非线性 Mises 准则及其比能率难以求解的问题具有重要意义。

5.3.2.4　实验验证

通过引入 Lode 参数[19]，$\mu_d = \left(\sigma_2 - \dfrac{\sigma_1 + \sigma_3}{2}\right) \Big/ \left(\dfrac{\sigma_1 - \sigma_3}{2}\right)$，可以得到以上诸屈服准则关于 Lode 参数的表达式：

Mises 准则　　　　$$\frac{\sigma_1 - \sigma_2}{\sigma_s} = \frac{2}{\sqrt{3 + \mu_d^2}} \tag{5-155}$$

TSS 准则　　　　$$\frac{\sigma_1 - \sigma_2}{\sigma_s} = \begin{cases} \dfrac{4 + \mu_d}{3}, & -1 \leqslant \mu_d \leqslant 0 \\[3mm] \dfrac{4 - \mu_d}{3}, & 0 \leqslant \mu_d \leqslant 1 \end{cases} \tag{5-156}$$

$$\text{WA 准则} \qquad \frac{\sigma_1 - \sigma_2}{\sigma_s} = \begin{cases} \dfrac{2000 + 191\mu_d}{1809}, & -1 \leqslant \mu_d \leqslant 0 \\[3mm] \dfrac{2000 - 191\mu_d}{1809}, & 0 \leqslant \mu_d \leqslant 1 \end{cases} \qquad (5\text{-}157)$$

为了验证该准则，将以上 Lode 参数的改写形式与 Lode[10]、Lessels[11]、Naghdi[12]、Maxey[13] 等人的实验数据作对比，如图 5-23 所示。

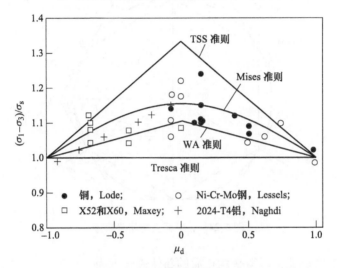

图 5-23　屈服准则的实验验证

● 铜，Lode;　　　　　　　　　　○ Ni-Cr-Mo钢，Lessels;
□ X52和X60，Maxey;　　　　　　＋ 2024-T4铝，Naghdi

从图 5-23 可见，TSS 准则和 Tresca 准则分别是实验结果的上限与下限，而本书的结果靠近 Mises 结果，对实验结果也有较高的逼近程度。

5.3.3　IM 屈服准则

基于连续函数必有中值这一论断，本节将利用积分中值定理构造一新的屈服准则，称为积分中值屈服准则，简称为 IM 屈服准则[19]。

5.3.3.1　屈服准则表达式

Mises 屈服准则的轨迹是一个在 π 平面上的圆，它的外接六边形（TSS）和内接六边形（Trasca）之间的十二边形可用作对 Mises 圆的线性逼近。如图 5-24 所示，设线段 BF 上有一动点 E，$B'F$ 与 $B'E$ 之间的夹角 $\angle FB'E$ 设为 θ，则当 $\theta = 0°$ 时，对应 Trasca 屈服轨迹 $B'F$；当 $\theta = 30°$ 时，对应 TSS 屈服轨迹 $B'B$。

已知 Mises 圆的半径 $OB' = OD = \sqrt{6}/3\sigma_s$，因此根据几何关系可知 $OF = \sigma_s/\sqrt{2}$、$B'F = \sigma_s/\sqrt{6}$。根据图中的三角函数关系有变角度屈服边长

$$f(\theta) = B'E = B'F/\cos\theta = \frac{3}{\pi} B'D/\cos\theta = \sigma_s/(\sqrt{6}\cos\theta), \ 0° \leqslant \theta \leqslant 30°$$

$$(5\text{-}158)$$

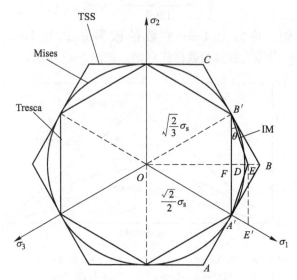

图 5-24　π 平面上的屈服轨迹

由积分中值定理，可得平均化后的新轨迹长度为

$$B'E = \frac{1}{\dfrac{\pi}{6} - 0} \int_0^{\frac{\pi}{6}} \left[\sigma_s/(\sqrt{6}\cos\theta) \right] \mathrm{d}\theta = 0.428\sigma_s \qquad (5\text{-}159)$$

基于上式，可得

$$FE = \sqrt{B'E^2 - B'F^2} = 0.129\sigma_s \qquad (5\text{-}160)$$

Mises 屈服轨迹上的偏差矢量模长为

$$OD = OB' = \sqrt{6}/3\sigma_s \qquad (5\text{-}161)$$

积分中值屈服准则的偏差矢量模长为

$$OE = 0.837\sigma_s \qquad (5\text{-}162)$$

所以两者之间的误差为

$$\Delta = \left(\frac{\sqrt{6}}{3} - 0.837 \right) \Big/ \frac{\sqrt{6}}{3} = -2.46\% \qquad (5\text{-}163)$$

可见，积分中值准则的偏差矢量模长较 Mises 屈服准则增加了 2.46%，即 E 点在 B、D 之间，如图 5-25 所示。

下面建立图 5-24 中直线 $A'E$、$B'E$ 的应力方程。图 5-26 为主应力分量 σ_1 在 π 平面上的投影，其中 E 点的应力状态为

$$\left.\begin{array}{l} \sigma_1 = \dfrac{OE \times \sqrt{3}}{\sqrt{2}\cos 30°} = 1.1831\sigma_s \\[3mm] \sigma_2 = \dfrac{\sigma_1 + \sigma_3}{2} = 0.5916\sigma_s \\[3mm] \sigma_3 = 0 \end{array}\right\} \tag{5-164}$$

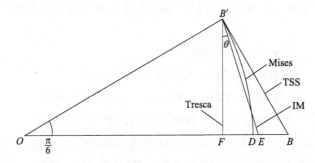

图 5-25　积分中值屈服准则在误差三角形内轨迹

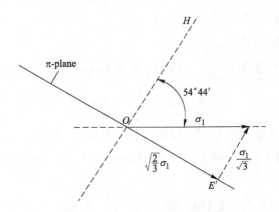

图 5-26　σ_1 在 π 平面上的投影

假定 $A'E$ 线满足如下方程

$$\sigma_1 - a_1\sigma_2 - a_2\sigma_3 - c = 0 \tag{5-165}$$

当材料屈服时有 $c = \sigma_s$、$a_1 + a_2 = 1$，代入应力分量式可得

$$a_1 = 0.309, \quad a_2 = 0.691 \tag{5-166}$$

将式（5-166）代入式（5-165），可得 $A'E$ 的方程为

$$\sigma_1 - 0.309\sigma_2 - 0.691\sigma_3 = \sigma_s, \quad \sigma_2 \leqslant \frac{1}{2}(\sigma_1 + \sigma_3) \tag{5-167}$$

同理，轨迹 $B'E$ 的方程可确定为

$$0.691\sigma_1 + 0.309\sigma_2 - \sigma_3 = \sigma_s, \quad \sigma_2 \geq \frac{1}{2}(\sigma_1 + \sigma_3) \tag{5-168}$$

式 (5-167) 和式 (5-168) 即为新的屈服准则的数学表达式, 它是主应力分量的线性组合。因该准则的轨迹边长 $B'E$ 由积分中值定理计算而得, 故称为积分中值屈服准则, 简称 IM 屈服准则。

由图 5-25 可知, 积分中值屈服准则的轨迹在 π 平面上与 Mises 圆相交, 各顶角计算如下:

$$\begin{aligned}
&\angle FB'E = 17.598° \\
&\angle OB'E = 60° + 17.598° = 77.598° \\
&\angle OEB' = 180° - 30° - 77.598° = 72.402° \\
&2\angle OB'E = 155.196°, \quad 2\angle OEB' = 144.804°
\end{aligned} \tag{5-169}$$

由图 5-25 和式 (5-169) 表明, 积分中值屈服准则的轨迹是与 Mises 圆相交的等边非等角的十二边形, 轨迹的六个顶点在 Mises 圆上, 内接点顶角为 155.196°, 另外六个顶点位于 Mises 圆的外侧, 相距 $0.02\sigma_s$, 顶角为 144.804°; 十二边形的边长为 $0.428\sigma_s$。

5.3.3.2　比塑性功率

设应力分量 σ_{ij} 满足 $f(\sigma_{ij}) = 0$ 且 $\dot{\varepsilon}_{ij}$ 满足流动法则

$$\dot{\varepsilon}_{ij} = \mathrm{d}\lambda \, \frac{\partial f}{\partial \sigma_{ij}} = \mathrm{d}\lambda \, \sigma'_{ij} \tag{5-170}$$

假设有 $\lambda \geq 0, \mu \geq 0$, 由式 (5-167) 与式 (5-168) 得

$$\dot{\varepsilon}_1 : \dot{\varepsilon}_2 : \dot{\varepsilon}_3 = 1 : (-0.301) : (-0.691) = \lambda : (-0.309)\lambda : (-0.691)\lambda \tag{5-171}$$

同理, 由式 (5-168) 与 (5-170) 得

$$\dot{\varepsilon}_1 : \dot{\varepsilon}_2 : \dot{\varepsilon}_3 = 0.691 : 0.309 : (-1) = 0.691\mu : 0.309\mu : (-\mu) \tag{5-172}$$

将以上两式所得结果进行线性组合有

$$\dot{\varepsilon}_1 : \dot{\varepsilon}_2 : \dot{\varepsilon}_3 = (\lambda + 0.691\mu) : 0.309(\mu - \lambda) : (-0.691\lambda - \mu) \tag{5-173}$$

取 $\dot{\varepsilon}_1 = \lambda + 0.691\mu$, 则

$$\dot{\varepsilon}_2 = 0.309(\mu - \lambda), \quad \dot{\varepsilon}_3 = -(0.691\lambda + \mu) \tag{5-174}$$

其中 $\dot{\varepsilon}_{max} = \dot{\varepsilon}_1, \dot{\varepsilon}_{min} = \dot{\varepsilon}_3$。因此, 可得

$$\dot{\varepsilon}_{max} - \dot{\varepsilon}_{min} = 1.691(\lambda + \mu), \quad (\lambda + \mu) = \frac{1000}{1691}(\dot{\varepsilon}_{max} - \dot{\varepsilon}_{min}) \tag{5-175}$$

在顶点 E 处, 注意到 $\sigma_2 = (\sigma_1 + \sigma_3)/2$, 所以可由式 (5-167)

和式（5-168）得

$$\sigma_1 - \sigma_3 = \frac{2000}{1691}\sigma_s \tag{5-176}$$

因此，从式（5-175）和式（5-176）可得积分中值屈服准则比功率为

$$
\begin{aligned}
D(\dot{\varepsilon}_{ij}) &= \sigma_1\dot{\varepsilon}_1 + \sigma_2\dot{\varepsilon}_2 + \sigma_3\dot{\varepsilon}_3 = \sigma_1\dot{\varepsilon}_1 + \frac{\sigma_1 + \sigma_3}{2}\dot{\varepsilon}_2 + \sigma_3\dot{\varepsilon}_3 \\
&= 0.8455(\sigma_1 - \sigma_3)(\mu + \lambda) \\
&= \frac{1691}{2000} \times \frac{2000}{1691}\sigma_s \times \frac{1000}{1691}(\dot{\varepsilon}_{max} - \dot{\varepsilon}_{min}) \\
&= \frac{1000}{1691}\sigma_s(\dot{\varepsilon}_{max} - \dot{\varepsilon}_{min}) \\
&= 0.591\sigma_s(\dot{\varepsilon}_{max} - \dot{\varepsilon}_{min})
\end{aligned} \tag{5-177}
$$

Tresca 与 TSS 屈服准则的塑性功率表达式分别为[2]

Tresca：

$$D(\dot{\varepsilon}_{ij}) = \frac{2}{3}\sigma_s(\dot{\varepsilon}_{max} - \dot{\varepsilon}_{min}) \tag{5-178}$$

TSS：

$$D(\dot{\varepsilon}_{ij}) = \frac{1}{2}\sigma_s(\dot{\varepsilon}_{max} - \dot{\varepsilon}_{min}) \tag{5-179}$$

将式（5-177）与式（5-178）、式（5-179）进行比较，比塑性功率误差为

$$
\begin{cases}
\Delta_{Tresca} = \left(0.591 - \dfrac{1}{2}\right) \Big/ \dfrac{1}{2} = 18.20\% \\
\Delta_{TSS} = \left(0.591 - \dfrac{2}{3}\right) \Big/ \dfrac{2}{3} = -11.29\%
\end{cases} \tag{5-180}
$$

可见，使用积分中值屈服准则比塑性功率的计算值较 Tresca 屈服准则提高了 18.20%，而比 TSS 屈服准则降低了 11.29%。

5.3.3.3 实验验证

在主应力状态为 $\sigma_1 \geqslant \sigma_2 \geqslant \sigma_3$ 时，Lode 引入了应力状态参数用以对比不同的屈服准则，并评价了中间主应力对屈服的影响，该参数为[21]

$$\mu = \frac{2\sigma_2 - \sigma_1 - \sigma_3}{\sigma_1 - \sigma_3} \tag{5-181}$$

将上式分别代入 Tresca 准则、Mises 准则、TSS 屈服准则和 IM 屈服准则，可得它们的 Lode 参数表达式如下：

Tresca：

$$\frac{\sigma_1 - \sigma_3}{\sigma_s} = 1 \tag{5-182}$$

Mises：

$$\frac{\sigma_1 - \sigma_3}{\sigma_s} = \frac{2}{\sqrt{3 + \mu^2}} \tag{5-183}$$

TSS：

$$\frac{\sigma_1 - \sigma_3}{\sigma_s} = \begin{cases} \dfrac{4 + \mu}{3}, & -1 \leqslant \mu \leqslant 0 \\ \dfrac{4 - \mu}{3}, & 0 \leqslant \mu \leqslant 1 \end{cases} \tag{5-184}$$

IM：

$$\frac{\sigma_1 - \sigma_3}{\sigma_s} = \begin{cases} \dfrac{2000 + 309\mu}{1691}, & -1 \leqslant \mu \leqslant 0 \\ \dfrac{2000 - 309\mu}{1691}, & 0 \leqslant \mu \leqslant 1 \end{cases} \tag{5-185}$$

基于以上方程，结合不同实验数据[10~13]，可以得到对比图 5-27。

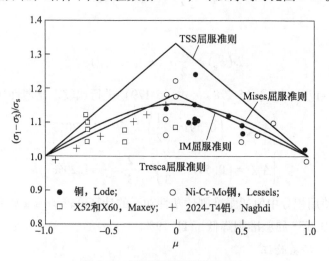

图 5-27　屈服准则实验结果对比

● 铜，Lode；　　　　　　　○ Ni-Cr-Mo钢，Lessels；
□ X52和X60，Maxey；　　　＋ 2024-T4铝，Naghdi

由图 5-27 可知，Tresca 屈服准则提供了实验数据的下界，而 TSS 屈服准则提供了上界，IM 屈服准则计算值则介于 TSS 准则与 Tresca 准则之间，相交于 Mises 准则。可见，IM 屈服准则与实验数据较一致，提供了较合理的中间结果。

参 考 文 献

[1] Tresca H. On the flow of solid bodies subjected to high pressures [J]. CR Acad Sci Paris, 1864, 59: 754.

[2] 赵德文. 成形能率积分线性化原理及应用 [M]. 北京: 冶金工业出版社, 2012.

[3] Von Mises R. Mechanik der Festen Korper im plastisch deformablen Zustand [J]. Göttin Nachr Math Phys, 1913, 1: 582~592.

[4] Yu M H. Twin shear stress yield criterion [J]. International Journal of Mechanical Sciences, 1983, 25 (1): 71~74.

[5] 黄文彬, 曾国平. 应用双剪应力屈服准则求解某些塑性力学问题 [J]. 力学学报, 1989, 21 (2): 249~256.

[6] Zhao D W, Wang X W. A dedecagon linear yield criterion with optimal approximation to Mises criterion [C]. The Proceedings of the 2nd International Conference, Pinton Press. Inc. USA, 2002, 554~558.

[7] Zhang S H, Zhao D W, Chen X D. Equal perimeter yield criterion and its specific plastic work rate: Development, validation and application [J]. Journal of Central South University, 2015, 22 (11): 4137~4145.

[8] Zhang S H, Song B N, Wang X N, et al. Deduction of geometrical approximation yield criterion and its application [J]. Journal of Mechanical Science and Technology, 2014, 28 (6): 2263~2271.

[9] Zhang S H, Deng L, Li P. Analysis of Rolling Force for Extra-Thick Plate with CA Criterion [J]. Mathematical Problems in Engineering, 2020, 2020: 1~14.

[10] Lode W. Versuche über den Einfluß der mittleren Hauptspannung auf das Fließen der Metalle Eisen, Kupfer und Nickel [J]. Ztschrift Für Physik, 1926, 36 (11): 913~939.

[11] Lessells J M, MacGregor C W. Combined stress experiments on a nickel-chrome-molybdenum steel [J]. Journal of the Franklin Institute, 1940, 230 (2): 163~181.

[12] Naghdi P M, Essenburg F, Koff W. An experimental study of initial and subsequent yield surfaces in plasticity [J]. Inl of Appl Mech, 1958, 25: 201~209.

[13] Maxey W A. Measurement of yield strength in the mill expander [C]. Proceedings of the Fifth Symposium on Line Pipe Research, 1974: 20~22.

[14] Davis E A. Yielding and fracture of medium-carbon steel under combined stress [J], Journal of Applied Mechanics, 1945, 12 (1): 13~24.

[15] Marin J, Hu L W. Biaxial plastic stress-strain relations of a mild steel for variable stress ratios [J]. Journal of Applied Mechanics, 1956, 78: 499~509.

[16] Ros M, Eichinger A. Versuche zur klaerung der frageder bruchefahr Ⅲ, mettale, eidgenoss. Material pruf [J]. Und Versuchsantalt Industriell Bauwerk und Geerbe Diskussionsbericht, 1929, 34: 3~59.

[17] Maxey W A. Measurement of yield strength in the mill expander [C]. Proceedings of the 5th Symposium on Line Pipe Research, Houston, Texas, 1974, 11 (20~22): 1~32.

［18］赵德文，刘相华，王国栋. 依赖 Tresca 和双剪应力屈服函数均值的屈服准则［J］. 东北大学学报，2002，23（10）：976~979.

［19］Zhang S H, Gao S W, Wu G J, et al. A weighted average yield criterion and its applications to burst failure of pipeline and three-dimensional forging［J］. Journal of Manufacturing Processes, 2017, 28: 243~252.

［20］姜兴睿，章顺虎，王春举，等. 积分中值屈服准则解析厚板轧制椭圆速度场上［J］. 哈尔滨工业大学学报，2020，52（5）：41~48.

［21］章顺虎. 塑性成形力学原理［M］. 北京：冶金工业出版社，2016.

6　比能率取代法在材料成形中的应用

前已述及，轧制、锻造、拉拔等成形能率的计算均要遇到非线性 Mises 比能率难以求解的问题。第 5 章提出从源头上开发线性屈服准则及其比能率，实现对非线性 Mises 比能率的取代计算，从而助力获得力能参数的解析解。就此思路，本章将利用第 5 章中导出的线性比能率来实现这一目的，并同时揭示相关参数之间的变化规律，以期为各成形过程的调控提供科学依据。

6.1　MY 准则解析板材轧制力

6.1.1　整体加权速度场

由于变形区对称仅研究 1/4 部分。坐标原点取在入口截面中点，如图 6-1 和图 6-2 所示。

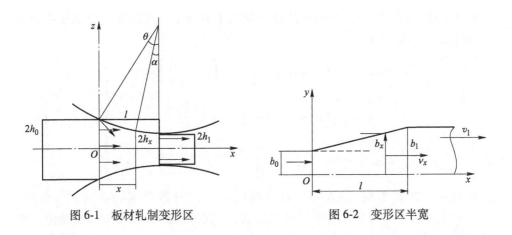

图 6-1　板材轧制变形区　　　　　　图 6-2　变形区半宽

入口板坯厚度 $2h_0$，宽度 $2b_0$；轧后出口厚度减小到 $2h_1$，宽度增加到 $2b_1$。接触弧水平投影长度为 l，轧辊半径为 R。令 x、y、z 方向为轧件长、宽、高方向，b_x、h_x 分别是轧件变形区内任一点整体宽度和厚度的一半，b_m、h_m 分别为变形区内轧件半宽、半厚的均值。接触弧方程、参数方程及一阶导数方程分别为

$$h_x = R + h_1 - \sqrt{R^2 - (l - x)^2}, h_\alpha = R + h_1 - R\cos\alpha$$

$$l - x = R\sin\alpha, \mathrm{d}x = -R\cos\alpha\mathrm{d}\alpha; h_\mathrm{m} = \frac{R}{2} + h_1 + \frac{\Delta h}{2} - \frac{R^2\theta}{2l}$$

$$h_x' = -\frac{l - x}{\sqrt{R^2 - (l - x)^2}} = -\tan\alpha$$

（6-1）

$$b_x = b_0 + \frac{\Delta b}{l}x; b_\alpha = b_1 - \frac{\Delta b}{l}R\sin\alpha;$$

$$b_x' = \frac{\Delta b}{l}; b_\mathrm{m} = \frac{b_1 + b_0}{2} = \frac{1}{l}\int_0^l b_x\mathrm{d}x = b_0 + \frac{\Delta b}{2}$$

（6-2）

假定：轧制时轧件横断面保持平面，垂直线保持直线，对此先建立Ⅰ、Ⅱ（Ⅰ为只延伸无宽展，Ⅱ为只宽展无延伸）两种简单情况的速度场，然后用整体加权平均法确定该轧制情况的速度场。

第Ⅰ种情况速度场设定为

$$v_{x\mathrm{I}} = \frac{h_0 v_0}{h_x}, \quad v_{y\mathrm{I}} = 0, \quad v_{z\mathrm{I}} = \frac{h_0 v_0}{h_x^2}h_x'z$$

（6-3）

第Ⅱ种情况速度场设定为

$$v_{x\mathrm{II}} = v_0, \quad v_{y\mathrm{II}} = \frac{-h_x' v_0}{h_x}y, \quad v_{z\mathrm{II}} = \frac{h_x' v_0}{h_x}z$$

（6-4）

将式（6-3）与式（6-4）中的速度分量在三个方向上同时加权，设加权系数为a，加权后的速度场为[1]

$$v_x = av_{x\mathrm{I}} + (1 - a)v_{x\mathrm{II}} = \left[1 - a\left(1 - \frac{h_0}{h_x}\right)\right]v_0$$

$$v_y = av_{y\mathrm{I}} + (1 - a)v_{y\mathrm{II}} = -(1 - a)\frac{h_x' v_0}{h_x}y$$

$$v_z = av_{z\mathrm{I}} + (1 - a)v_{z\mathrm{II}} = \left[\frac{ah_0 h_x'}{h_x^2} + (1 - a)\frac{h_x'}{h_x}\right]v_0 z$$

（6-5）

注意上式与加藤和典（KATO）速度场的区别，加藤速度场仅将式（6-3）、式（6-4）中x与z两个方向速度分量加权，y向速度由体积不变条件确定；而式（6-5）是x、y、z三个方向速度分量同时加权，加权后速度场满足体积不变条件。因此将式（6-5）称为整体加权速度场，而将加藤和典提出的速度场称为局部加权速度场。

　　按几何方程，式（6-5）确定的应变速率分量为

$$\dot{\varepsilon}_x = \frac{\partial v_x}{\partial x} = -\left[\left(1 - \frac{h_0}{h_x}\right)a' + a\frac{h_0 h_x'}{h_x^2}\right]v_0, \quad \dot{\varepsilon}_y = -(1 - a)\frac{h_x' v_0}{h_x}$$

$$\dot{\varepsilon}_z = \left[\frac{ah_0 h'_x}{h_x^2} + (1 - a)\frac{h'_x}{h_x}\right] v_0 \tag{6-6}$$

将上述应变速率场代入体积不变条件 $\dot{\varepsilon}_x + \dot{\varepsilon}_y + \dot{\varepsilon}_z = 0$ 得 $a' = 0$。将 $a' = 0$ 代入式（6-6）得

$$\dot{\varepsilon}_x = -a\frac{h_0 h'_x}{h_x^2} v_0, \quad \dot{\varepsilon}_y = -(1 - a)\frac{h'_x v_0}{h_x}, \quad \dot{\varepsilon}_z = \left[\frac{ah_0 h'_x}{h_x^2} + (1 - a)\frac{h'_x}{h_x}\right] v_0 \tag{6-7}$$

注意到方程式（6-5）中，$x = 0$ 时，$h_x = h_0$，$v_x = v_0$；$y = 0$，$v_y = 0$；$z = 0$，$v_z = 0$；且式（6-7）满足 $\dot{\varepsilon}_x + \dot{\varepsilon}_z + \dot{\varepsilon}_y = 0$，故二者满足运动许可条件。

由 $a' = 0$ 知 a 必为常数，即式（6-5）和式（6-7）与 a' 无关。注意到轧件横断面保持平面和垂直线保持直线假定，只延伸轧制时，$a = 1$，$\Delta b/b_1 = 0$，$b_0/b_1 = 1$；有宽展时，$a < 1$，$\Delta b > 0$，$b_0/b_1 < 1$。注意到 a 变化在 b_0/b_1 与 b_1/b_1（$b_1 > b_0$）之间，故 a 可按下式计算

$$a = \frac{1}{l}\int_0^l \left[1 - \frac{\Delta b}{b_1}\left(1 - \frac{x}{l}\right)\right] dx = \frac{1}{l}\int_0^l \frac{b_x}{b_1} dx = \frac{b_m}{b_1} = \frac{b_1 - \Delta b_m}{b_1} = 1 - \frac{\Delta b_m}{b_1} = 1 - \frac{\Delta b}{2b_1} \tag{6-8}$$

6.1.2 成形功率泛函

6.1.2.1 塑性功率泛函

注意到式（6-7）中，$\dot{\varepsilon}_{max} = \dot{\varepsilon}_x = \dot{\varepsilon}_1$，$\dot{\varepsilon}_{min} = \dot{\varepsilon}_z = \dot{\varepsilon}_3$，代入式（5-127）表示的 MY 准则比塑性功率，取代非线性 Mises 比能率，再对变形区积分得

$$\dot{W}_i = \int_V D(\dot{\varepsilon}_{ij}) dV = 4\int_0^l \int_0^{b_m} \int_0^{h_x} \frac{4}{7}\sigma_s(\dot{\varepsilon}_{max} - \dot{\varepsilon}_{min}) dx dy dz$$

$$= \frac{16}{7}\sigma_s b_m v_0 \left[\frac{2b_m}{b_1} h_0 \ln\frac{h_0}{h_1} + \frac{\Delta b \Delta h}{2b_1}\right] = \frac{16\sigma_s b_m U}{7h_0 b_0}\left[\frac{2b_m}{b_1} h_0 \ln\frac{h_0}{h_1} + \frac{\Delta b \Delta h}{2b_1}\right] \tag{6-9}$$

式中，$U = v_0 h_0 b_0 = v_x h_x b_x = v_n h_n b_n = v_1 h_1 b_1$ 为秒流量。

6.1.2.2 摩擦功率泛函

接触面上切向速度不连续量为

$$|\Delta \boldsymbol{v}_f| = \sqrt{\Delta v_x^2 + \Delta v_y^2 + \Delta v_z^2} = \sqrt{v_y^2 + (v_R\cos\alpha - v_x)^2 + (v_R\sin\alpha - v_x\tan\alpha)^2}$$

$$\Delta \boldsymbol{v}_f = \Delta v_x \boldsymbol{i} + \Delta v_y \boldsymbol{j} + \Delta v_z \boldsymbol{k} = (v_R\cos\alpha - v_x)\boldsymbol{i} + v_y \boldsymbol{j} + (v_R\sin\alpha - v_x\tan\alpha)\boldsymbol{k} \tag{6-10}$$

沿接触面切向摩擦剪应力 $\boldsymbol{\tau}_f = mk$ 与切向速度不连续量 $\Delta \boldsymbol{v}_f$ 为共线矢量，如图6-3所示，采用共线矢量内积，摩擦功率为

$$\dot{W}_f = 4\int_0^l \int_0^{b_x} \tau_f |\Delta \boldsymbol{v}_f| dF = 4\int_0^l \int_0^{b_x} \tau_f \Delta \boldsymbol{v}_f dF = 4\int_0^l \int_0^{b_x} (\tau_{fx}\Delta v_x + \tau_{fy}\Delta v_y + \tau_{fz}\Delta v_z) dF$$

$$= 4mk \int_0^l \int_0^{b_x} (\Delta v_x \cos\alpha + \Delta v_y \cos\beta + \Delta v_z \cos\gamma)\,\mathrm{d}F \qquad (6\text{-}11)$$

式中，$\cos\alpha$，$\cos\beta$，$\cos\gamma$ 为 $\Delta \boldsymbol{v}_f$ 或 $\boldsymbol{\tau}_f$ 与坐标轴夹角的余弦。

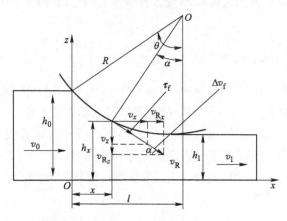

图 6-3　接触面上共线矢量 $\boldsymbol{\tau}_f$ 与 $\Delta \boldsymbol{v}_f$

由于 $\Delta \boldsymbol{v}_f$ 沿辊面切向，故方向余弦由辊面切向方程确定。注意到辊面方程为 $z = h_x = R + h_1 - \sqrt{R^2 - (l-x)^2}$，则方向余弦与面积微元分别为

$$\cos\alpha = \pm \frac{\sqrt{R^2 - (l-x)^2}}{R}, \cos\beta = 0, \cos\gamma = \pm \frac{l-x}{R} = \pm \sin\alpha \qquad (6\text{-}12)$$

$$\mathrm{d}F = \sqrt{1 + \left(\frac{\mathrm{d}z}{\mathrm{d}x}\right)^2 + \left(\frac{\mathrm{d}z}{\mathrm{d}y}\right)^2}\,\mathrm{d}x\mathrm{d}y = \sqrt{1 + (h_x')^2}\,\mathrm{d}x\mathrm{d}y = \sec\alpha\,\mathrm{d}x\mathrm{d}y \qquad (6\text{-}13)$$

注意到式（6-5）及式（6-8）得

$$\Delta v_y = \frac{\Delta b}{2b_1} \frac{h_x'}{h_x} v_0 y, \quad \Delta v_x = v_R \cos\alpha - \left[1 - \frac{b_m}{b_1}\left(1 - \frac{h_0}{h_x}\right)\right] v_0$$

$$\Delta v_z \big|_{z=h_x} = v_R \sin\alpha - \left[1 - \frac{b_m}{b_1}\left(1 - \frac{h_0}{h_x}\right)\right] v_0 \tan\alpha \qquad (6\text{-}14)$$

将式（6-12）~式（6-14）代入式（6-11）并注意到 $k = \sigma_s/\sqrt{3}$，$\mathrm{d}z/\mathrm{d}y = 0$，然后积分

$$\dot{W}_f = 4mk \int_0^l \int_0^{b_m} \left\{ v_R \cos\alpha - \left[1 - \frac{b_m}{b_1}\left(1 - \frac{h_0}{h_x}\right)\right] v_0 \right\} \cos\alpha \sqrt{1 + (h_x')^2}\,\mathrm{d}x\mathrm{d}y +$$

$$4mk \int_0^l \int_0^{b_m} \left\{ v_R \sin\alpha - \left[1 - \frac{b_m}{b_1}\left(1 - \frac{h_0}{h_x}\right)\right] v_0 \tan\alpha \right\} \sin\alpha \sqrt{1 + (h_x')^2}\,\mathrm{d}x\mathrm{d}y$$

$$= 4mkb_m(I_1 + I_2) \qquad (6\text{-}15)$$

式中，

$$I_1 = \int_0^{x_n} \left\{ v_R\cos\alpha - \left[1 - \frac{b_m}{b_1}\left(1 - \frac{h_0}{h_x}\right) \right] v_0 \right\} dx - \int_{x_n}^l \left\{ v_R\cos\alpha - \left[1 - \frac{b_m}{b_1}\left(1 - \frac{h_0}{h_x}\right) \right] v_0 \right\} dx$$

$$= v_R R\left(\frac{\theta}{2} - \alpha_n + \frac{\sin2\theta}{4} - \frac{\sin2\alpha_n}{2} \right) + v_0 R\left[\left(1 + a\frac{\Delta h_m}{2h_m}\right)(2\sin\alpha_n - \sin\theta) \right]$$

$$I_2 = \int_0^l \left\{ v_R\sin\alpha - \left[1 - \frac{b_m}{b_1}\left(1 - \frac{h_0}{h_x}\right) \right] v_0\tan\alpha \right\} \tan\alpha\, dx$$

$$= v_R R\left(\frac{\theta}{2} - \alpha_n + \frac{\sin2\alpha_n}{2} - \frac{\sin2\theta}{4} \right) + v_0 R\left(1 + a\frac{\Delta h}{2h_m}\right)$$

$$\left[\ln\frac{\tan^2\left(\frac{\pi}{4} + \frac{\alpha_n}{2}\right)}{\tan\left(\frac{\pi}{4} + \frac{\theta}{2}\right)} + \sin\theta - 2\sin\alpha_n \right]$$

将 I_1，I_2 积分结果代入方程（6-15）并整理得

$$\dot{W}_f = 4mkRb_m \left[v_R(\theta - 2\alpha_n) + \frac{U}{h_0b_0}\left(1 + a\frac{\Delta h}{2h_m}\right) \ln\frac{\tan^2\left(\frac{\pi}{4} + \frac{\alpha_n}{2}\right)}{\tan\left(\frac{\pi}{4} + \frac{\theta}{2}\right)} \right]$$

或 $$\dot{W}_f = 4mkRb_m \left[v_R(\theta - 2\alpha_n) + \frac{U}{h_0b_0}\left(\frac{\Delta b}{2b_1} + \frac{b_mh_0}{b_1h_m}\right) \ln\frac{\tan^2\left(\frac{\pi}{4} + \frac{\alpha_n}{2}\right)}{\tan\left(\frac{\pi}{4} + \frac{\theta}{2}\right)} \right] \quad (6\text{-}16)$$

6.1.2.3　剪切功率泛函

由式（6-5）和式（6-14），在变形区出口横截面上有

$$x = l, h_x' = 0,\ v_z\big|_{x=l} = \Delta v_z\big|_{x=l} = v_y\big|_{x=l} = \Delta v_y\big|_{x=l} = 0$$

故出口截面不消耗剪切功率；但在入口横截面，由式（6-5）并应用积分中值定理可得

$$\left| \Delta \bar{v}_t \right|_{x=0} = \sqrt{\Delta \bar{v}_y^2 + \Delta \bar{v}_z^2}\,\Big|_{x=0} = \bar{v}_y\sqrt{1 + (\bar{v}_z/\bar{v}_y)^2}\,\Big|_{x=0} \quad (6\text{-}17)$$

式中，$\bar{v}_z = \dfrac{1}{h_0}\int_0^{h_0} v_z\big|_{x=0}\,dz = -\dfrac{\tan\theta v_0}{2}$，$\bar{v}_y = \dfrac{1}{b_0}\int_0^{b_0} v_y\big|_{x=0}\,dy = \dfrac{\Delta b v_0 b_0\tan\theta}{4b_1h_0}$。

于是，入口截面上消耗的剪切功率为

$$\dot{W}_{s0} = 4k\int_0^{b_0}\int_0^{h_0}\left(\bar{v}_y\sqrt{1 + (\bar{v}_z/\bar{v}_y)^2} \right) dz\,dy = \frac{k\tan\theta\Delta bb_0U}{b_1h_0}\sqrt{1 + \frac{4b_1^2h_0^2}{\Delta b^2b_0^2}} \quad (6\text{-}18)$$

6.1.3　总能量泛函

将式（6-9）、式（6-16）、式（6-18）代入式总功率泛函 $\varPhi = \dot{W}_i + \dot{W}_{s0} + \dot{W}_f$

中得

$$\Phi = \frac{16\sigma_s b_m U}{7b_0}\left(\frac{2b_m}{b_1}\ln\frac{h_0}{h_1} + \frac{\Delta b\Delta h}{2b_1 h_0}\right) + \frac{k\tan\theta\Delta bb_0 U}{b_1 h_0}\sqrt{1 + \frac{4b_1^2 h_0^2}{\Delta b^2 b_0^2}} +$$

$$4mkRb_m\left[v_R(\theta - 2\alpha_n) + \frac{U}{h_0 b_0}\left(\frac{\Delta b}{2b_1} + \frac{b_m h_0}{b_1 h_m}\right)\ln\frac{\tan^2\left(\frac{\pi}{4} + \frac{\alpha_n}{2}\right)}{\tan\left(\frac{\pi}{4} + \frac{\theta}{2}\right)}\right] \tag{6-19}$$

定义压下率 $\varepsilon = \ln(h_0/h_1)$，将式（6-19）中的 Φ 对 α_n 求导并令 $\partial\Phi/\partial\alpha_n = 0$，有

$$\frac{\mathrm{d}\Phi}{\mathrm{d}\alpha_n} = \frac{\partial\dot{W}_i}{\partial\alpha_n} + \frac{\partial\dot{W}_f}{\partial\alpha_n} + \frac{\partial\dot{W}_s}{\partial\alpha_n} = 0 \tag{6-20}$$

由方程式（6-9）、式（6-16）、式（6-18）得

$$\frac{\partial\dot{W}_i}{\partial\alpha_n} = \frac{16\sigma_s b_m N}{7b_0}\left(\frac{2b_m}{b_1}\ln\frac{h_0}{h_1} + \frac{\Delta b\Delta h}{2b_1 h_0}\right)$$

$$\frac{\partial\dot{W}_f}{\partial\alpha_n} = 4mRkb_m\left[-2v_R + v_0\left(\frac{\Delta b}{2b_1} + \frac{b_m h_0}{h_m b_1}\right)\frac{2}{\cos\alpha_n} + \frac{N}{b_0 h_0}\left(\frac{\Delta b}{2b_1} + \frac{b_m h_0}{h_m b_1}\right)\ln\frac{\tan^2\left(\frac{\pi}{4} + \frac{\alpha_n}{2}\right)}{\tan\left(\frac{\pi}{4} + \frac{\theta}{2}\right)}\right]$$

$$\frac{\partial\dot{W}_s}{\partial\alpha_n} = \frac{k\tan\theta\Delta bb_0 N}{b_1 h_0}\sqrt{1 + \frac{4b_1^2 h_0^2}{\Delta b^2 b_0^2}} \tag{6-21}$$

式中，$N = \partial U/\partial\alpha_n = v_R b_m R\sin2\alpha_n - v_R b_m(R + h_1)\sin\alpha_n$。

将式（6-21）代入式（6-20）得

$$m = \frac{\dfrac{4\sqrt{3}N}{7b_0 R}\left(\dfrac{2b_m}{b_1}\ln\dfrac{h_0}{h_1} + \dfrac{\Delta b\Delta h}{2b_1 h_0}\right) + \dfrac{\tan\theta\Delta bb_0 N}{4b_1 h_0 b_m R}\sqrt{1 + \dfrac{4b_1^2 h_0^2}{\Delta b^2 b_0^2}}}{2v_R - v_0\left(\dfrac{\Delta b}{2b_1} + \dfrac{b_m h_0}{h_m b_1}\right)\dfrac{2}{\cos\alpha_n} - \dfrac{N}{b_0 h_0}\left(\dfrac{\Delta b}{2b_1} + \dfrac{b_m h_0}{h_m b_1}\right)\ln\dfrac{\tan^2\left(\dfrac{\pi}{4} + \dfrac{\alpha_n}{2}\right)}{\tan\left(\dfrac{\pi}{4} + \dfrac{\theta}{2}\right)}}$$

$$\tag{6-22}$$

将式（6-22）确定的 α_n 代入式（6-19）得泛函最小值 $\Phi_{\min}$。于是，轧制力矩、轧制力及应力状态系数则为

$$M = \frac{R}{2v_R}\Phi_{\min}, \quad F = \frac{M}{\chi\sqrt{2R\Delta h}}, \quad n_\sigma = \frac{\overline{p}}{2k} = \frac{F}{4b_m lk} \tag{6-23}$$

6.1.4　实验验证与分析讨论

首秦 4300 轧机轧制 120mm 厚成品板，工作辊直径 1070mm；连铸坯尺寸

320mm×2050mm×3250mm，首道次整形轧制后轧件厚度为 299mm，然后板坯转 90°进行横轧（展宽轧制）。计算展宽 No. 2~No. 6 道次轧制力和力矩。变形抗力用以下模型：

$$\sigma_s = 3583.195 e^{-2.233417T/1000} \dot{\varepsilon}^{-0.3486T/1000+0.46339} \varepsilon^{0.42437}$$

计算时力臂系数 χ 依次取 0.56，0.55，0.55，0.54，0.53；注意到温升取入出口平均温度。

式（6-23）的计算结果与实测结果如表 6-1 及图 6-4 所示。

表 6-1 按式（6-22）计算的轧制力、力矩与实测结果比较

道次序号	v_R /m·s⁻¹	T/℃	$\varepsilon =$ ln(h_0/h_1)	实测 F /kN	计算 F /kN	误差 Δ_1/%	实测 M /kN·m	计算 M /kN·m	误差 Δ_2/%
2	1.64	965	0.09577	43607	44384	1.8	2640	2963	10.92
3	1.66	953	0.10312	44006	47309	7	2694	2684	-0.37
4	1.68	948	0.11461	43172	47309	8.7	2665	2809	12.9
5	1.82	955	0.12099	42269	46768	9.7	2430	2659	15.5
6	1.97	957	0.11288	39061	41965	6.9	2101	2117	8.95

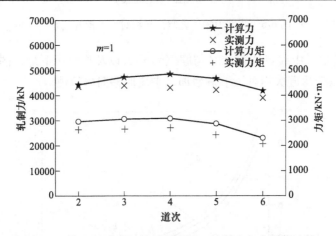

图 6-4 第 2~6 道次计算轧制力矩、轧制力与实测值比较

由表 6-1 及图 6-4 可知，无论轧制力矩还是轧制力，其计算值均高于实测值。不过，轧制力误差不超过 9.7%，力矩最大误差不超过 15.5%，该模型具有较高的预测精度，理论指导了首秦减量化轧制工艺中的力能计算。

以第 2 道次为例，以下讨论各变量之间的关系。图 6-5 为内部变形功率 N_d、摩擦功率 N_f、剪切功率 N_s 的比例图。由图可知，摩擦功

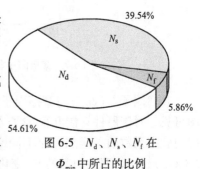

图 6-5 N_d、N_s、N_f 在 Φ_{min} 中所占的比例

率所占比例较小，内部变形功率和剪切功率占总功率泛函 $\Phi_{\min}$ 的主要部分，且入口截面剪切功率泛函占成形功率总泛函的比例达 39.54%。

图 6-6 为轧制力矩、轧制力与相对压下量（真应变 ε）的关系图。显然，轧制力矩和轧制力随着相对压下量的增加而增加。

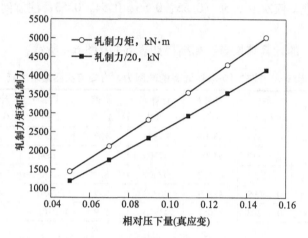

图 6-6　轧制力矩、轧制力与相对压下量的关系

图 6-7 给出了中线点位置 x_n/l 与摩擦因子 m 以及相对压下量 ε 的关系。随着摩擦系数的减少及道次相对压下量增加，中线面移向出口侧。

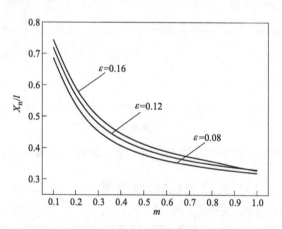

图 6-7　摩擦因子与相对压下量对中性点位置的影响

几何因子 $l/(2h_{\mathrm{m}})$ 与摩擦因子 m 对应力状态系数 n_σ 的影响如图 6-8 所示。由图可见，对于厚件轧制几何因子 $l/(2h_{\mathrm{m}})$ 是影响 n_σ 的主要因素，$l/(2h_{\mathrm{m}})$ 减小，应力状态系数明显增加；而不同摩擦因子 m 的影响仅局限于很窄的范围内，且 $l/(2h_{\mathrm{m}})$ 越小，摩擦引起的 n_σ 变化越不明显。

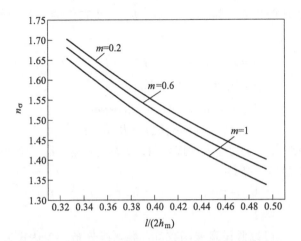

图 6-8　摩擦因子与几何因子对应力状态系数的影响

6.2　GA 准则解析板材轧制力（考虑变形渗透）

6.2.1　运动学参数设定

在可逆粗轧机上，钢坯在第一次纵轧后，旋转 90° 进入展宽轧制阶段。在此阶段，尽管 $l/(2h) \leqslant 1$，但宽厚比 b/h 远大于 10，可以视为平面变形[2]，相应的宽展可以忽略不计。

如图 6-9 所示，初始厚度为 $2h_i$ 的钢坯经过轧制后，厚度变为 $2h_f$。考虑到对称性，只取 1/4 轧件进行分析。坐标原点位于变形区入口截面上。符号 h_p 和 h_c 分别为轧制过程中变形区变形渗透厚度和未变形厚度。

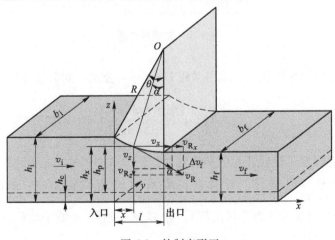

图 6-9　轧制变形区

根据图中的几何关系，辊面方程 h_x、h_α 以及它们的一阶导数和二阶导数可表示为

$$z = h_x = R + h_f - \left[R^2 - (l - x)^2 \right]^{\frac{1}{2}}$$
$$z = h_\alpha = R + h_f - R\cos\alpha$$
$$l - x = R\sin\alpha, \mathrm{d}x = -R\cos\alpha\mathrm{d}\alpha$$
(6-24)

$$h'_x = -\tan\alpha, h''_x = (R\cos^3\alpha)^{-1}$$
(6-25)

式中，R 为轧辊半径，α 为变形区接触角，θ 为咬入角，h_x 为变形板的半厚。

以上两式满足以下条件：

$$x = 0, \ \alpha = \theta, \ h_x = h_\alpha = h_\theta = h_i, h'_x = -\tan\theta$$
$$x = l, \ \alpha = 0, \ h_x = h_\alpha = h_f$$
(6-26)

在图 6-10 中，可以假设宽展函数符合抛物线分布，表达式为

$$b_x = b_f - \frac{\Delta b}{l^2}(l - x)^2$$
(6-27)

式中，b_i 和 b_f 分别为板在入口截面和出口截面的半宽。

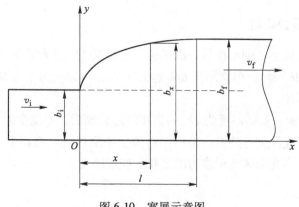

图 6-10 宽展示意图

考虑到轧辊的弹性压扁，本书采用 Hitchcock 公式[3]对轧辊半径进行修正：

$$R' = R\left[1 + \frac{4(1 - \lambda^2)P_t}{b_m\Delta h\pi E}\right]$$
(6-28)

式中，P_t 为轧辊发生弹性压扁时的轧制力，$E = 2.1\times10^5\mathrm{N/mm}$ 为轧辊材料的弹性模量，$\lambda = 0.3$ 为泊松比。计算时，R' 可通过迭代计算 P_t 来确定，直到 $\left|\dfrac{R'_{i+1} - R'_i}{R'}\right| < 10^{-3}$（下标 i 为迭代次数）。b_m 是宽展函数 b_x 的平均值，其值可通过下式进行计算

$$b_m = \frac{b_i + 2b_f}{3} \tag{6-29}$$

由于忽略宽展，Kobayashi 在 1975 年开发的三维速度场[4]可以简化为如下二维形式：

$$v_x = \frac{U}{h_x b_m}, v_z = v_x \frac{h'_x}{h_x} z, v_y = 0 \tag{6-30}$$

$$U = v_x h_x b_m = v_R' \cos\alpha_n b_m (R' + h_i - R'\cos\alpha_n) = v_f h_f b_m \tag{6-31}$$

式中，U 为秒体积流量。

由上式可得应变速率分量如下

$$\left. \begin{array}{l} \dot{\varepsilon}_x = -v_x \frac{h'_x}{h_x}, \quad \dot{\varepsilon}_z = v_x \frac{h'_x}{h_x}, \quad \dot{\varepsilon}_y = 0 \\[3mm] \dot{\varepsilon}_{xz} = \frac{z}{2} v_x \left[\frac{h''_x}{h_x} - 2\left(\frac{h'_x}{h_x}\right)^2 \right], \quad \dot{\varepsilon}_{xy} = \dot{\varepsilon}_{yz} = 0 \end{array} \right\} \tag{6-32}$$

在式（6-30）和式（6-32）中有：$\dot{\varepsilon}_x + \dot{\varepsilon}_y + \dot{\varepsilon}_z = 0$；$x = 0$，$v_x = v_i$；$x = l$，$v_x = v_f$；$v_z = 0$；$z = h_x$，$v_z = -v_x \tan\alpha$。因此，以上简化的速度场仍然满足运动许可条件。

6.2.2 变形渗透率的引入

对于特厚板，由于变形区的形状因子 $l/(2h_m) < 0.5 \sim 1$，塑性变形无法渗透到板心。在这种情况下，会出现双鼓形缺陷。这一结果已被 Tarnovski 的压缩实验证实[5]。为反映特厚板轧制的这一特性，著者将变形渗透厚度定义为 h_p，未变形中心层厚度定义为 h_c。其中，板料进出口处的变形渗透厚度分别定义为 h_{P_i} 和 h_{P_f}。上述参数如图 6-11 所示。

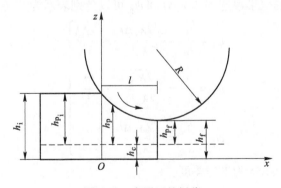

图 6-11 变形区的划分

由图可知

$$h_{P_i} - h_{P_f} = h_i - h_f = \Delta h \tag{6-33}$$

假设实际形状因子 λ_d 等于临界形状因子 λ_c，变形可以渗透到中心，则有如下关系：

$$\lambda_d = \frac{l}{2\bar{h}_p} = \frac{\sqrt{2R'(h_{p_i} - h_{p_f})}}{2\bar{h}_p} = \frac{\sqrt{2R'(h_i - h_f)}}{2\bar{h}_p} = \frac{\sqrt{2R'\Delta h}}{2\bar{h}_p} = \lambda_c \quad (6\text{-}34)$$

式中，$\bar{h}_p = (h_{p_i} + 2h_{p_f})/3$ 为实际变形深度的平均值；$\lambda_c = 0.5 \sim 1$ 为临界形状因子。

根据文献［5］的实验结果，可以拟合出轧制过程中第 2 道次与后续道次的临界形状因子为

$$\lambda_c = \begin{cases} \dfrac{2067\sqrt{305 r_n}}{7625(3 - 2r_n)}, n = 2 \\[4mm] (\lambda_c)_2 \cdot \sqrt{\dfrac{r_n}{r_2}} \dfrac{(3 - 2r_n)(h_i)_2}{(3 - 2r_2)(h_f)_n}, n = 3,4,5,\cdots \end{cases} \quad (6\text{-}35)$$

式中，r 为相对压下量；n 为轧制道次序号。

联立式（6-34）和式（6-35）可得 h_{p_i}，h_{p_f} 和 h_c 为

$$\left.\begin{aligned} h_{p_i} &= \frac{\sqrt{2(\lambda_c)_n \Delta h}}{2(\lambda_c)_n} + \frac{2\Delta h}{3} \\[3mm] h_{p_f} &= \frac{\sqrt{2(\lambda_c)_n \Delta h}}{2(\lambda_c)_n} - \frac{\Delta h}{3} \\[3mm] h_c &= h_i - h_{p_i} = h_f - h_{p_f} = \frac{h_i + h_f}{3} - \frac{\sqrt{2(\lambda_c)_n \Delta h}}{2(\lambda_c)_n} \end{aligned}\right\} \quad (6\text{-}36)$$

这里，把变形渗透厚度与整个板厚的比值定义为变形渗透率 ψ，则入口、出口以及变形区中的变形渗透率 ψ_i，ψ_f 和 ψ_p 可以分别表示为

$$\left.\begin{aligned} \psi_i &= \frac{h_{p_i}}{h_i} = \frac{\sqrt{2\lambda_c \Delta h}}{2\lambda_c h_i} + \frac{2\Delta h}{3h_i} \\[3mm] \psi_f &= \frac{h_{p_f}}{h_f} = \frac{\sqrt{2\lambda_c \Delta h}}{2\lambda_c h_f} - \frac{\Delta h}{3h_f} \\[3mm] \psi_p &= \frac{\bar{h}_p}{h_m} = \frac{\sqrt{2\lambda_c \Delta h}}{2\lambda_c h_m} \end{aligned}\right\} \quad (6\text{-}37)$$

式中，$h_m = (h_i + 2h_f)/3$ 为平均厚度。

6.2.3　各功率泛函的计算

6.2.3.1　内部变形功率
GA 准则的比能率为

$$D(\dot{\varepsilon}_{ij}) = 0.5942\sigma_s(\dot{\varepsilon}_{max} - \dot{\varepsilon}_{min}) \tag{6-38}$$

该式表明，由 GA 准则推导出的比能率是 σ_s、$\dot{\varepsilon}_{max}$ 和 $\dot{\varepsilon}_{min}$ 的线性函数，易于积分求解。这里采用式（6-38）的比能率代替非线性 Mises 比能率 $D(\dot{\varepsilon}_{ij}) = \sqrt{2/3}\,\sigma_s$ $\sqrt{\dot{\varepsilon}_{ij}\dot{\varepsilon}_{ij}}$，从而实现内部变形功率的解析计算。

注意到 $\dot{\varepsilon}_{max} = \dot{\varepsilon}_x$ 和 $\dot{\varepsilon}_{min} = \dot{\varepsilon}_z$，并将它们代入到式（6-38），则内部变形功率为

$$
\begin{aligned}
N_d &= \int_v D(\dot{\varepsilon}_{ij})\mathrm{d}V = 4\int_0^l \int_0^{b_m} \int_{h_c}^{h_x} 0.5942\sigma_s(\dot{\varepsilon}_{max} - \dot{\varepsilon}_{min})\mathrm{d}x\mathrm{d}y\mathrm{d}z \\
&= 2.3768\sigma_s \int_0^l \int_0^{b_m} \int_{h_c}^{h_x} \left(-2v_x \frac{h_x'}{h_x}\right)\mathrm{d}x\mathrm{d}y\mathrm{d}z \\
&= -4.7536\sigma_s \psi_p U \int_0^l \frac{h_x'}{h_x}\mathrm{d}x \\
&= 4.7536\sigma_s \psi_p U \ln \frac{h_i}{h_f}
\end{aligned} \tag{6-39}
$$

6.2.3.2　摩擦功率

辊面与轧件在接触表面消耗的摩擦功率可按下式计算：

$$N_f = \frac{4\sigma_s m b_m}{\sqrt{3}} \int_0^l \Delta v_f \sqrt{1 + h_x'}\,\mathrm{d}x \tag{6-40}$$

式中，Δv_f 为速度不连续量；$k = \sigma_s/\sqrt{3}$ 为屈服剪应力。

式（6-40）中的相关参数可按下式计算：

$$
\left.
\begin{aligned}
\Delta v_f &= v_{R'} - v_x\sqrt{1 + h_x'^2} = v_{R'} - v_x \sec\alpha \\
z &= h_x = R' + h_{p_f} - \left[R'^2 - (l-x)^2\right]^{\frac{1}{2}} \\
\mathrm{d}F &= \sqrt{1 + h_x'^2}\,\mathrm{d}x\mathrm{d}y = \sec\alpha\mathrm{d}x\mathrm{d}y
\end{aligned}
\right\} \tag{6-41}
$$

式（6-40）表示的摩擦功率可以坐标分解为以下形式：

$$
\begin{aligned}
N_f &= 4\int_0^l \tau_f \Delta v_x \mathrm{d}F \\
&= 4\int_0^l (\tau_{f_x}\Delta v_x + \tau_{f_y}\Delta v_x)\sqrt{1 + h_x'^2}\,b_m\mathrm{d}x \\
&= 4mkb_m \int_0^l (\Delta v_x \cos\alpha + \Delta v_z \cos\gamma)\sec\alpha\mathrm{d}x
\end{aligned} \tag{6-42}
$$

由图 6-9 可知，与各坐标轴所构成的方向余弦为

$$
\left.
\begin{aligned}
\cos\alpha &= \pm\frac{\sqrt{R'^2 - (l-x)^2}}{R'} \\
\cos\gamma &= \pm\frac{l-x}{R'} = \sin\alpha \\
\cos\beta &= 0
\end{aligned}
\right\} \tag{6-43}
$$

将式（6-43）代入式（6-42）可得摩擦功率为

$$N_f = \frac{4m\sigma_s}{\sqrt{3}}\left[bv_R \cdot R'(\theta - 2\alpha_n) + \frac{UR'}{h_m}\ln\frac{\tan^2\left(\frac{\pi}{4}+\frac{\alpha_n}{2}\right)}{\tan\left(\frac{\pi}{4}+\frac{\theta}{2}\right)}\right] \tag{6-44}$$

6.2.3.3　剪切功率

由速度场（6-30）可知，当 $x=l$ 时，在出口有 $h_x' = b_x' = 0$，$v_y|_{x=l} = v_z|_{x=l} = 0$。它表明出口不消耗剪切功率，于是仅有入口速度不连续量为

$$|\Delta v_z|_{x=0} = \sqrt{\Delta v_z^2 + \Delta v_y^2} = |\Delta v_z|_{x=0} \approx |\bar{v}_z|_{x=0} = v_0\frac{\bar{h}_x'}{\bar{h}_x}z = -\frac{v_i\Delta h}{lh_i}z \tag{6-45}$$

式中，$\bar{v}_z$ 为厚度方向上的平均速度；$\bar{h}_x$ 为变形区平均厚度。

由于出口截面不消耗剪切功率，因此进口截面的剪切功率 N_{s_0} 等于总剪切功率 N_s。总剪切功率可表示为

$$N_s = N_{s_0} = 4\int_0^{b_m}\int_{h_c}^{h_i}k\,|\Delta v_z|\mathrm{d}y\mathrm{d}z \approx 4\int_0^{b_m}\int_{h_c}^{h_i}k\,|\Delta\bar{v}_z|\mathrm{d}y\mathrm{d}z$$

$$= 4k\psi_p b_m\int_0^{h_i}\frac{v_i\Delta h}{lh_i}z\mathrm{d}z = \frac{2\sigma_s\psi_p U\Delta h}{\sqrt{3}l} \tag{6-46}$$

6.2.3.4　总功率泛函最小化

总功率泛函 Φ 可以按下式计算

$$\Phi = N_d + N_f + N_s \tag{6-47}$$

将式（6-39）、式（6-44）以及式（6-46）代入（6-47）可得

$$\Phi = 4.7536\sigma_s\psi_p U\ln\frac{h_i}{h_f} +$$

$$\frac{4m\sigma_s}{\sqrt{3}}\left[bv_R R'(\theta - 2\alpha_n) + \frac{UR'}{h_m}\ln\frac{\tan^2\left(\frac{\pi}{4}+\frac{\alpha_n}{2}\right)}{\tan\left(\frac{\pi}{4}+\frac{\theta}{2}\right)}\right] + \frac{2\sigma_s\psi_p U\Delta h}{\sqrt{3}l} \tag{6-48}$$

式中，v_R 为轧辊的圆周速度；α_n 为中性角。

由式（6-31）、式（6-39）、式（6-44）以及式（6-46），可得它们的一阶导数如下：

$$\frac{\mathrm{d}U}{\mathrm{d}\alpha_n} = v_R' b_m R'\sin2\alpha_n - v_R' b_m(R' + h_f)\sin\alpha_n = N \tag{6-49}$$

$$\frac{\partial N_d}{\partial\alpha_n} = 4.7536\sigma_s\psi_p N\ln\frac{h_i}{h_f} \tag{6-50}$$

$$\frac{\partial N_f}{\partial \alpha_n} = \frac{4m\sigma_s}{\sqrt{3}} \left[\frac{NR'}{h_m} \ln \frac{\tan^2\left(\frac{\pi}{4} + \frac{\alpha_n}{2}\right)}{\tan\left(\frac{\pi}{4} + \frac{\theta}{2}\right)} + \frac{2UR'}{h_m \cos\alpha_n} - 2v_{R'}bR' \right] \quad (6\text{-}51)$$

$$\frac{\partial N_s}{\partial \alpha_n} = \frac{\partial N_{s_0}}{\partial \alpha_n} = \frac{2\sigma_s \psi_p N \Delta h}{\sqrt{3}\,l} \quad (6\text{-}52)$$

令式（6-48）中的轧制总功率对中性角求一阶导数，并令其为零，可得

$$\frac{\partial \Phi}{\partial \alpha_n} = \frac{\partial N_d}{\partial \alpha_n} + \frac{\partial N_f}{\partial \alpha_n} + \frac{\partial N_s}{\partial \alpha_n} = 0 \quad (6\text{-}53)$$

将式（6-49）~式（6-52）代入式（6-53）可得

$$m = \frac{\psi_p N\left(2.3768\sqrt{3}\,l\ln\frac{h_i}{h_f} + \Delta h\right)}{4l\left[v_{R'}b_m R' - \frac{NR'}{2h_m} \ln \frac{\tan^2\left(\frac{\pi}{4} + \frac{\alpha_n}{2}\right)}{\tan\left(\frac{\pi}{4} + \frac{\theta}{2}\right)} - \frac{UR'}{h_m \cos\alpha_n} \right]} \quad (6\text{-}54)$$

式中，m 为考虑变形渗透率时的摩擦因子，如忽略变形渗透的影响，则该参数可在 $\psi_p = 1$ 时取得，表达式为

$$m' = \frac{N\left(2.3768\sqrt{3}\,l\ln\frac{h_i}{h_f} + \Delta h\right)}{4l\left[v_{R'}b_m R' - \frac{NR'}{2h_m} \ln \frac{\tan^2\left(\frac{\pi}{4} + \frac{\alpha_n}{2}\right)}{\tan\left(\frac{\pi}{4} + \frac{\theta}{2}\right)} - \frac{UR'}{h_m \cos\alpha_n} \right]} \quad (6\text{-}55)$$

因此，轧制力矩、轧制力以及应力状态系数可按下式求出：

$$\left.\begin{aligned} M_{min} &= \frac{R}{2v_R} \Phi_{min} \\ F_{min} &= \frac{M_{min}}{\chi\sqrt{2R\Delta h}} \\ n_\sigma &= \frac{F_{min}}{4b_m lk} \end{aligned}\right\} \quad (6\text{-}56)$$

式中，χ 为力臂系数，一般热轧取值 0.5 左右，冷轧取值 0.45 左右。需要指出的是，当 $\psi_p = 1$ 时，按以上公式求出的力能参数均是没有考虑变形渗透率时的结果。

6.2.4　实验验证

以下采用国内某厂的实验数据进行验证。轧辊直径为1120mm，轧件的尺寸为3250mm×2050mm×320mm。经过第一道次整形轧制后，轧件的厚度为300mm，进入展宽轧制阶段。轧制表中的2~6道次满足平面变形的条件。各道次的轧制速度分别为1.64m/s、1.66m/s、1.68m/s、1.82m/s、1.97m/s，力臂系数分别为0.50、0.50、0.52、0.50、0.49、0.50。轧件表面温度分别为944.56℃、933.49℃、922.97℃、924.68℃、932.11℃。所取轧件材料为Q345，相应的变形抗力为[2]

$$\sigma_s = 6310.7\bar{\varepsilon}^{0.407}\,\dot{\bar{\varepsilon}}^{0.115}\exp(-2.62\times10-3T-0.669\bar{\varepsilon}) \tag{6-57}$$

$$T = t + 273 + \Delta T_d \tag{6-58}$$

式中，$\bar{\varepsilon}$为等效应变，$\dot{\bar{\varepsilon}}$为等效应变速率，t为轧制温度，T为热力学温度，ΔT_d为温升。

考虑特厚板承受大压下，因而总轧制功率引起的温升不可忽略，计算公式为[6]

$$\Delta T_d = \frac{\eta \dot{W} t_c}{V \rho c} \tag{6-59}$$

式中，热工转换系数取值为$\eta = 0.95$，$\dot{W}$为总变形功率，$t_c = l/v_R$为轧件从入口到出口的接触时间，V为变形区体积，$c = 0.62\times10^3\text{J}/(\text{kg}\cdot℃)$为轧件的比热容，$\rho = 7.8\times10^3\text{kg}/\text{m}^3$为轧件材料的密度。

6.2.5　分析及讨论

在表6-2和表6-3中，M_p和F_p分别为考虑轧制变形渗透率时的轧制力矩和轧制力。M_w和F_w分别为不考虑轧制变形渗透率时的轧制力矩和轧制力。由表6-2和表6-3可以看出，考虑变形渗透率时，计算得到的轧制力矩和轧制力均与实测值吻合较好，最大误差均小于8.6%。通过对比分析表明，考虑变形渗透率的计算结果与实测值更接近。

表6-2　理论轧制力矩与实测轧制力矩的对比

道次序号	v_R /m·s^{-1}	t/℃	ΔT_d/℃	$\varepsilon = \ln\left(\dfrac{h_i}{h_f}\right)$	实测 M /kN·m	计算 M_p /kN·m	误差 ΔM_p /%	计算 M_w /kN·m	误差 ΔM_w /%
2	1.64	945	32.8	0.09577	2640	2556	-3.2	2927	10.9
3	1.66	933	36.9	0.10312	2694	2618	-2.8	2958	9.8
4	1.68	923	40.4	0.11461	2665	2778	4.3	3084	15.7
5	1.82	925	45.9	0.12099	2430	2639	8.6	2903	19.4
6	1.97	932	52.3	0.11288	2101	2066	-1.7	2300	9.4

表 6-3 理论轧制力与实测轧制力的对比

道次序号	v_R/m·s^{-1}	t/℃	ΔT_d/℃	$\varepsilon=\ln\left(\dfrac{h_i}{h_f}\right)$	实测 F/kN	计算 F_p/kN	误差 ΔF_p/%	计算 F_w/kN	误差 ΔF_w/%
2	1.64	945	32.8	0.09577	43607	41102	-5.7	47076	7.9
3	1.66	933	36.9	0.10312	44006	42770	-2.8	48322	9.8
4	1.68	923	40.4	0.11461	43172	44999	4.2	49961	15.7
5	1.82	925	45.9	0.12099	42269	45895	8.6	50486	19.4
6	1.97	932	52.3	0.11288	39061	38404	-1.7	42745	9.4

表 6-4 给出了摩擦功率占总功率的比例。可以看出，与内部变形功率和剪切功率相比，各道次摩擦功率所占比例较小，均小于 5%。因此，摩擦因子 m 对轧制力的影响不大。还可看出，各道次的变形渗透率在 80% 以上，说明在厚度方向靠近中心有较大比例的轧件不发生塑性变形。

表 6-4 各功率的计算值及其占比

道次序号	ψ_p/%	N_d	N_f	N_s	Φ	$\dfrac{\vert N_f\vert}{\Phi}$/%
2	80.1	12.05	-0.59	3.36	14.82	3.98
3	82.2	12.72	-0.61	3.25	15.36	3.97
4	85.0	13.96	-0.67	3.21	16.50	4.06
5	86.5	14.58	-0.69	3.07	16.97	4.07
6	84.6	12.39	-0.57	2.55	14.36	3.97

图 6-12 所示为辊速与变形渗透率对轧制力的影响，展示轧制力 F_p、辊速 v 与变形渗透率 ψ_p 的关系。显然，轧制力随轧制速度和变形渗透率的增加而增大，二者近似呈线性关系。变形渗透率对轧制力有较大的影响。因此，在厚板轧制过程中引入变形渗透率对保证计算精度具有重要意义。

图 6-13 所示为摩擦因子与压下率对中性点位置的影响，显示了中性点位置 X_n/l、摩擦系数 m 和道次压下率 ε（真应变）的关系。可以看出，随着摩擦因子的减小或道次压下率的增加，中性点会向出口移动。当 $m\leqslant0.5$ 时，摩擦因子或道次压下率的微小变换会导致中点位置的较大变化，因此在该摩擦范围内的轧制过程将不稳定。

图 6-14 给出了应力状态系数 n_σ、形状因子 $l/(2h_m)$ 和摩擦因子 m 之间的关系。应力状态系数随着形状因子的增大而减小。虽然在 $m=1$ 时得到最小值，但摩擦因子对总功率的影响很小，说明摩擦功率在总功率中所占的比例很小。这一结果与表 6-4 中摩擦功率占比的结果一致。

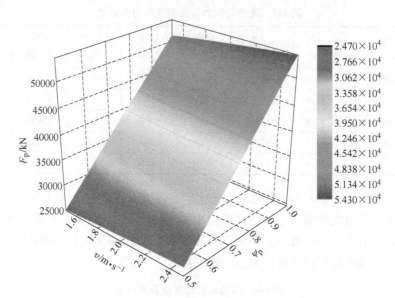

图 6-12　辊速与变形渗透率对轧制力的影响

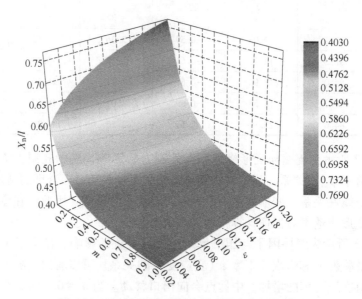

图 6-13　摩擦因子与压下率对中性点位置的影响

图 6-15 所示为厚径比与压下率对轧制力的影响,给出了轧制力 F_p、厚径比 h_0/R 以及道次压下率 ε 之间的关系。可以看出,随着道次压下率的增加和厚径比的增大,轧制力也随之增大,这意味着要完成厚板的变形过程需要更大的轧制力。

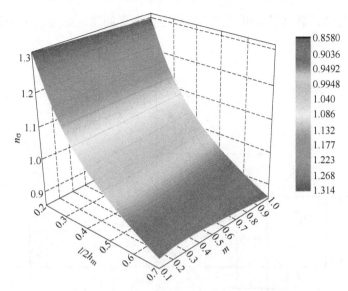

图 6-14　几何形状因子与摩擦因子对应力状态系数的影响

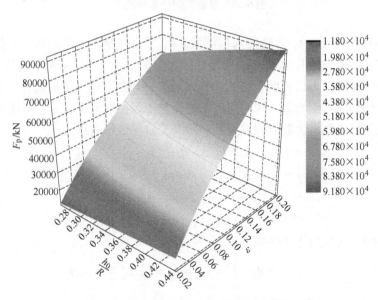

图 6-15　厚径比与压下率对轧制力的影响

6.3　IM 准则解析厚板轧制力

6.3.1　椭圆速度场

对于厚板轧制, 当轧板宽度 b 与其厚度 h 的比值大于 10 时, 宽度方向的金属流动可以忽略，轧制过程可以视为二维平面变形问题，如图 6-16 所示[7]。

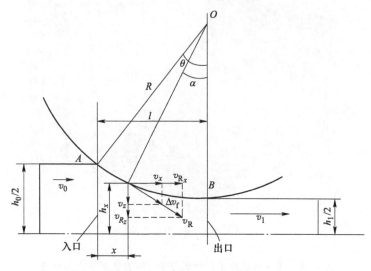

图 6-16　厚板轧制变形示意图

如图 6-16 所示，h_0 为轧件入口厚度，h_1 为出口厚度，R 为轧辊半径，O 点为轧辊中心，v_0 为入口速度，v_1 为出口速度，θ 为接触角，α 为中性角，x 为中性点位置距变形区入口长度，h_x 为中性点处轧件厚度。中性点处轧件切向速度与此处轧辊的切向速度相等，切向速度不连续量与摩擦功均为零。根据图中的几何关系，接触弧方程、参数方程以及其一阶及二阶导数可表示为

$$\left.\begin{array}{l} z = h_x = R + h_1 - \left[R - (l - x)^2 \right]^{1/2} \\ z = h_\alpha = R + h_1 - R\cos\alpha \end{array}\right\} \tag{6-60}$$

$$l - x = R\sin\alpha, \mathrm{d}x = -R\cos\alpha\,\mathrm{d}\alpha \tag{6-61}$$

$$h_x' = -\tan\alpha, h_x'' = (R\cos^3\alpha)^{-1} \tag{6-62}$$

由式（6-60）可知边界条件如下

$$\left.\begin{array}{l} x = 0, \alpha = \theta: \quad h_x = h_\alpha = h_\theta = h_0, h_x' = -\tan\theta \\ x = l, \alpha = \theta: \quad h_x = h_\alpha = h_1, h_x' = 0 \end{array}\right\} \tag{6-63}$$

对于展宽轧制，由于 $l/h \leqslant 1$、$b/h \geqslant 10$，入口至出口的宽度函数 b_x 可看作常数，因此

$$y = b_x = b_1 = b_0 = b \tag{6-64}$$

本文假定轧制时金属流动水平速度分量从入口到出口按椭圆曲线分布，则可提出如下二维速度场：

$$
\left.\begin{array}{l}
v_x = v_0 \sqrt{1 + \dfrac{(v_1^2 - v_0^2)x^2}{l^2 v_0^2}} \\[3mm]
v_y = 0 \\[3mm]
v_z = v_x \tan\alpha = v_x \dfrac{h'_x}{h_x}z = v_0 \sqrt{1 + \dfrac{(v_1^2 - v_0^2)x^2}{l^2 v_0^2}} \cdot \dfrac{h'_x}{h_x}z
\end{array}\right\}
\tag{6-65}
$$

这一速度场既考虑了轧件宽向速度为 0 的特点，又考虑了水平速度分量逐渐增大的特点。根据体积不变条件 $v_0 h_0 b = v_1 h_1 b$，故可令 $h_0/h_1 = \eta$，即 $v_1 = \eta v_0$。因此，该速度场可以简写成如下形式：

$$
\left.\begin{array}{l}
v_x = v_0 \sqrt{1 + (\eta^2 - 1)\dfrac{x^2}{l^2}} \\[3mm]
v_y = 0 \\[3mm]
v_z = v_0 \sqrt{1 + (\eta^2 - 1)\dfrac{x^2}{l^2} \cdot \dfrac{h'_x}{h_x}z}
\end{array}\right\}
\tag{6-66}
$$

式中，v_x、v_y、v_z 为轧制方向、展宽方向以及压下方向的速度分量。

根据几何方程，可得

$$
\left.\begin{array}{l}
\dot\varepsilon_x = \dfrac{\mathrm{d}v_x}{\mathrm{d}x} = \dfrac{v_0(\eta^2 - 1)x}{l^2 \sqrt{1 + (\eta^2 - 1)\dfrac{x^2}{l^2}}} = \dot\varepsilon_{max} \\[5mm]
\dot\varepsilon_y = 0 \\[5mm]
\dot\varepsilon_z = -\dot\varepsilon_{max} = -\dfrac{v_0(\eta^2 - 1)x}{l^2 \sqrt{1 + (\eta^2 - 1)\dfrac{x^2}{l^2}}} = \dot\varepsilon_{min}
\end{array}\right\}
\tag{6-67}
$$

式中，$\dot\varepsilon_x$，$\dot\varepsilon_y$，$\dot\varepsilon_z$ 分别是轧制方向、展宽方向以及压下方向的应变速率分量。另外，变形区秒流量可以写成

$$
U = v_x h_x b = v_n h_n b = v_R \cos\alpha_n b(R + h_1 - R\cos\alpha_n) = v_1 h_1 b
\tag{6-68}
$$

在式 (6-67) 和式 (6-68) 中，由于 $\dot\varepsilon_x + \dot\varepsilon_z = 0$；$x = 0$，$v_x = 0$；$x = l$，$v_x = v_1$；$z = 0$，$v_z = 0$；$z = h_x$，$v_z = -v_x \tan\alpha$，因此该二维速度场满足运动许可条件，可以用于轧制能量分析。

6.3.2　内部变形功率

代入式 (5-177) 表示的 IM 屈服准则比能率至下式，可得轧制时内部变形功率为

$$N_d = 4 \int_0^l \int_0^{h_x} 0.591 \sigma_s (\dot{\varepsilon}_{max} - \dot{\varepsilon}_{min}) b \mathrm{d}x \mathrm{d}z$$

$$= 4b \int_0^l \int_0^{h_x} 0.591 \sigma_s \cdot 2\dot{\varepsilon}_{max} \mathrm{d}x \mathrm{d}z$$

$$= 4.731 \sigma_s b \int_0^l \int_0^{h_x} \frac{v_0 (\eta^2 - 1) x}{l^2 \sqrt{1 + (\eta^2 - 1) \dfrac{x^2}{l^2}}} \mathrm{d}x \mathrm{d}z$$

$$= 4.731 \sigma_s b \int_0^l \frac{(\eta^2 - 1) x}{l^2 v_x^2} h_x v_x \mathrm{d}x$$

$$= 4.731 \sigma_s U \cdot \ln\eta \tag{6-69}$$

6.3.3　摩擦功率

根据轧辊辊面方程 $\mathrm{d}F = \sqrt{1 + (h_x')^2} \mathrm{d}x \mathrm{d}y$ 与式（6-65），可得轧辊与轧件接触面上消耗的摩擦功率为

$$N_f = 4mkb \int_0^l \Delta v_f \sqrt{1 + (h_x')^2} \mathrm{d}x \tag{6-70}$$

$$\Delta v_f = v_x \sqrt{1 + (h_x')^2} - v_R = v_x \sec\alpha - v_R \tag{6-71}$$

式中，Δv_f 为速度不连续量；剪切屈服强度 $k = \sigma_s / \sqrt{3}$。

式（6-70）可写成共线矢量内积形式，即

$$N_f = 4 \int_0^l \tau_f \cdot \Delta v_f \mathrm{d}F$$

$$= 4 \int_0^l (\tau_{fx} \cdot \Delta v_x + \tau_{fz} \cdot \Delta v_z) \sqrt{1 + (h_x')^2} b \mathrm{d}x$$

$$= 4mkb \int_0^l (\Delta v_x \cos\alpha + \Delta v_z \cos\gamma) \sec\alpha \mathrm{d}x \tag{6-72}$$

由图 6-16 知，Δv_f 与坐标轴之间的方向余弦分别为

$$\left. \begin{array}{l} \cos\alpha = \pm [R - (l - x)^2]^{1/2} / R \\ \cos\gamma = \pm (l - x) / R = \sin\alpha \\ \cos\beta = 0 \end{array} \right\} \tag{6-73}$$

将式（6-73）代入到式（6-72）中，得

$$N_f = 4mkb \left[\int_0^l \cos\alpha (v_R \cos\alpha - v_x) \sec\alpha \mathrm{d}x + \int_0^l \sin\alpha (v_R \sin\alpha - v_x \tan\alpha) \sec\alpha \mathrm{d}x \right]$$

$$= 4mkb \left[v_R R(\theta - 2a_n) + \frac{UR}{bh_m} \ln \frac{\tan^2 \left(\dfrac{\pi}{4} + \dfrac{a_n}{2} \right)}{\tan \left(\dfrac{\pi}{4} + \dfrac{\theta}{2} \right)} \right] \tag{6-74}$$

6.3.4 剪切功率

由式（6-66）可知，$x=l$，$h'_x = b'_x = 0$；$v_y\mid_{x=l} = v_z\mid_{x=l} = 0$。因此可得

$$\mid \Delta v_z \mid_{x=0} = \mid 0 - \bar{v}_2 \mid_{x=0} = \mid \bar{v}_z \mid_{x=0} = v_0\frac{\bar{h}'_x}{h_x}z = -\frac{v_0\Delta h}{lh_0}z \tag{6-75}$$

由于在出口截面上不消耗剪切功率，因此入口截面上消耗的剪切功率即为总剪切功率

$$
\begin{aligned}
N_s &= 4\int_0^{h_0} k\mid\Delta v_z\mid b\mathrm{d}z \\
&= 4k\int_0^{h_0}\frac{v_0\Delta h}{lh_0}bz\mathrm{d}z \\
&= \frac{2kU\Delta h}{l}
\end{aligned}
\tag{6-76}
$$

6.3.5 总功率泛函及其变分

总功率泛函 Φ 等于

$$\Phi = N_d + N_f + N_s \tag{6-77}$$

因此，将式（6-69）、式（6-74）与式（6-76）相加可得

$$\Phi = 4.731\sigma_s U\cdot\ln\eta + \frac{2kU\Delta h}{l} + 4mkb\left[v_R R(\theta - 2a_n) + \frac{UR}{bh_m}\ln\frac{\tan^2\left(\dfrac{\pi}{4} + \dfrac{a_n}{2}\right)}{\tan\left(\dfrac{\pi}{4} + \dfrac{\theta}{2}\right)}\right] \tag{6-78}$$

由式（6-68）、式（6-69）、式（6-74）与式（6-76），对中性角 α_n 求导可得

$$\frac{\mathrm{d}U}{\mathrm{d}\alpha_n} = v_x h_x b = v_n h_n b = v_R bR\sin 2\alpha_n - v_R b(R + h_1)\sin\alpha_n = N \tag{6-79}$$

$$\frac{\mathrm{d}N_d}{\mathrm{d}\alpha_n} = 4.731\sigma_s N\cdot\ln\eta \tag{6-80}$$

$$\frac{\mathrm{d}N_f}{\mathrm{d}\alpha_n} = 4mk\left[\frac{NR}{h_m}\ln\frac{\tan^2\left(\dfrac{\pi}{4} + \dfrac{a_n}{2}\right)}{\tan\left(\dfrac{\pi}{4} + \dfrac{\theta}{2}\right)} + \frac{2UR}{h_m\cos a_n} - 2v_R bR\right] \tag{6-81}$$

$$\frac{\mathrm{d}N_s}{\mathrm{d}\alpha_n} = \frac{2kN\Delta h}{l} \tag{6-82}$$

因此，对于总功率有

$$\frac{\mathrm{d}\Phi}{\mathrm{d}\alpha_n} = \frac{\mathrm{d}N_d}{\mathrm{d}\alpha_n} + \frac{\mathrm{d}N_f}{\mathrm{d}\alpha_n} + \frac{\mathrm{d}N_s}{\mathrm{d}\alpha_n} \tag{6-83}$$

求解上式可得摩擦因子 m 的理论表达式为

$$m = \frac{N\left(4.731\sigma_s\ln\eta + \frac{2k\Delta h}{l}\right)}{4k\left[\frac{NR}{h_m}\ln\frac{\tan^2\left(\frac{\pi}{4} + \frac{a_n}{2}\right)}{\tan\left(\frac{\pi}{4} + \frac{\theta}{2}\right)} + \frac{2UR}{h_m\cos a_n} - 2v_R bR\right]} \tag{6-84}$$

将式（6-83）确定的 α_n 及式（6-84）确定的 m 代入到下式可得轧制力矩、轧制力和应力状态系数解析解：

$$\left.\begin{aligned} M_{\min} &= \frac{R}{2v_R}\Phi_{\min} \\ F_{\min} &= \frac{M_{\min}}{\chi\sqrt{2R\Delta h}} \\ n_\sigma &= \frac{F_{\min}}{4blk} \end{aligned}\right\} \tag{6-85}$$

式中，力臂参数 χ 可以参考文献［8］，一般对于热轧大约为 0.5，冷轧大约为 0.45。

6.3.6　实验验证与分析讨论

在国内某厂开展了现场轧制实验。轧机的工作直径为 1120mm，连铸坯的尺寸为 219mm×3200mm×2290mm。从第 1 道次至第 5 道次由于轧件宽厚比大于 10，所以这些轧制道次的轧件宽度不变，满足平面变形条件。第 1~5 道次的轧制速度分别为 2.29m/s，2.45m/s，2.57m/s，2.75m/s 和 2.91m/s；力臂系数 χ 分别取 0.62，0.63，0.61，0.66 和 0.63；相应的轧制温度分别为 919℃、911℃、903℃、896℃和 890℃。每道次轧件的出口厚度以及每道次轧制力可以在线实测。材料为 Q345R 钢，其变形抗力模型为[9]

$$\left.\begin{aligned} \sigma_s &= 3583.195\mathrm{e}^{-2.233\times10^{-3}T} \cdot \varepsilon^{0.42437} \cdot \dot{\varepsilon}^{-0.3486\times10^{-3}T+0.46339} \\ T &= t + 273 \end{aligned}\right\} \tag{6-86}$$

式中，ε 为等效应变；$\dot{\varepsilon}$ 为等效应变速率；t 为轧制温度；T 为开尔文温度。

上述道次的轧制力矩和轧制力可由公式（6-85）计算。解析计算结果与实测结果如表 6-5 所示。

表 6-5 解析轧制力、力矩与实测结果比较

道次序号	v_R /m·s⁻¹	T /℃	h_0 /mm	h_1 /mm	实测轧制力 F_M/kN	解析轧制力 F_A/kN	相对误差 $\Delta_1 = \dfrac{F_A - F_M}{F_M}$ /%	实测轧制力矩 M_M /kN·m	解析轧制力矩 M_A /kN·m	相对误差 $\Delta_2 = \dfrac{M_A - M_M}{M_M}$ /%
1	2.29	919	219	195	26570	26217	−1.3	1922	1823	−5.1
2	2.45	911	195	171	27560	27721	0.58	2003	1928	−3.7
3	2.57	903	171	150	26140	26364	0.86	1722	1715	−0.4
4	2.75	896	150	134	23600	22343	−5.3	1471	1270	−13.7
5	2.91	890	134	120	21670	21160	−2.4	1213	1124	−7.3

在表 6-5 中，Δ_1 为实测轧制力 F_M 与由本文速度场计算的解析轧制力 F_A 的相对误差，最大误差为 5.3%；Δ_2 为实测轧制力矩 M_M 与由本文速度场计算的解析轧制力矩 M_A 的相对误差，平均误差为 6.04%，仅有一组误差为 13.7%。以上的各误差均小于工程允许的 15% 要求，具有较好的预测精度，能够为工艺优化提供理论指导。

图 6-17 表示了中性点位置 X_n/l 与摩擦因子 m 以及压下率 ε（真应变）之间的关系。如图所示，随着 m 的增加，中性点位置逐渐向入口处移动，但随 ε 的增加，中性点向出口移动。

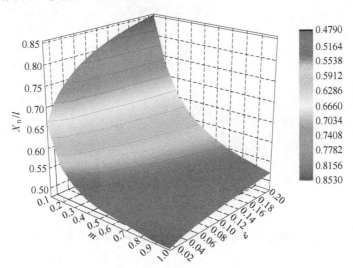

图 6-17 中性点位置与摩擦因子以及压下率的关系

图 6-18 表示了应力状态系数 n_σ 与形状因子 $l/2h_m$ 以及摩擦因子 m 之间的关系。可以看出，随着形状因子的增加，n_σ 有明显减小。而摩擦因子 m 对 n_σ 的影响较小，说明摩擦功率对总功率的影响很小。

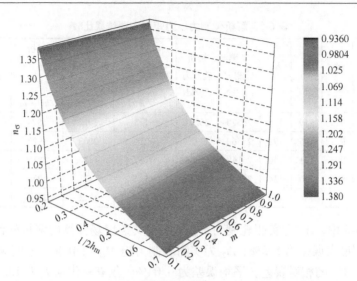

图 6-18　应力状态系数与形状因子以及摩擦因子的关系

　　图 6-19 表示了解析轧制力 F_A 与厚径比 h_0/R 以及压下率 ε 之间的关系。可以看出，轧制力随着压下率的增加以及厚径比的增加而增加。

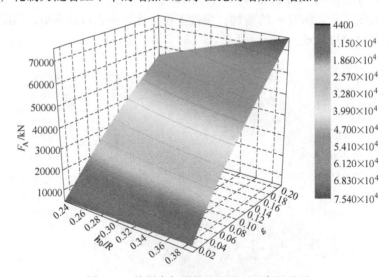

图 6-19　轧制力与厚径比以及压下率的关系

6.4　MY 准则解析缺陷压合

6.4.1　中心缺陷速度场

　　对于特厚板轧制，因为形状因子 $l/h \leqslant 1$ 且宽高比 $b/h \gg 10$，满足平面应变条件，宽展可以忽略。初始厚度为 $2h_0$ 的板坯通过轧辊轧制到厚度 $2h_1$。在实际生产中，铸坯中存在各种缺陷形状，如矩形、圆形、椭圆形等。在本专著中，假设缺陷为矩形，初始尺寸为长 λ、半宽 δ。考虑对称问题，仅取变形区的 1/4 进行研究，其中直角坐标系的原点位于板坯入口截面，如图 6-20 所示[10]。

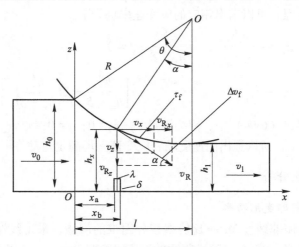

图 6-20 轧制变形区

考虑到轧辊为刚性辊而不考虑弹性压扁。从图 6-20 所示的几何关系，板坯厚度、接触弧、板坯厚度的一、二阶导数分别为

$$z = h_x = R + h_1 - \left[R^2 - (l - x)^2 \right]^{1/2} \\ z = h_\alpha = R + h_1 - R\cos\alpha \Bigg\}$$ (6-87)

$$l - x = R\sin\alpha, \mathrm{d}x = - R\cos\alpha \mathrm{d}\alpha$$ (6-88)

$$h'_x = - \tan\alpha, h''_x = (R\cos^3\alpha)^{-1}$$ (6-89)

式中，R 为轧辊半径。

根据图 6-20，轧制几何边界条件如下：

$$x = 0, \alpha = \theta, h_x = h_\alpha = h_\theta = h_0; h'_x = - \tan\theta$$

$$x = l, \alpha = 0, h_x = h_\alpha = h_1; h'_x = 0$$ (6-90)

对于特厚板轧制，考虑到 $l/h < 1$，$b/h \gg 10$ 宽展函数 b_x 可以简化为

$$y = b_x = b_1 = b_0 = b$$ (6-91)

在功率计算之前，一个至关重要的步骤是设定一个合理的运动许可速度场。无缺陷的二维轧制速度场可以数学表述为

$$v_x = \frac{U}{h_x b}, \quad v_z = v_x \frac{h'_x}{h_x} z, \quad v_y = 0$$ (6-92)

式中，$U = v_x h_x b = v_R \cos\alpha_n b (R + h_1 - R\cos\alpha_n) = v_1 h_1 b$ 为变形区秒体积流量。

根据秒体积流量相等的原理，可以设定如下包含半高缺陷尺寸的速度场

如下：

$$v_x = \frac{U}{(h_x - \delta)b}, \quad v_z = v_x \frac{h_x'}{h_x - \delta}(z - \delta), \quad v_y = 0 \tag{6-93}$$

其中，秒体积流量改写成 $U = v_x(h_x - \delta)/b = v_R\cos\alpha_n(R + h_1 - \delta - R\cos\alpha_n)b$。

根据几何方程，可以求出相应的应变速率场如下：

$$\left.\begin{array}{l} \dot\varepsilon_x = -\dfrac{v_x h_x'}{h_x - \delta}, \dot\varepsilon_z = \dfrac{v_x h_x'}{h_x - \delta}, \dot\varepsilon_y = 0 \\[3mm] \dot\varepsilon_{xy} = \dot\varepsilon_{yz} = 0, \dot\varepsilon_{xz} = \dfrac{(z - \delta)v_x}{z}\left[\dfrac{h_x''}{h_x - \delta} - 2\left(\dfrac{h_x'}{h_x - \delta}\right)^2\right] \end{array}\right\} \tag{6-94}$$

在式（6-93）和式（6-94）中，因为满足 $\dot\varepsilon_x + \dot\varepsilon_z = 0$；$x = 0$；$v_x = v_0$；$x = l$，$v_x = v_1$；$z = h_x$，$v_z = -v_x\tan\alpha$，所以提出的速度场和应变速率场满足运动许可条件。

6.4.2　能率泛函分析

6.4.2.1　内部变形功率

这里为了克服非线性 Mises 比能率积分困难的问题，采用线性的 MY 比能率分析内部变形功率。式（5-127）表达的 MY 比能率是 σ_s，$\dot\varepsilon_{\max}$ 以及 $\dot\varepsilon_{\min}$ 的线性函数，表达式如下：

$$D(\dot\varepsilon_{ij}) = \frac{4}{7}\sigma_s(\dot\varepsilon_{\max} - \dot\varepsilon_{\min}) \tag{6-95}$$

注意到 $\dot\varepsilon_x = \dot\varepsilon_{\max}$，$\dot\varepsilon_z = \dot\varepsilon_{\min}$ 并代入下式可得

$$N_d = \int_V D(\dot\varepsilon_{ij})\mathrm{d}V = 4\int_0^{x_a}\int_0^b\int_0^{h_x}\frac{4}{7}\sigma_s(\dot\varepsilon_{\max} - \dot\varepsilon_{\min})\mathrm{d}x\mathrm{d}y\mathrm{d}z + 4\int_{x_a}^{x_b}\int_0^b\int_\delta^{h_x}\frac{4}{7}\cdot$$

$$\sigma_s(\dot\varepsilon_{\max} - \dot\varepsilon_{\min})\mathrm{d}x\mathrm{d}y\mathrm{d}z + 4\int_{x_b}^l\int_0^b\int_0^{h_x}\frac{4}{7}\sigma_s(\dot\varepsilon_{\max} - \dot\varepsilon_{\min})\mathrm{d}x\mathrm{d}y\mathrm{d}z = N_d^{I} + N_d^{II} + N_d^{III}$$

$$= \frac{32\sigma_s U}{7}\left[\ln\frac{h_0 - \delta}{h_1 - \delta} - \frac{\delta}{h_0 - \delta} + \frac{\delta}{h_a - \delta} - \frac{\delta}{h_b - \delta} + \frac{\delta}{h_1 - \delta}\right] \tag{6-96}$$

式中，h_a 和 h_b 分别为 x_a，x_b 位置的半厚。分量 N_d^{I}，N_d^{II}，N_d^{III} 分别为

$$N_d^{I} = 4\int_0^{x_a}\int_0^b\int_0^{h_x}\frac{4}{7}\sigma_s(\dot\varepsilon_{\max} - \dot\varepsilon_{\min})\mathrm{d}x\mathrm{d}y\mathrm{d}z = \frac{33}{7}U\sigma_s\left(\ln\frac{h_0 - \delta}{h_a - \delta} - \frac{\delta}{h_0 - \delta} + \frac{\delta}{h_a - \delta}\right)$$

$$N_d^{II} = 4\int_{x_a}^{x_b}\int_0^b\int_0^{h_x}\frac{4}{7}\sigma_s(\dot\varepsilon_{\max} - \dot\varepsilon_{\min})\mathrm{d}x\mathrm{d}y\mathrm{d}z = \frac{32}{7}\sigma_s U\ln\frac{h_a - \delta}{h_b - \delta}$$

$$N_d^{III} = 4\int_{x_b}^{l_0}\int_0^b\int_0^{h_x}\frac{4}{7}\sigma_s(\dot\varepsilon_{\max} - \dot\varepsilon_{\min})\mathrm{d}x\mathrm{d}y\mathrm{d}z = \frac{32\sigma_s U}{7}\left(\ln\frac{h_b - \delta}{h_1 - \delta} - \frac{\delta}{h_b - \delta} + \frac{\delta}{h_1 - \delta}\right)$$

考虑到缺陷压合主要受缺陷厚向尺寸的影响，因此可假设 $\lambda \approx 0$（或 $h_a \approx h_b$），于是内部变形功率为

$$N_{\mathrm{d}} = \frac{32\sigma_{\mathrm{s}}U}{7}\left[\ln\frac{h_0 - \delta}{h_1 - \delta} - \frac{\delta}{h_0 - \delta} + \frac{\delta}{h_1 - \delta}\right]$$

$$= \frac{32\sigma_{\mathrm{s}}U}{7}\left[\ln\frac{h_0 - \delta}{h_1 - \delta} + \frac{\delta\Delta h}{(h_0 - \delta)(h_1 - \delta)}\right] \tag{6-97}$$

式中，$\Delta h = h_0 - h_1$ 为绝对压下量。

6.4.2.2 剪切变形功率

由式（6-93）可知，$x = l$，$h'_x = b'_x = 0$；$v_y|_{x=l} = v_z|_{x=l} = 0$。因此，出口截面不消耗剪切功率，但入口截面有

$$|\Delta v_z|_{x=0} = |0 - v_z|_{x=0} = -v_z|_{x=0} = v_0\frac{\tan\theta}{h_0 - \delta}(z - \delta) \tag{6-98}$$

总剪切功率 N_{s} 等于入口截面功率，可以按下式计算

$$N_{\mathrm{s}} = 4\int_0^{h_0} k\,|\Delta v_z|\,b\mathrm{d}z = 4k\int_0^{h_0} v_0\frac{\tan\theta}{h_0 - \delta}(z - \delta)b\mathrm{d}z = \frac{2kU\tan\theta(h_0^2 - 2h_0\delta)}{(h_0 - \delta)^2}$$

$$= 2k\tan\theta Uf_2 \tag{6-99}$$

对于一个无缺陷的板坯，接触弧可以表示为

$$\tan\theta = \frac{\Delta h}{l_0} \tag{6-100}$$

由于缺陷的引入，接触弧长发生变化，受影响的接触弧可以由无缺陷时的接触弧长表示为

$$l = \sqrt{\frac{\Delta h}{\Delta h - \delta}}\,l_0 \tag{6-101}$$

根据式（6-99）和式（6-100）可得

$$\tan\theta = \frac{\Delta h}{l}\sqrt{\frac{\Delta h}{\Delta h - \delta}} \tag{6-102}$$

因此，剪切功率为

$$N_{\mathrm{s}} = \frac{2k\Delta hUf_2}{l}\sqrt{\frac{\Delta h}{\Delta h - \delta}} \tag{6-103}$$

式中，θ 为咬入角；$k = \sigma_{\mathrm{s}}/\sqrt{3}$ 为屈服剪切强度。

6.4.2.3 摩擦功率

轧辊与轧件接触上消耗的剪切功率可以表示为

$$N_{\mathrm{f}} = \frac{4\sigma_{\mathrm{s}}mb}{\sqrt{3}}\int_0^l \Delta v_{\mathrm{f}}\sqrt{1 + h_x'^2}\,\mathrm{d}x \tag{6-104}$$

式中，$\Delta v_{\mathrm{f}} = v_{\mathrm{R}} - v_x\sqrt{1 + h_x'^2} = v_{\mathrm{R}} - v_x\sec\alpha$ 为速度不连续量。

辊面方程为

$$z = h_x = R + h_1 - \left[R^2 - (l - x)^2 \right]^{1/2}, \mathrm{d}F = \sqrt{1 + (h_x')^2}\, b\mathrm{d}x = b\sec\alpha$$

(6-105)

摩擦功率的共线矢量内积形式为

$$N_f = 4\int_0^l \boldsymbol{\tau}_f \cdot \Delta\boldsymbol{v}_f \mathrm{d}F = 4\int_0^l (\tau_{fx}\Delta v_x + \tau_{fx}\Delta v_z)\sqrt{1 + (h_x')^2}\, b\mathrm{d}x$$

$$= 4mkb\int_0^l (\Delta v_x \cos\alpha + \Delta v_z \cos\gamma)\sec\alpha \mathrm{d}x$$

(6-106)

在图 6-20 中，速度不连续量 $\Delta\boldsymbol{v}_f$ 与摩擦剪应力 $\tau_f = mk$ 之间的方向余弦为

$$\cos\alpha = \pm\sqrt{R^2 - (l - x)^2}/R, \cos\gamma = \pm(l - x)/R = \sin\alpha, \cos\beta = 0 \quad (6\text{-}107)$$

代入式（6-107）至式（6-106）可得

$$N_f = 4mkb\left[\int_0^l \cos\alpha(v_R\cos\alpha - v_x)\sec\alpha \mathrm{d}x + \int_0^l \sin\alpha(v_R\sin\alpha - v_x\tan\alpha)\sec\alpha \mathrm{d}x \right]$$

$$= 4mkb(I_1 + I_2)$$

$$= 4mkb\left[v_R R(\theta - 2\alpha_n) + \frac{UR}{b(h_m - \delta)}\ln\frac{\tan^2\left(\dfrac{\pi}{4} + \dfrac{\alpha_n}{2}\right)}{\tan\left(\dfrac{\pi}{4} + \dfrac{\theta}{2}\right)} \right]$$

(6-108)

其中，

$$I_1 = \int_0^l (v_R\cos\alpha - v_x)\mathrm{d}x = \int_0^{x_n} (v_R\cos\alpha - v_x)\mathrm{d}x - \int_{x_n}^l (v_R\cos\alpha - v_x)\mathrm{d}x$$

$$= v_R R\left(\frac{\theta}{2} - \alpha_n + \frac{\sin2\theta}{4} - \frac{\sin2\alpha_n}{2} \right) + \frac{U(l - 2x_n)}{b(h_m - \delta)}$$

$$I_2 = \int_0^{x_n} (v_R\sin\alpha - v_x\tan\alpha)\tan\alpha \mathrm{d}x - \int_{x_n}^l (v_R\sin\alpha - v_x\tan\alpha)\tan\alpha \mathrm{d}x$$

$$= v_R R\left(\frac{\theta}{2} - \alpha_n + \frac{\sin2\alpha_n}{2} - \frac{\sin2\theta}{4} \right) + \frac{UR}{bh_m} \cdot$$

$$\left[2\ln\tan\left(\frac{\pi}{4} + \frac{\alpha_n}{2} \right) - \ln\tan\left(\frac{\pi}{4} + \frac{\theta}{2} \right) \right] + \frac{U(2x_n - l)}{bh_m}$$

α_n 和 x_n 表示中性点处的角度与位置。

6.4.2.4　总功率泛函及其最小化

总功率泛函的表达式为

$$\Phi = N_d + N_f + N_s$$

(6-109)

代入式（6-97）、式（6-103）及式（6-108）可得总功率泛函为

$$\Phi = \frac{32}{7}U\sigma_s\left[\ln\frac{h_0 - \delta}{h_1 - \delta} + \frac{\delta\Delta h}{(h_0 - \delta)(h_1 - \delta)} \right] + \frac{2kU\Delta h}{l}\sqrt{\frac{\Delta h}{\Delta h - \delta}}\frac{h_0^2 - 2h_0\delta}{(h_0 - \delta)^2} +$$

$$4m\frac{\sigma_s}{\sqrt{3}}\left[bv_RR(\theta-2\alpha_n)+\frac{UR}{h_m-\delta}\ln\frac{\tan^2\left(\frac{\pi}{4}+\frac{\alpha_n}{2}\right)}{\tan\left(\frac{\pi}{4}+\frac{\theta}{2}\right)}\right] \tag{6-110}$$

式中，v_R 为轧辊圆周速度。

由式（6-97）、式（6-103）以及式（6-108）可得

$$\frac{\partial N_d}{\partial\alpha_n}=\frac{32}{7}N\sigma_s\left[\ln\frac{h_0-\delta}{h_1-\delta}+\frac{\delta\Delta h}{(h_0-\delta)(h_1-\delta)}\right]=\frac{32}{7}N\sigma_s f_1 \tag{6-111}$$

$$\frac{\partial N_s}{\partial\alpha_n}=\frac{2N\sigma_s\Delta h}{\sqrt{3}\,l}\sqrt{\frac{\Delta h}{\Delta h-\delta}}f_2 \tag{6-112}$$

$$\frac{\partial N_f}{\partial\alpha_n}=\frac{4m\sigma_s}{\sqrt{3}}\left[\frac{2UR}{(h_m-\delta)\cos\alpha_n}-2v_RbR+\frac{NR}{h_m-\delta}\ln\frac{\tan^2\left(\frac{\pi}{4}+\frac{\alpha_n}{2}\right)}{\tan\left(\frac{\pi}{4}+\frac{\theta}{2}\right)}\right] \tag{6-113}$$

式中，$N=\partial U/\partial\alpha_n=v_RbR\sin2\alpha_n-v_Rb(R+h_1-\delta)\sin\alpha_n$。

式（6-110）对中性点 α_n 求导可得

$$\frac{\mathrm{d}\Phi}{\mathrm{d}\alpha_n}=\frac{\partial N_d}{\partial\alpha_n}+\frac{\partial N_s}{\partial\alpha_n}+\frac{\partial N_f}{\partial\alpha_n}=0 \tag{6-114}$$

代入式（6-111）~式（6-113）至式（6-114）可得摩擦因子 m 为

$$m=\frac{16\sqrt{3}Nlf_1+7N\Delta h\sqrt{\dfrac{\Delta h}{\Delta h-\delta}}f_2}{28l\left[v_RbR-\dfrac{UR}{(h_m-\delta)\cos\alpha_n}-\dfrac{NR}{2(h_m-\delta)}\ln\dfrac{\tan^2\left(\frac{\pi}{4}+\frac{\alpha_n}{2}\right)}{\tan\left(\frac{\pi}{4}+\frac{\theta}{2}\right)}\right]} \tag{6-115}$$

由式（6-115）可见，摩擦因子是压下量、轧制速度、轧辊半径、板宽、板厚以及中性角的函数。将式（6-115）代入式（6-110）可得轧制功率泛函极值为 $\Phi_{\min}$。于是，轧制力矩、轧制力以及应力状态系数可以表示为

$$M_{\min}=\frac{R}{2v_R}\Phi_{\min},\ F_{\min}=\frac{M_{\min}}{\chi\cdot\sqrt{2R\Delta h}},\ n_\sigma=\frac{F_{\min}}{4blk} \tag{6-116}$$

式中，χ 为力臂系数，一般热轧时取 0.5，冷轧时取 0.45。

6.4.2.5　缺陷压合判据

当缺陷趋于压合时，应力状态系数取得极值。因此，矩形缺陷压合的临界力学条件可以数学表示为

$$\frac{\partial n_\sigma}{\partial \delta}\bigg|_{\delta \to 0} = \frac{\partial \phi_{min}}{\partial \delta}\bigg|_{\delta \to 0} = \frac{\partial N_d^{min}}{\partial \delta}\bigg|_{\delta \to 0} + \frac{\partial N_s^{min}}{\partial \delta}\bigg|_{\delta \to 0} + \frac{\partial N_f^{min}}{\partial \delta}\bigg|_{\delta \to 0} = 0 \quad (6\text{-}117)$$

由式（6-97）、式（6-103）以及式（6-108）可得

$$\left. \begin{aligned} \frac{\partial N_d^{min}}{\partial \delta}\bigg|_{\delta \to 0} &= \frac{32\sigma_s Q}{7}\left(\ln\frac{h_0}{h_1} - \frac{2\Delta h h_{\alpha_n}}{h_0 h_1}\right) \\[2mm] \frac{\partial N_s^{min}}{\partial \delta}\bigg|_{\delta \to 0} &= \frac{2\sigma_s Q \Delta h}{\sqrt{3}\, l}\left(1 + \frac{h_{\alpha_n}}{2\Delta h}\right) \\[2mm] \frac{\partial N_f^{min}}{\partial \delta}\bigg|_{\delta \to 0} &= \frac{4m\sigma_s QR}{\sqrt{3}\, h_m^2}(h_m - h_{\alpha_n})\ln\frac{\tan^2\left(\dfrac{\pi}{4} + \dfrac{\alpha_n}{2}\right)}{\tan\left(\dfrac{\pi}{4} + \dfrac{\theta}{2}\right)} \end{aligned} \right\} \quad (6\text{-}118)$$

其中，$Q = \dfrac{\partial U}{\partial \delta}\bigg|_{\delta = 0} = -v_R\cos\alpha_n b$；$U_0 = U_{\delta=0} = v_R\cos\alpha_n b(R + h_1 - R\cos\alpha_n) = -Qh_{\alpha_n}$。

代入式（6-118）至式（6-117）并且定义总平均厚度为 $h_t = 2h_m$，于是描述变形区几何特征的临界几何形状因子 $\Delta_c = \left(\dfrac{l}{h_t}\right)_c$ 可以表示为

$$\Delta_t = \frac{-7h_m\Delta h\left(1 + \dfrac{h_{\alpha_n}}{2\Delta h}\right)}{32\sqrt{3}h_m^2\left(\ln\dfrac{h_0}{h_1} - \dfrac{2\Delta h h_{\alpha_n}}{h_0 h_1}\right) + 28mR(h_m - h_{\alpha_n})\left\{2\ln\left(\dfrac{\pi}{4} + \dfrac{\alpha_n}{2}\right) - \ln\tan\left[\dfrac{\pi}{4} + \dfrac{\arctan(\Delta h/\sqrt{2R\Delta h})}{2}\right]\right\}}$$

$$(6\text{-}119)$$

式（6-119）表明，临界几何形状因子是初始板厚 h_0、压下量 Δh、轧辊半径 R 以及摩擦因子的函数。并且，还可看出，该临界几何形状因子是随轧制参数动态变化的，而不是一个静态值。这不同于作者早期通过三角形速度场得出的临界静态值 0.518[11]。

根据式（6-119），通过建立实际几何形状因子 $\Delta = \dfrac{l}{h_t}$ 与临界几何形状因子 $\Delta_c = \left(\dfrac{l}{h_t}\right)_c$ 可得如下压合判据

$$\Delta = \frac{l}{h_t} \geqslant \Delta_c = \left(\frac{l}{h_t}\right)_c \quad (6\text{-}120)$$

式（6-120）具有如下物理意义：当轧制参数满足 $\Delta \geqslant \Delta_c$ 时，中心缺陷压合；反之，中心开裂。同时，该判别式也表明，较高的实际几何形状因子有利于缺陷压合。

6.4.3　分析与讨论

图 6-21 给出相对压下率 $r(r=\Delta h/h_0)$ 对实际几何因子 Δ 和临界几何因子 Δ_c 的影响规律。以下轧制参数源于国内某厂，轧辊的直径为 1200mm。在温度 944℃时，初始板坯为 $2h_0=299$mm 在不同的压下率下轧成不同的厚度。轧制速度为 1.64m/s，力臂系数为 0.49。使用的材料为 E355CC 钢，其变形抗力模型为

$$\sigma_s = 6310.7\varepsilon^{0.407}\dot{\varepsilon}^{0.115}\exp(-2.62\times10^{-3}T-0.669\varepsilon) \tag{6-121}$$

式中，ε 为等效应变；$\dot{\varepsilon}$ 为等效应变速率；t 为轧制温度；$T=t+273$ 为相应的热力学温度。

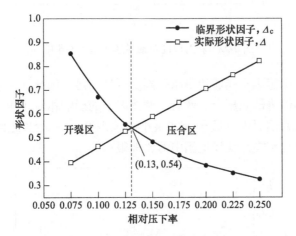

图 6-21　相对压下率对形状因子的影响规律

由图 6-21 可见，实际形状因子和临界形状因子均随着相对压下率动态变化。当相对压下率增加，实际形状因子增加而临界形状因子减少，二者的交点在 $r_c=0.13$。该临界压下率是缺陷得以压合或者开裂的分界值。也就说，当临界压下率大于 0.13 时，缺陷可以压合，反之不压合。增大压下率可以使得压合条件 $\Delta\geqslant\Delta_c$ 更加容易满足。然而，考虑到实际轧机的咬入能力，提高压下率应当不能过大。

图 6-22 给出了在 $m=1$、压下率分别为 $r=0.1$、0.15、0.2 时，临界形状因子与相对厚度 $2h_0/R$ 之间的关系。

图 6-22 中表明，当相对压下率增加，临界形状因子增加，这意味着需要压合缺陷的实际形状因子必须提高。因此，减少初始板坯厚度与增加轧制辊径有利于缺陷压合。

图 6-23 给出了在 $2h_0=299$mm，$\Delta h=0.15$，$R=0.56$ 条件下，摩擦因子对临界形状因子的影响规律。由图 6-23 可见，当摩擦因子增加，临界形状因子减少，

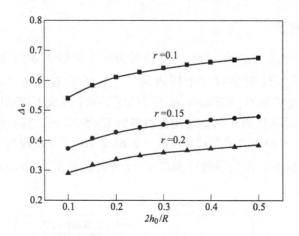

图 6-22　相对厚度对临界形状因子的影响

这意味着较大的摩擦因子能够使得压合判据更易满足。因此，提高轧辊与轧件间的摩擦条件能够促进缺陷压合。然后，摩擦因子的影响相对于压下率的影响来说不是很明显，因为临界形状因子处在狭小的范围 0.48~0.58 之间。其原因是厚板轧制时，摩擦功率在总功率泛函中的比例很小。

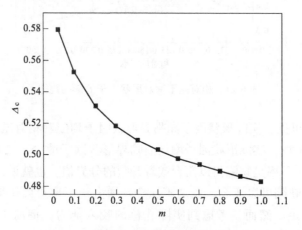

图 6-23　摩擦因子对临界形状因子的影响

　　为了验证该动态判据，将计算结果与 Deng 等人[12] 的模拟结果以及 Zhao 等人[11] 的上界结果进行了对比。同时，140mm 的 Q345 特厚板的轧制工艺参数也在表 6-6 中给出。坯料的尺寸为 320mm×2000mm×3500mm。轧制半径为 $R=0.56$m，板坯从 320mm 轧到 290mm，轧制温度为 1237℃，轧制速度为 1.20m/s。采用了上一节中的变形抗力模型。需要指出的是，基于上界速度场给出的临界形状因子为一静态值 0.518。上界解获得的力学判据为

$$\frac{l}{h_t} \geqslant \left(\frac{l}{h_t}\right)_c = 0.518 \tag{6-122}$$

式中，$h_t = (2h_0 + 2h_1)/2 = h_0 + h_1$ 为总平均板厚。

表 6-6 临界形状因子对比

解法对比	h_0/mm	h_1/mm	R/mm	Δh	r/%	Δ_c
当前	320	277.28	560	42.72	13.35	0.5302
模拟	320	275.5	560	44.5	13.9	0.53
上界	320	277	560	43	13.4	0.518
实际	320	290.11	560	29.99	9.37	0.425

从表 6-6 的对比可以看出，本文结果略高于上界结果，但与模拟结果几乎一致。然而，实际临界形状因子与本文预测的临界因子之间相差达到 19.84%。因此，根据本报告中提出的判据，该道次压下率需要提高至 13.35% 才能保证缺陷被压合。

6.5 WA 准则解析三维锻造

6.5.1 三维锻造数学描述

一个尺寸为 $2L \times 2b_0 \times 2h_0$ 的矩形工件，压缩后厚度为 $2h_1$、变形区长度为 $2l$、最大宽度为 $2b_1$。考虑鼓形影响时，变形区中具体的几何参数如图 6-24 所示。

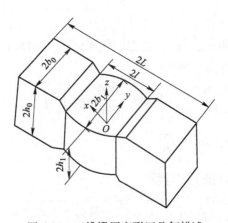

图 6-24 三维锻压变形区几何描述

考虑对称性，仅取变形区的八分之一进行分析。对此镦粗过程，可以建立如下镦粗速度场

$$v_x = \frac{v_0}{h_0}\left[1 - a\left(1 - \frac{x^2}{l^2} + \frac{x^3}{2l^3}\right)\right]x; \quad v_y = a\frac{v_0}{h_0}\left[1 - \frac{3x^2}{l^2} + \frac{2x^3}{l^3}\right]y; \quad v_z = -\frac{v_0}{h_0}z$$

$$(6\text{-}123)$$

其中，待定系数可以按下式确定

$$a = \left(\frac{\Delta b_1}{b_0}\right) \bigg/ \left(\frac{\Delta h}{h_0}\right)$$

根据几何方程，可由式（6-123）导出如下应变速率场为

$$\left.\begin{aligned}
&\dot{\varepsilon}_x = \frac{v_0}{h_0}\left[1 - a\left(1 - \frac{x^2}{l^2} + \frac{x^3}{2l^3}\right)\right]; \dot{\varepsilon}_y = a\frac{v_0}{h_0}\left[1 - \frac{3x^2}{l^2} + \frac{2x^3}{l^3}\right]; \dot{\varepsilon}_z = -\frac{v_0}{h_0} \\
&\dot{\varepsilon}_{xy} = a\frac{v_0}{h_0}\left(-\frac{3x}{l^2} + \frac{3x^2}{l^3}\right)y; \dot{\varepsilon}_{xz} = \dot{\varepsilon}_{zy} = 0
\end{aligned}\right\}$$

$$(6\text{-}124)$$

由式（6-124）可知，式（6-123）表示的速度场满足体积不变条件 $\dot{\varepsilon}_x + \dot{\varepsilon}_y + \dot{\varepsilon}_z = 0$。因为存在非零应变速率 $\dot{\varepsilon}_{xy}$，主应变速率分量可以表示为

$$\left.\begin{aligned}
\dot{\varepsilon}_1 &= \frac{-\dot{\varepsilon}_z + \sqrt{\dot{\varepsilon}_z^2 + 4(\dot{\varepsilon}_y^2 + \dot{\varepsilon}_y\dot{\varepsilon}_z + \dot{\varepsilon}_{xy}^2)}}{2} \\
\dot{\varepsilon}_2 &= \frac{-\dot{\varepsilon}_z - \sqrt{\dot{\varepsilon}_z^2 + 4(\dot{\varepsilon}_y^2 + \dot{\varepsilon}_y\dot{\varepsilon}_z + \dot{\varepsilon}_{xy}^2)}}{2} \\
\dot{\varepsilon}_3 &= \dot{\varepsilon}_z
\end{aligned}\right\}$$

$$(6\text{-}125)$$

6.5.2　锻造力

注意到 $\dot{\varepsilon}_{\max} = \dot{\varepsilon}_1$ 和 $\dot{\varepsilon}_{\min} = \dot{\varepsilon}_3$，将它们代入到式（5-152）表示的 WA 比能率表达式，于是可得内部变形功率为

$$\dot{W}_i^{\text{WA}} = \int_0^{b_0}\int_0^l\int_0^{h_0}D^{\text{WA}}\mathrm{d}x\mathrm{d}y\mathrm{d}z = \frac{1000}{1809}h_0\sigma_s\int_0^{b_0}\int_0^l(\dot{\varepsilon}_{\max} - \dot{\varepsilon}_{\min})\,\mathrm{d}x\mathrm{d}y$$

$$= \frac{500}{603}\sigma_s b_0 l v_0 + \dot{I}_i^{\text{WA}}$$

$$(6\text{-}126)$$

其中，积分项 $\dot{I}_i^{\text{WA}}$ 可以按下式计算

$$\dot{I}_i^{\text{WA}} = \frac{500}{1809}h_0\sigma_s\int_0^{b_0}\int_0^l\sqrt{\dot{\varepsilon}_z^2 + 4(\dot{\varepsilon}_y^2 + \dot{\varepsilon}_y\dot{\varepsilon}_z + \dot{\varepsilon}_{xy}^2)}\,\mathrm{d}x\mathrm{d}y$$

$$= \frac{500}{1809}\sigma_s b_0 l v_0\sqrt{1 + a^2 - 2a + \frac{a^2 b_0^2}{4l^2}}$$

因此，内部变形功率为

$$\dot{W}_{\mathrm{i}}^{\mathrm{WA}} = \sigma_{\mathrm{s}} b_0 l v_0 \left(\frac{500}{603} + \frac{500}{1809} \sqrt{1 + a^2 - 2a + \frac{a^2 b_0^2}{4l^2}} \right) \tag{6-127}$$

根据式（6-123）表示的速度场可知切向速度不连续量为

$$| \Delta v_{\mathrm{f}} | = \sqrt{v_x^2 + v_y^2} = v_x \sqrt{1 + \left(\frac{v_y}{v_x} \right)^2} \tag{6-128}$$

对速度比值应用积分中值定理，可得 $\bar{v}_y / \bar{v}_x$ 为

$$\frac{\bar{v}_y}{\bar{v}_x} = \frac{\dfrac{1}{l b_0} \displaystyle\int_0^l \int_0^{b_0} v_y \mathrm{d}x \mathrm{d}y}{\dfrac{1}{l} \displaystyle\int_0^l v_x \mathrm{d}x} = \frac{5 a b_0}{l(10 - 7a)} \tag{6-129}$$

将式（6-129）代入到（6-128）可得摩擦功率为

$$\dot{W}_{\mathrm{f}} = \int_0^{b_0} \int_0^l \tau_{\mathrm{f}} | \Delta v_{\mathrm{f}} | \mathrm{d}x \mathrm{d}y = mk \int_0^{b_0} \int_0^l \sqrt{1 + \left(\frac{\bar{v}_x}{\bar{v}_y} \right)} \, \mathrm{d}x \mathrm{d}y$$

$$= \frac{m \sigma_{\mathrm{s}} b_0 v_0 l}{20\sqrt{3}} \sqrt{(10 - 7a)^2 \frac{l^2}{h_0^2} + (5a)^2 \frac{b_0^2}{h_0^2}} \tag{6-130}$$

其中，摩擦因子可以写成摩擦系数的函数形式，即[2]

$$m = f + \frac{1}{8} \frac{l}{h_0} (1 - f) \sqrt{f} \tag{6-131}$$

变形区与刚性端之间的速度不连续量可以表示成

$$\Delta v_{\mathrm{t}} = \bar{v}_z = \frac{1}{h_0} \int_0^{h_0} v_z \mathrm{d}z = \frac{v_0}{2} \tag{6-132}$$

因此，由速度不连续量引起的剪切功率可以表示成

$$\dot{W}_{\mathrm{s}} = k b_0 h_0 \Delta v_{\mathrm{t}} = \frac{\sigma_{\mathrm{s}} b_0 h_0 v_0}{2\sqrt{3}} \tag{6-133}$$

根据以上功率项可得总锻造功率为

$$\Phi = \dot{W}_{\mathrm{i}}^{\mathrm{WA}} + \dot{W}_{\mathrm{f}} + \dot{W}_{\mathrm{s}}$$

$$= \sigma_{\mathrm{s}} b_0 l v_0 \left(\frac{500}{603} + \frac{500}{1809} \sqrt{1 + a^2 - 2a + \frac{a^2 b_0^2}{4l^2}} \right) +$$

$$\frac{m \sigma_{\mathrm{s}} b_0 v_0 l}{20\sqrt{3}} \sqrt{(10 - 7a)^2 \frac{l^2}{h_0^2} + (5a)^2 \frac{b_0^2}{h_0^2}} + \frac{\sigma_{\mathrm{s}} b_0 h_0 v_0}{2\sqrt{3}} \tag{6-134}$$

令外功率等于理论总功率，即 $\bar{p} b_0 v_0 l = \Phi$，则可得基于 WA 比能率的平均单位锻造力和应力状态系数为

$$\bar{p}^{\text{WA}} = \sigma_s\left(\frac{500}{603} + \frac{500}{1809}\sqrt{1 + a^2 - 2a + \frac{a^2 b_0^2}{4l^2}}\right) +$$

$$\frac{m\sigma_s}{20\sqrt{3}}\sqrt{(10 - 7a)^2\frac{l^2}{h_0^2} + (5a)^2\frac{b_0^2}{h_0^2}} + \frac{\sigma_s h_0}{2\sqrt{3}\,l} \tag{6-135}$$

$$n_\sigma^{\text{WA}} = \frac{\bar{p}}{\sigma_s} = \left(\frac{500}{603} + \frac{500}{1809}\sqrt{1 + a^2 - 2a + \frac{a^2 b_0^2}{4l^2}}\right) +$$

$$\frac{m}{20\sqrt{3}}\sqrt{(10 - 7a)^2\frac{l^2}{h_0^2} + (5a)^2\frac{b_0^2}{h_0^2}} + \frac{h_0}{2\sqrt{3}\,l} \tag{6-136}$$

最终，基于 WA 准则的锻造力为

$$P^{\text{WA}} = 4n_\sigma \sigma_s bl \tag{6-137}$$

式中，b 为平均宽度，按 $b = (b_0 + b_1)/2$ 计算。

采用以上相同的分析方法，则可得基于 Tresca 准则、MY 准则、Mises 准则以及 TSS 准则的内部变形功率如下：

$$\dot{W}_i^{\text{Tresca}} = \int_0^{b_0}\int_0^l\int_0^{h_0} D^{\text{Tresca}}\mathrm{d}x\mathrm{d}y\mathrm{d}z = h_0\sigma_s\int_0^{b_0}\int_0^l |\dot{\varepsilon}_i|_{\max}\mathrm{d}x\mathrm{d}y$$

$$= \sigma_s b_0 l v_0\left(\frac{1}{2} + \frac{1}{2}\sqrt{1 + a^2 - 2a + \frac{a^2 b_0^2}{4l^2}}\right) \tag{6-138}$$

$$\dot{W}_i^{\text{MY}} = \int_0^{b_0}\int_0^l\int_0^{h_0} D^{\text{MY}}\mathrm{d}x\mathrm{d}y\mathrm{d}z = \frac{4}{7}h_0\sigma_s\int_0^{b_0}\int_0^l (\dot{\varepsilon}_{\max} - \dot{\varepsilon}_{\min})\mathrm{d}x\mathrm{d}y$$

$$= \sigma_s b_0 l v_0\left(\frac{6}{7} + \frac{2}{7}\sqrt{1 + a^2 - 2a + \frac{a^2 b_0^2}{4l^2}}\right) \tag{6-139}$$

$$\dot{W}_i^{\text{Mises}} = \int_0^{b_0}\int_0^l\int_0^{h_0} D^{\text{Mises}}\mathrm{d}x\mathrm{d}y\mathrm{d}z = h_0\sigma_s\int_0^{b_0}\int_0^l\sqrt{\frac{2}{3}\dot{\varepsilon}_{ij}\dot{\varepsilon}_{ij}}\mathrm{d}x\mathrm{d}y$$

$$= \sqrt{\frac{2}{3}}\sigma_s blv_0\left[\frac{\dfrac{(2-a)^2}{2a} + \dfrac{a}{2} + \dfrac{abb_0}{4l^2} + \dfrac{2}{a}}{\sqrt{1 + \left(\dfrac{2-a}{a}\right)^2 + \left(\dfrac{2}{a}\right)^2 + \dfrac{b_0^2}{2l^2}}}\right] \tag{6-140}$$

$$\dot{W}_i^{\text{TSS}} = \int_0^{b_0}\int_0^l\int_0^{h_0} D^{\text{TSS}}\mathrm{d}x\mathrm{d}y\mathrm{d}z = \frac{2}{3}h_0\sigma_s\int_0^{b_0}\int_0^l (\dot{\varepsilon}_{\max} - \dot{\varepsilon}_{\min})\mathrm{d}x\mathrm{d}y$$

$$= \sigma_s b_0 l v_0\left(1 + \frac{1}{3}\sqrt{1 + a^2 - 2a + \frac{a^2 b_0^2}{4l^2}}\right) \tag{6-141}$$

由于摩擦功率和剪切功率与屈服准则无关，因此结合以上诸式可得基于 Tresca 准则、MY 准则、Mises 准则以及 TSS 准则的应力状态系数为

$$n_{\sigma}^{\text{Tresca}} = \left(\frac{1}{2} + \frac{1}{2}\sqrt{1 + a^2 - 2a + \frac{a^2 b_0^2}{4l^2}} \right) + \frac{m}{20\sqrt{3}}\sqrt{(10 - 7a)^2 \frac{l^2}{h_0^2} + (5a)^2 \frac{b_0^2}{h_0^2} + \frac{h_0}{2\sqrt{3}\,l}}$$

$$(6\text{-}142)$$

$$n_{\sigma}^{\text{MY}} = \left(\frac{6}{7} + \frac{2}{7}\sqrt{1 + a^2 - 2a + \frac{a^2 b_0^2}{4l^2}} \right) + \frac{m}{20\sqrt{3}}\sqrt{(10 - 7a)^2 \frac{l^2}{h_0^2} + (5a)^2 \frac{b_0^2}{h_0^2} + \frac{h_0}{2\sqrt{3}\,l}}$$

$$(6\text{-}143)$$

$$n_{\sigma}^{\text{Mises}} = \sqrt{\frac{2}{3}}\, \frac{b}{b_0} \left[\frac{\dfrac{(2 - a)^2}{2a} + \dfrac{a}{2} + \dfrac{abb_0}{4l^2} + \dfrac{2}{a}}{\sqrt{1 + \left(\dfrac{2 - a}{a}\right)^2 + \left(\dfrac{2}{a}\right)^2 + \dfrac{b_0^2}{2l^2}}} \right] +$$

$$\frac{m}{20\sqrt{3}}\sqrt{(10 - 7a)^2 \frac{l^2}{h_0^2} + (5a)^2 \frac{b_0^2}{h_0^2} + \frac{h_0}{2\sqrt{3}\,l}} \qquad (6\text{-}144)$$

$$n_{\sigma}^{\text{TSS}} = \left(1 + \frac{1}{3}\sqrt{1 + a^2 - 2a + \frac{a^2 b_0^2}{4l^2}} \right) + \frac{m}{20\sqrt{3}}\sqrt{(10 - 7a)^2 \frac{l^2}{h_0^2} + (5a)^2 \frac{b_0^2}{h_0^2} + \frac{h_0}{2\sqrt{3}\,l}}$$

$$(6\text{-}145)$$

因此，根据以上诸准则可得平均单位压力分别为 $P^{\text{Tresca}} = 4n_{\sigma}^{\text{Tresca}}\sigma_s bl$，$P^{\text{MY}} = 4n_{\sigma}^{\text{MY}}\sigma_s bl$，$P^{\text{Mises}} = 4n_{\sigma}^{\text{Mises}}\sigma_s bl$，$P^{\text{TSS}} = 4n_{\sigma}^{\text{TSS}}\sigma_s bl$。

6.5.3 实验与讨论

在 200kN 的试验机上开展锻造实验，如图 6-25a 所示。在不同压下率下，压缩了 5 组共 15 个铅试样。初始铅试样如图 6-25b 所示。每组实验重复进行三次，用于求取锻造力的平均值。

a   b

图 6-25　锻造实验

a—实验设备；b—初始纯铅试样

在该实验中，纯铅的变形抗力为 $\sigma_s = 20.15\text{MPa}$，摩擦因子可以根据式（6-131）确定，其中摩擦系数 $f = 0.2$，锤头的压缩速度为 $15 \sim 30\text{mm/min}$。具体的实验参数如表 6-7 所示，计算的锻造力和实验值 P_e 如表 6-8 所示。

表 6-7　实验参数

序号	b_0/mm	b_1/mm	h_0/mm	h_1/mm	l/mm	m	a
1	19.93	21.08	9.85	8.745	15.00	0.268	0.51428
2	10.17	10.85	10.17	9.250	15.00	0.266	0.74293
3	10.04	10.47	10.04	9.180	7.50	0.233	0.49975
4	15.03	15.59	5.04	4.330	7.50	0.267	0.26425
5	7.32	8.06	7.44	6.720	15.00	0.290	1.04435

表 6-8　理论锻造力与实验结果的对比

序号	P_e/kN	$P^{\text{Tresca}}/\text{kN}$	P^{WA}/kN	P^{MY}/kN	$P^{\text{Mises}}/\text{kN}$	P^{TSS}/kN
1	30.00	26.57	31.44	32.27	33.81	36.52
2	14.10	11.92	15.08	15.47	16.69	17.51
3	7.80	7.59	8.79	9.00	9.33	10.07
4	11.90	10.95	12.38	12.71	13.05	14.37
5	10.30	7.76	10.29	10.57	11.80	12.01

从表 6-8 可知，基于 WA 屈服准则给出的结果最逼近实验值，展示了其在预测锻造力上的可靠性。

图 6-26 给出了在 $b_0/h_0 = 2.02$、$a = 0.514$ 条件下，基于式（6-136）的随着应力状态系数 l/h_0 和 m 的变化规律。

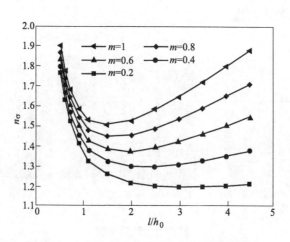

图 6-26　应力状态系数随 l/h_0 和 m 的变化规律

由图 6-26 可见，随着 l/h_0 的增加，应力状态系数 n_σ 先减少后增加。对于给定的 m，存在应力状态系数的最小值。随着 m 的增加，应力状态系数增加，但其极值逐渐减少。

在 $l/h_0 = 1.52$、$a = 0.268$ 条件下，b_0/h_0 对应力状态系数 n_σ 的影响如图 6-27 所示。

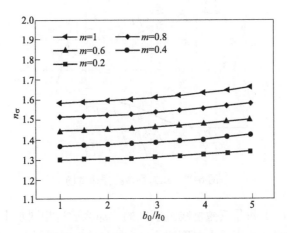

图 6-27　b_0/h_0 对应力状态系数的影响

由图 6-27 可见，随着 b_0/h_0 和 m 的增加，n_σ 增加，这意味着一个较大 m 或 b_0/h_0 将会产生较大应力状态系数。

6.6　MY 准则解析双抛物线模拉拔

6.6.1　模面函数与速度场

线材通过双抛物线模的拉拔过程如图 6-28 所示。坐标原点位于入口中心点 O 处，接触弧长（或变形区水平投影长度）为 l。图中，虚线 AC 与过 C 点的水平虚线形成的交角 α 定义成模半角。由于在变形 I 区中的轮廓线 AB（或 DE）和变形 II 区中的轮廓线 BC（或 EF）均是抛物线，因此把这两个变形区中轮廓线的组合轮廓曲线定义成双抛物线模。线材初始直径为 $2R_0$，经过双抛物线模拉拔后，直径减小至 $2R_1$。假设线材入出口截面速度分别为 v_0 和 v_1，z，r，θ 为主应力方向且变形区横截面上拉拔应力均匀分布。

在图 6-28 中，变形区 I 和 II 中的抛物线可以表达成

I 区：

$$R = -az^2 + R_0 \tag{6-146}$$

II 区：

$$R = b(z - l)^2 + R_1 \tag{6-147}$$

式中，R_0、R_1 为入口、出口处的半径，$R_0 \leqslant R \leqslant R_1$。

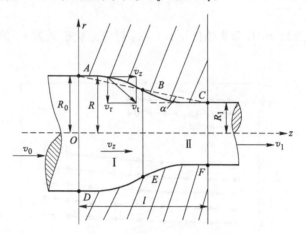

图 6-28 双抛物线拉拔速度场

既然在变形区 I 和 II 双抛物线是孪生的，那么通过相同水平距离而产生的绝对减径量是相同的。从而，入口至交点 $B(z = l/2)$ 产生的绝对减径量等于从交点 B 到出口的绝对减径量，这两变形区所产生的绝对减径量均为 $\Delta R/2$。当 $z = l/2$ 时，由式（6-146）和式（6-147）可得

$$\frac{R_0 + R_1}{2} = -a\left(\frac{l}{2}\right)^2 + R_0 \tag{6-148}$$

$$\frac{R_0 + R_1}{2} = b\left(-\frac{l}{2}\right)^2 + R_1 \tag{6-149}$$

于是，式中的两抛物线中的待定参数 a、b 可以确定为：

$$a = b = \frac{2\Delta R}{l^2} \tag{6-150}$$

将式（6-150）代入式（6-148）和式（6-149）可确定变形区内的双抛物线为

I 区：

$$R = -\frac{2\Delta R}{l^2}z^2 + R_0 \tag{6-151}$$

II 区：

$$R = \frac{2\Delta R}{l^2}(z - l)^2 + R_1 \tag{6-152}$$

需要指出的是，双抛物线在水平中间位置 $z = l/2$ 处的斜率相同，即 $\mathrm{d}R/\mathrm{d}z = 2\Delta R/l$。这意味着双抛物线在连接处是光滑过渡的，这对于线材的顺利通过及降低拉模的磨损毫无疑问是有益的。

由秒流量相等条件，可得

$$\pi R_0^2 v_0 = \pi R^2 v_z = \pi R_1^2 v_1 = U \tag{6-153}$$

式中，U 为变形区内的秒体积流量。

在 z 方向，变形区 I 和 II 内的速度分量为

I 区：

$$v_z = \frac{U}{\pi R^2} = \frac{U}{\pi \left(R_0 - \dfrac{2\Delta R}{l^2} z^2 \right)^2} \tag{6-154}$$

II 区：

$$v_z = \frac{U}{\pi R^2} = \frac{U}{\pi \left[R_1 + \dfrac{2\Delta R}{l^2} (z-l)^2 \right]^2} \tag{6-155}$$

由几何方程可得应变速率分量为

I 区：

$$\dot{\varepsilon}_z = \frac{\partial v_z}{\partial z} = \frac{8\Delta R U z}{\pi l^2 \left(R_0 - \dfrac{2\Delta R}{l^2} z^2 \right)^3} \tag{6-156}$$

II 区：

$$\dot{\varepsilon}_z = \frac{\partial v_z}{\partial z} = \frac{8\Delta R U z (z-l)}{\pi l^2 \left[R_1 + \dfrac{2\Delta R}{l^2} (z-l)^2 \right]^3} \tag{6-157}$$

线材拉拔属于轴对称变形问题，因此 $\dot{\varepsilon}_\theta = \dot{\varepsilon}_r$。由体积不变条件 $\dot{\varepsilon}_\theta + \dot{\varepsilon}_r + \dot{\varepsilon}_z = 0$ 可得

$$\dot{\varepsilon}_r = \dot{\varepsilon}_\theta = -\frac{\dot{\varepsilon}_z}{2} \tag{6-158}$$

由式（6-156）~式（6-158）可确定应变速率分量 $\dot{\varepsilon}_\theta$ 和 $\dot{\varepsilon}_r$ 如下

I 区：

$$\dot{\varepsilon}_r = \dot{\varepsilon}_\theta = -\frac{4\Delta R U z}{\pi l^2 \left(R_0 - \dfrac{2\Delta R}{l^2} z^2 \right)^3} \tag{6-159}$$

II 区：

$$\dot{\varepsilon}_r = \dot{\varepsilon}_\theta = -\frac{4\Delta R U (z-l)}{\pi l^2 \left[R_1 + \dfrac{2\Delta R}{l^2} (z-l)^2 \right]^3} \tag{6-160}$$

由 $v_\theta = 0$ 及几何方程，速度分量 v_r 可以按下式确定

$$\dot{\varepsilon}_\theta = \frac{v_r}{r} + \frac{\partial v_\theta}{r \partial \theta} = \frac{v_r}{r}; v_r = r \dot{\varepsilon}_\theta \tag{6-161}$$

两变形区内速度分量 v_r 如下

Ⅰ区：

$$v_r = r\dot{\varepsilon}_r = r\dot{\varepsilon}_\theta = -\frac{4\Delta RUzr}{\pi l^2 \left(R_0 - \dfrac{2\Delta R}{l^2}z^2\right)^3} \tag{6-162}$$

Ⅱ区：

$$v_r = r\dot{\varepsilon}_r = r\dot{\varepsilon}_\theta = -\frac{4\Delta RU(z-l)r}{\pi l^2 \left[R_1 + \dfrac{2\Delta R}{l^2}(z-l)^2\right]^3} \tag{6-163}$$

变形区Ⅰ和Ⅱ内的速度场可归纳为

Ⅰ区：

$$v_z = \frac{U}{\pi \left(R_0 - \dfrac{2\Delta R}{l^2}z^2\right)^2}; \quad v_r = -\frac{4\Delta RUzr}{\pi l^2 \left(R_0 - \dfrac{2\Delta R}{l^2}z^2\right)^3}; \quad v_\theta = 0 \tag{6-164}$$

Ⅱ区：

$$v_z = \frac{U}{\pi \left[R_1 + \dfrac{2\Delta R}{l^2}(z-l)^2\right]^2}; \quad v_r = -\frac{4\Delta RU(z-l)r}{\pi l^2 \left[R_1 + \dfrac{2\Delta R}{l^2}(z-l)^2\right]^3}; \quad v_\theta = 0$$

$$\tag{6-165}$$

在式（6-164）和式（6-165）中，因为 $v_z|_{z=0}=v_0$，$v_z|_{z=l}=v_1$，$v_r|_{r=0}=0$，所以式（6-164）和式（6-165）在入口、出口水平对称轴 z 上满足速度边界条件。此外，因为推导过程中使用到了体积不变条件，即满足 $\dot{\varepsilon}_r + \dot{\varepsilon}_\theta + \dot{\varepsilon}_z = 0$，因此提出的速度场和应变速度场均是运动许可的。

由式（6-162）~式（6-165）可得

Ⅰ区：

$$\left.\frac{v_r}{v_z}\right|_{r=R} = -\frac{l^2}{4\Delta Rz} = \frac{\mathrm{d}R}{\mathrm{d}z} \tag{6-166}$$

Ⅱ区：

$$\left.\frac{v_r}{v_z}\right|_{r=R} = \frac{4\Delta R(z-l)}{l^2} = \frac{\mathrm{d}R}{\mathrm{d}z} \tag{6-167}$$

式（6-166）和式（6-167）意味着本章提出的速度场满足流函数条件，双抛物线为流线。

6.6.2   内部变形功率

由图 6-28 可知，积分微元体为

$$dV = \pi R^2 dz \qquad (6-168)$$

为了得到内部变形功率，本节中使用 MY 准则的比能率，替代 Mises 比能率。注意到 $\dot{\varepsilon}_{max} = \dot{\varepsilon}_z$，$\dot{\varepsilon}_{min} = \dot{\varepsilon}_r = \dot{\varepsilon}_\theta$，将式（6-156）和式（6-157）代入到式（5-127），于是变形 I 区中的内部变形功率为

$$\dot{W}_{i1} = \int_V D(\dot{\varepsilon}_{ij}) dV = \frac{4}{7}\sigma_s \int_0^{l/2} (\dot{\varepsilon}_{max} - \dot{\varepsilon}_{min}) \cdot \pi R^2 dz = \frac{12}{7} U\sigma_s \ln\frac{2R}{R_0 + R_1}$$

$$(6-169)$$

同理，变形 II 区中的内部变形功率为

$$\dot{W}_{i2} = \int_V D(\dot{\varepsilon}_{ij}) dV = \frac{4}{7}\sigma_s \int_{l/2}^{l} (\dot{\varepsilon}_{max} - \dot{\varepsilon}_{min}) \cdot \pi R^2 dz = \frac{12}{7} U\sigma_s \ln\frac{R_0 + R_1}{2R_1}$$

$$(6-170)$$

由式（6-169）和式（6-170）可得整个变形区内的内部变形功率为

$$\dot{W}_i = \dot{W}_{i1} + \dot{W}_{i2} = \frac{12}{7} U\sigma_s \ln\frac{R_0}{R_1} = \frac{6}{7} U\sigma_s \ln\left(\frac{R_0}{R_1}\right)^2 = \frac{6}{7} U\sigma_s \ln\eta \qquad (6-171)$$

式中，$\eta = (R_0/R_1)^2$ 为拉拔延伸系数。

6.6.3 断面剪切功率

在式（6-162）和式（6-163）中，$v_r|_{z=0} = 0$，$v_r|_{z=l} = 0$，且入口截面 AD 和出口截面 CF 外侧为刚性体，因此入口和出口截面不消耗剪切功率，即 $\dot{W}_{s1} = 0$。

在 BE 截面的左右两侧，速度分量 $(v_r)_L$ 和 $(v_r)_R$ 分别为

$$(v_r)_L = -\frac{16\Delta R U r}{\pi l (R_0 + R_1)^3} \qquad (6-172)$$

$$(v_r)_R = -\frac{16\Delta R U r}{\pi l (R_1 + R_0)^3} \qquad (6-173)$$

由式（6-172）和式（6-173）可知，有 $(v_r)_L = (v_r)_R$ 成立。这意味着在交界面上也不消耗剪切功率，即 $\dot{W}_{s2} = 0$。

因此，消耗的总剪切功率为

$$\dot{W}_s = \dot{W}_{s1} + \dot{W}_{s2} = 0 \qquad (6-174)$$

式（6-174）表明，文中设计的双抛物线模具有不消耗剪切功率的特点。

6.6.4 模面接触摩擦功率

在图 6-28 中，假设摩擦剪应力服从常摩擦条件，具有如下形式

$$\tau_f = mk \qquad (6-175)$$

式中，k 为屈服剪应力；m 为摩擦因子。

模具表面消耗的摩擦功率为

$$\dot{W}_f = mk \int_F |\Delta v_t| \, dF \tag{6-176}$$

式中，v_t 为金属的流动速度；Δv_t 为模具表面的切向速度不连续量；dF 为面积微元。

注意到模具固定不动，因此有

$$|\Delta v_t| = |v_t - 0| = |v_t| = \sqrt{v_z^2 + v_r^2} \tag{6-177}$$

对于模具表面，弧微元与面微元分别为

$$ds = \sqrt{(dz)^2 + (dR)^2} = \sqrt{1 + (dR/dz)^2} \, dz \tag{6-178}$$

$$dF = 2\pi R \, ds \tag{6-179}$$

将式（6-177）~式（6-179）代入式（6-176）可得

$$\dot{W}_f = mk \int_F v_z \sqrt{1 + (v_r/v_z)^2} \cdot 2\pi R \cdot \sqrt{1 + (dR/dz)^2} \, dz \tag{6-180}$$

考虑到变形区 I 和 II 内有 $dR/dz = -2az = -4\Delta Rz/l^2$ 和 $dR/dz = -2b(z-l) = 4\Delta R$ $(z-l)/l^2$，于是变形区 I 和 II 内消耗的摩擦功率分别为

$$\dot{W}_{f1} = 2Umk\left(1 + \frac{8\Delta R R_0}{l^2}\right) I_1 - \frac{8\Delta R}{l^2} Umkl \tag{6-181}$$

$$\dot{W}_{f2} = \frac{8\Delta R}{l^2} Umkl + 2Umk\left(1 - \frac{8\Delta R R_1}{l^2}\right) I_2 \tag{6-182}$$

其中，定积分 I_1 和 I_2 分别为

$$I_1 = \int_0^{l/2} \frac{1}{R_0 - \frac{2\Delta R}{l^2} z^2} \, dz = \frac{l}{2\sqrt{2\Delta R R_0}} \ln\left|\frac{\sqrt{2\Delta R} + 2\sqrt{R_0}}{\sqrt{2\Delta R} - 2\sqrt{R_0}}\right|$$

$$I_2 = \int_{l/2}^{l} \frac{1}{\frac{2\Delta R}{l^2}(z-l)^2 + R_1} \, dz = \frac{l}{\sqrt{2\Delta R R_1}} \arctan\sqrt{\frac{\Delta R}{2R_1}}$$

由式（6-181）和式（6-182）可得整个变形区内消耗的摩擦功率为

$$\dot{W}_f = \dot{W}_{f1} + \dot{W}_{f2} = 2Umk\left(1 + \frac{8\Delta R R_0}{l^2}\right) I_1 + 2Umk\left(1 - \frac{8\Delta R R_1}{l^2}\right) I_2 \tag{6-183}$$

6.6.5　外加拉拔力

完成拉拔的外加功率 J^* 为

$$J^* = \sigma_f \pi R_1^2 v_1 = \sigma_f U \tag{6-184}$$

式中，σ_f 为外加拉拔应力。

由上界法可知，外加功率小于或等于由式（6-171）、式（6-174）、式（6-183）确定的功率之和。假设二者相同，那么

$$J^* = \dot{W}_i + \dot{W}_s + \dot{W}_f = \dot{W}_i + \dot{W}_f \tag{6-185}$$

由式（6-184）和式（6-185），并注意到 $k = \sigma_s/2$ 和 $l = \Delta R/\tan\alpha$，那么拉拔应力可确定为

$$\sigma_f = \frac{6}{7}\ln\left(\frac{R_0}{R_1}\right)^2 \sigma_s + \frac{m(\Delta R + 8\tan^2\alpha R_0)\sigma_s}{2\tan\alpha\sqrt{2\Delta RR_0}}\ln\left|\frac{\sqrt{\lambda} + \sqrt{2}}{\sqrt{\lambda} - \sqrt{2}}\right| +$$

$$\frac{m(\Delta R - 8\tan^2\alpha R_1)\sigma_s}{\tan\alpha\sqrt{2\Delta RR_1}}\arctan\sqrt{\frac{\Delta R}{2R_1}} \tag{6-186}$$

式中，λ 为道次减径率，$\lambda = \Delta R/R_0$。

式（6-186）为双抛物线模拉拔力的上界解析解，该解为屈服强度、摩擦因子、减径率、模角以及双抛物线模出入口半径的函数。

由式（6-186）可得应力状态系数为

$$n_\sigma = \frac{\sigma_f}{\sigma_s} = \frac{6}{7}\ln\left(\frac{R_0}{R_1}\right)^2 + \frac{m(\Delta R + 8\tan^2\alpha R_0)}{2\tan\alpha\sqrt{2\Delta RR_0}}\ln\left|\frac{\sqrt{\lambda} + \sqrt{2}}{\sqrt{\lambda} - \sqrt{2}}\right| +$$

$$\frac{m(\Delta R - 8\tan^2\alpha R_1)}{\tan\alpha\sqrt{2\Delta RR_1}}\arctan\sqrt{\frac{\Delta R}{2R_1}} \tag{6-187}$$

最大拉拔应力不会超过材料屈服强度，即 $n_\sigma \leqslant 1$，于是由式（6-187）确定的最大减径率满足下式

$$\frac{6}{7}\ln\left(\frac{R_0}{R_1}\right)^2 + \frac{m(\Delta R + 8\tan^2\alpha R_0)}{2\tan\alpha\sqrt{2\Delta RR_0}}\ln\left|\frac{\sqrt{\lambda} + \sqrt{2}}{\sqrt{\lambda} - \sqrt{2}}\right| +$$

$$\frac{m(\Delta R - 8\tan^2\alpha R_1)}{\tan\alpha\sqrt{2\Delta RR_1}}\arctan\sqrt{\frac{\Delta R}{2R_1}} \leqslant 1 \tag{6-188}$$

6.6.6 最佳模半角

在各种拉拔变量的组合中存在着最佳模半角，在该模半角下，所需的拉拔力最小。若模半角太小，则线材与模具间的接触弧太长将会导致较高的摩擦损失；若模半角太大，则变形太剧烈，模具磨损增加。最佳模半角可通过临界条件 $\partial n_\sigma/\partial\alpha = 0$ 来确定，因此双抛物线模的最佳模半角可通过式（6-187）确定为

$$\alpha_{opt} = \arctan\sqrt{\frac{\sqrt{R_1}\Delta R\ln\left|\dfrac{\sqrt{\lambda} + \sqrt{2}}{\sqrt{\lambda} - \sqrt{2}}\right| + 2\sqrt{R_0}\Delta R\arctan\sqrt{\dfrac{\Delta R}{2R_1}}}{8\sqrt{R_1}R_0\ln\left|\dfrac{\sqrt{\lambda} + \sqrt{2}}{\sqrt{\lambda} - \sqrt{2}}\right| - 16R_1\sqrt{R_0}\arctan\sqrt{\dfrac{\Delta R}{2R_1}}}} \tag{6-189}$$

式（6-189）表明，最佳模半角 α_{opt} 与摩擦因子 m 无关，仅依赖于诸如 λ、R_0 的几何参数。

6.6.7　分析与讨论

道次减径率（$\lambda = \Delta R / R_0$）和模半角对应力状态系数的影响如图 6-29 所示。

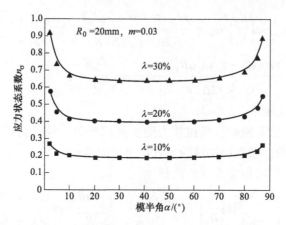

图 6-29　模半角与减径率对应力状态系数的影响

由图 6-29 可知，当减径率增加，应力状态系数增加，在每个减径率下应力状态系数均有各自的最小值，最佳模半角处对应着应力状态系数最小值。

图 6-30 为减径率对最佳模半角的影响规律。由图可见，当减径率 λ 增加，最佳模角增加。

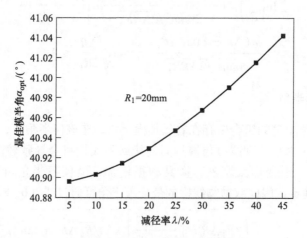

图 6-30　减径率对最佳模角的影响

6.6.8　数值模拟

6.6.8.1　有限元分析模型的建立

拉拔工件与拉拔模具均为回转体结构，考虑问题的对称条件，只需要采用轴对称模型进行分析。模型建立时采用的金属铝材的物理性能参数见表 6-9，金属铝材的应力-应变值见表 6-10。

表 6-9　模型材料的物理性能参数

名称	弹性模量/GPa	泊松比	材料间摩擦系数						
拉模	360	0.3	0	0.025	0.05	0.075	0.1	0.12	0.1
铝	69	0.26	0	0.025	0.05	0.075	0.1	0.12	0.15

表 6-10　铝材的应力应变值

ε	0.01	0.05	0.1	0.15	0.2231	0.25	0.5	0.75	1.01
σ/MPa	690	697	705	714	726	731	773	816	860

铝材在拉拔力的作用下，径向收缩的同时产生轴向伸长，并在进入定径区后产生弹性恢复。为支持这种复杂的弹塑性大变形模型的分析，本书选用 ANSYS 软件提供的 PLANE182 单元指定网格划分后的离散单元类型。

本次拉拔视为恒温拉拔，边界条件有摩擦条件和约束条件。接触体之间采用库伦摩擦类型，摩擦因子按表 6-9 分别取值。按工程实际受力情况在轴线位置施加对称约束，在拉拔模外表面施加固定约束，分别限制拉拔模的平移和转动。对铝材坯料前端面所有节点施加位移载荷以代替实际拉拔力。选择接触单元 CON-TACT172 和目标单元 TARGET169 建立铝材与拉拔模间的接触与摩擦，表征两者的相互作用。坯料前端面上所有节点在拉拔方向的反力之和即为拉拔力。

为说明双抛物线拉拔在降低应力集中方面的优势，与同变形参数下锥模拉拔过程进行了比较，两拉模的变形参数为：$R_0 = 20\text{mm}$；$R_1 = 16\text{mm}$；$\alpha = 12°$；变形区长 $l = \Delta R/\tan12° = 18.81852\text{mm}$；定径带长 $L = 10\text{mm}$。锥模与双抛物线拉拔的有限元模型（包括网格划分）如图 6-31 所示。

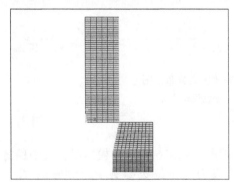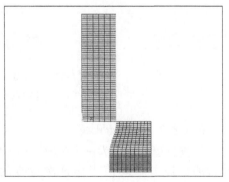

a　　　　　　　　　　　　　　　b

图 6-31　锥模与双抛物线模拉拔

a—锥模拉拔；b—抛物线模拉拔

6.6.8.2　等效应力分布比较

锥模和双抛物线模拉拔铝材的最大应力值对比情况如表 6-11 所示。

表 6-11　锥模、抛物线模拉拔铝材的最大应力值

m	0	0.025	0.05	0.075	0.1	0.125	0.15
锥模拉拔最大应力值/MPa	1190	1110	1180	1220	1140	1160	1190
双抛物线模最大应力值/MPa	828	844	829	806	825	834	849
相对差值/%	-30.4	-24.0	-29.7	-33.9	-27.6	-28.1	-28.7

由表 6-11 可知，双抛物线模在各个摩擦条件下，其最大应力值均小于锥模拉拔，降低幅度在 24.0%~33.9% 之间，该结果可说明抛物线模具有明显降低应力集中的作用。在模拟过程中发现，锥模拉拔时当摩擦因子达到 0.17 时，工件拉断，拉拔停止，而双抛物线模在摩擦因子达到 0.3 时仍可实现稳定拉拔，恰恰体现流线型拉拔的优越性。

以 $m=0.15$ 为例，铝材坯处于稳定拉拔过程中的等效应力分布云图如图 6-32 所示。由图 6-32 可知，锥模拉拔过程中，拉拔变形区主要集中在减径区，金属变形处于轴向延伸而径向压缩的状态，内部最大应力出现在减径区和定径区的交界处；而双抛物线模拉拔内部最大应力出现在工件轴对称线以及定径区上，应力集中明显改善。

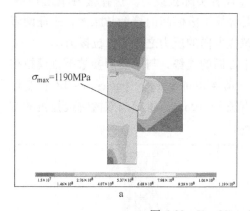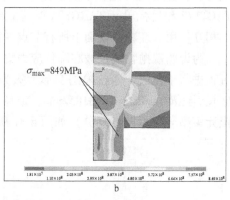

a　　　　　　　　　　　　　　　　　b

图 6-32　Von Mises 等效应力分布云图

a—锥模拉拔；b—双抛物线模拉拔

6.6.8.3　拉拔力比较

拉拔过程大致分为三个阶段，即入模阶段、稳定拉拔和出模阶段，其中稳定阶段的拉拔力平均值当作这次拉拔的拉拔力。在拉拔参数 $R_0=20mm$；$R_1=16mm$；$\alpha=12°$；$m=0$，0.025，0.05，0.075，0.1，0.125，0.15 的条件下，锥模、双抛物线模拉拔力的解析解（$\sigma_s=860MPa$）与相同条件下的数值模拟结果如图 6-33 所示。

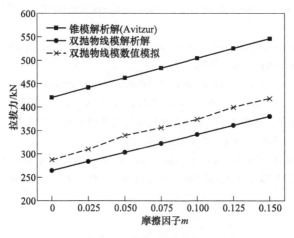

图6-33 拉拔力结果对比

由图6-33可知，两种工具模的拉拔力具有相同的趋势，均随着 m 的增加而增加。双抛物线模解析结果低于锥模结果，两者相对差值在30.39%~37.39%之间。双抛物线模的数值模拟表明，数值结果与解析结果吻合较好，数值结果略有偏高。误差来源有两个方面：一是求解内部变形功率时，MY准则比能率略低于Mises比能率；二是数值分析中使用的材料模型考虑到应变硬化效应的影响，而上界解析中采用了刚塑性材料模型。

参 考 文 献

［1］ Zhang S H, Song B N, Wang X N, et al. Analysis of plate rolling by MY criterion and global weighted velocity field ［J］. Applied Mathematical Modelling, 2014, 38 (14)：3485~3494.

［2］ Zhang S H, Deng L, Zhang Q Y, et al. Modeling of rolling force of ultra-heavy plate considering the influence of deformation penetration coefficient ［J］. International Journal of Mechanical Sciences, 2019, 159：373~381.

［3］ 刘相华，胡贤磊，杜林秀. 轧制参数计算模型及其应用 ［M］. 北京：化学工业出版社，2007.

［4］ Oh S I, Kobayashi S. An approximate method for a three-dimensional analysis of rolling ［J］. International Journal of Mechanical Sciences, 1975, 17 (4)：293~305.

［5］ 王廷溥，齐克敏. 金属塑性加工学——轧制理论与工艺 ［M］. 北京：冶金工业出版社，2007.

［6］ 赵德文. 成形能率积分线性化原理及应用 ［M］. 北京：冶金工业出版社，2012.

［7］ 姜兴睿，章顺虎，王春举，等. 积分中值屈服准则解析厚板轧制椭圆速度场 ［J］. 哈尔滨工业大学学报，2020，52 (5)：41~48.

[8] Harris, John Noel. Mechanical working of metals: theory and practice [M]. Oxford: Pergamon Press, 1983.

[9] Zhang Shunhu. Linearization of yield criterion and its engineering applications [M]. Beijing: Metallurgical Industry Press, 2018.

[10] Zhang S H, Chen X D, Zhou J, et al. A dynamic closure criterion for central defects in heavy plate during hot rolling [J]. Meccanica, 2016, 51 (10): 2365~2375.

[11] 赵德文, 章顺虎, 王根矿, 等. 厚板热轧中心气孔缺陷压合临界力学条件的证明与应用 [J]. 应用力学学报, 2011, 28 (6): 658~662.

[12] Deng W, Zhao D, Qin X, et al. Simulation of central crack closing behavior during ultra-heavy plate rolling [J]. Computational Materials Science, 2009, 47 (2): 439~447.

7 根矢量分解法在材料成形中的应用

比能率取代法在解决非线性 Mises 比能率积分困难问题上是种近似计算，获得的是逼近 Mises 解的近似解，而非精确解。并且，由于导出的比能率仅是最大、最小正应变速率的函数，不能考虑非零剪应变速率的影响，因而难以获得稳定的预测精度，也不利于准确揭示力能参数的变化规律。为此，本章将利用根矢量分解法来实现非线性 Mises 比能率的精确计算，从而获得更为合理的力能参数的解析。

7.1 板材轧制流函数解析

7.1.1 二维流函数速度场

在可逆粗轧机上，展宽道次指的是在整形轧制之后将坯料旋转 90° 并在轧件的宽度方向进行轧制。在展宽道次中，尽管形状因子 $l/(2h) \leqslant 1$，但是其宽厚比 b/h 远大于 10，因此轧件在纵向上的宽展是可以忽略不计的。

初始厚度为 $2h_0$ 轧件通过轧辊轧成厚度为 $2h_1$ 的成品厚度。选择了如图 7-1 所示的坐标系，其中坐标原点位于变形区的入口截面上。

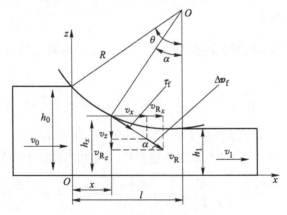

图 7-1　厚板轧制变形区

由于为高温热轧，因此可以不考虑弹性压扁对轧制力矩和轧制力的影响，轧辊视为刚性辊。由图 7-1 中的几何关系，接触弧方程、参数方程以及一阶二阶导数为[1]

$$z = h_x = R + h_1 - [R^2 - (l - x)^2]^{1/2} \left.\vphantom{\begin{matrix}a\\b\end{matrix}}\right\}$$
$$z = h_\alpha = R + h_1 - R\cos\alpha$$

$$\tag{7-1}$$

$$l - x = R\sin\alpha, \quad dx = -R\cos\alpha d\alpha \tag{7-2}$$

$$h'_x = -\tan\alpha, \quad h''_x = (R\cos^3\alpha)^{-1} \tag{7-3}$$

式中，R 为轧辊半径。

由图 7-1 可得几何边界条件

$$x = 0, \alpha = \theta, h_x = h_\alpha = h_\theta = h_0; h'_x = -\tan\theta \left.\vphantom{\begin{matrix}a\\b\end{matrix}}\right\}$$
$$x = l, \alpha = 0, h_x = h_\alpha = h_1; h'_x = 0$$

$$\tag{7-4}$$

对于展宽轧制，$l/h \leqslant 1$、$b/h \gg 10$，入口至出口的宽度函数 b_x 可看作为常数，因此有

$$y = b_x = b_1 = b_0 = b \tag{7-5}$$

根据小林史郎（1975）提出的三维轧制速度场[2]，通过设定小林史郎速度场中的比例系数为 1 并忽略宽展，可得二维速度场分量为

$$v_x = \frac{U}{h_x b}, \quad v_z = v_x \frac{h'_x}{h_x} z, \quad v_y = 0 \tag{7-6}$$

$$U = v_x h_x b = v_n h_n b = v_R \cos\alpha_n b (R + h_1 - R\cos\alpha_n) = v_1 h_1 b \tag{7-7}$$

$$\dot{\varepsilon}_x = -v_x \frac{h'_x}{h_x}, \quad \dot{\varepsilon}_z = v_x \frac{h'_x}{h_x}, \quad \dot{\varepsilon}_{xz} = \frac{z}{2} v_x \left[\frac{h''_x}{h_x} - 2 \left(\frac{h'_x}{h_x} \right)^2 \right], \quad \dot{\varepsilon}_{xy} = \dot{\varepsilon}_{yz} = 0 \tag{7-8}$$

式中，U 为变形区内秒流量。

在式（7-6）和式（7-8）中，$\dot{\varepsilon}_x + \dot{\varepsilon}_z = 0$；$x = 0$，$v_x = v_0$；$x = l$，$v_x = v_1$；$z = 0$，$v_z = 0$；$z = h_x$，$v_z = -v_x \tan\alpha$。因此，提出的二维速度场是运动许可的。

7.1.2　内部变形功率

消耗在变形区内的内部变形功率 N_d 可以由变形材料的等效应力和等效应变速率确定

$$N_d = \iiint_V \overline{\sigma} \, \overline{\dot{\varepsilon}} dV = 4\sqrt{\frac{2}{3}} \sigma_s \int_0^{h_x} \int_0^l v_x \sqrt{g^2 + I^2 z^2} \, b dx dz \tag{7-9}$$

$$g = \sqrt{2} h'_x / h_x, \quad I = [h''_x / h_x - 2(h'_x / h_x)^2] / \sqrt{2} \tag{7-10}$$

注意到式（7-10）中的 g、I 是 x 的单值函数，因此应用积分中值定理可得

$$\frac{\overline{h'_x}}{h_x} = \frac{1}{l} \int_0^l \frac{h'_x}{h_x} dx = -\frac{\ln(h_0/h_1)}{l} = -\frac{\varepsilon_3}{l} \approx -\frac{\Delta h}{l h_0} \left.\vphantom{\begin{matrix}a\\b\\c\\d\\e\\f\end{matrix}}\right\}$$

$$\overline{h'_x} = \frac{1}{l} \int_0^l h'_x dx = -\frac{\Delta h}{l}$$

$$\frac{\overline{h''_x}}{h_x} = \frac{\overline{h''_x}}{h_m} = \frac{1}{l h_m} \int_0^l dh'_x = \frac{1}{l h_m} h'_x \Big|_0^l = \frac{\tan\theta}{l h_m} \approx \frac{2\Delta h}{l^2 h_m}$$

$$\tag{7-11}$$

把 $\varepsilon_3 = \Delta h / h_0$ 代入式 (7-10) 中可得

$$g = -\frac{\sqrt{2}\varepsilon_3}{l}; \quad I = \frac{\sqrt{2}}{l^2}\left(\frac{\Delta h}{h_m} - \varepsilon_3^2\right) \tag{7-12}$$

这里，利用在第 4 章中提出的根矢量分解法求解这一功率，具体思路可以归纳为：将非线性 Mises 比能率按照应变速率的组成向各对应坐标进行分解，然后对各个坐标方向上的比能率进行积分求解，从而获得基于 Mises 比能率的内部变形功率解析解。

按此思路，将应变速率矢量 $\dot{\boldsymbol{\varepsilon}} = gv_x\boldsymbol{i} + Izv_x\boldsymbol{k}$ 和单位矢量 $\dot{\boldsymbol{\varepsilon}}_0 = l_1\boldsymbol{i} + l_3\boldsymbol{k}$ 代入到式 (7-9) 得

$$
\begin{aligned}
N_d &= 4\sqrt{\frac{2}{3}}\sigma_s\int_0^l\int_0^{h_x}\dot{\boldsymbol{\varepsilon}}\cdot\dot{\boldsymbol{\varepsilon}}_0 b\,dx\,dz \\
&= 4b\sqrt{\frac{2}{3}}\sigma_s\int_0^l\int_0^{h_x}(gv_x\cos\alpha + Izv_x\cos\gamma)\,dx\,dz \\
&= 4b\sqrt{\frac{2}{3}}\sigma_s\int_0^l\int_0^{h_x}\left[\frac{gv_x\,dx\,dz}{\sqrt{1 + (dz/dx)^2}} + \frac{Izv_x\,dx\,dz}{\sqrt{1 + (dx/dz)^2}}\right]
\end{aligned}
\tag{7-13}
$$

其中，$l_1 = \cos\alpha$，$l_3 = \cos\gamma$ 为单位矢量在坐标轴上的投影（与坐标轴夹角的余弦）。

由式 (7-6) 可得 $dz/dx = [v_z/v_x]_{z=h_x} = h_x' = -\tan\theta \approx 2\Delta h/l$，$dx/dz = 1/h_x' = -l/2\Delta h$。代入 dz/dx 和 dx/dz 到式 (7-13) 中，并注意到式 (7-12)，逐项积分变成

$$
\begin{aligned}
I_1 &= \int_0^l\int_0^{h_x}\frac{gv_x\,dx\,dz}{\sqrt{1 + (h_x')^2}} = \frac{U}{b}\frac{\sqrt{2}\varepsilon_3}{\sqrt{1 + (2\Delta h/l)^2}}\frac{\int_0^l dx}{l} = \frac{\sqrt{2}lU}{b}f_1, \quad f_1 = \frac{\varepsilon_3}{\sqrt{l^2 + 4\Delta h^2}} \\
I_3 &= \frac{Ul\sqrt{2}(2\Delta h^2/h_m - 2\Delta h\varepsilon_3^2)h_m}{2bl^2\sqrt{l^2 + 4\Delta h^2}} = \frac{\sqrt{2}lU}{b}f_3, \quad f_3 = \frac{2\Delta h^2 - 2\Delta h h_m\varepsilon_3^2}{2l^2\sqrt{l^2 + 4\Delta h^2}}
\end{aligned}
\tag{7-14}
$$

将式 (7-14) 代入到方程 (7-13) 可得内部变形功率 N_d 为

$$N_d = \frac{8\sigma_s lU}{\sqrt{3}}(f_1 + f_3) \tag{7-15}$$

其中，$l = \sqrt{2R\Delta h}$，$\Delta h = h_0 - h_1$，$h_m = (h_0 + 2h_1)/3$，$\varepsilon_3 = \Delta h/h_0$，$b = (b_0 + b_1)/2$。

7.1.3 摩擦功率

轧辊和轧件接触面上消耗的摩擦功率为

$$N_f = \frac{4\sigma_s mb}{\sqrt{3}} \int_0^l \Delta v_f \sqrt{1 + h_x'^2}\, dx \left.\right\}$$

$$\Delta v_f = v_R - v_x \sqrt{1 + h_x'^2} = v_R - v_x \sec\alpha \left.\right\}$$

$$(7\text{-}16)$$

轧辊辊面方程为

$$z = h_x = R + h_1 - [R^2 - (l - x)^2]^{1/2}, dF = \sqrt{1 + h_x'^2}\, dx dy = \sec\alpha dx dy$$

$$(7\text{-}17)$$

摩擦功率共线矢量内积的具体表达式为

$$N_f = 4 \int_0^l \tau_f \cdot \Delta v_f dF = 4 \int_0^l (\tau_{fx}\Delta v_x + \tau_{fz}\Delta v_z) \sqrt{1 + h_x'^2}\, b dx$$

$$= 4mkb \int_0^l (\Delta v_x \cos\alpha + \Delta v_z \cos\gamma) \sec\alpha dx \qquad (7\text{-}18)$$

由图 7-1 可知，由 Δv_f（或 $\tau_f = mk$）与坐标轴形成的方向余弦分别为

$$\cos\alpha = \pm\sqrt{R^2 - (l - x)^2}/R, \cos\gamma = \pm(l - x)/R = \sin\alpha, \cos\beta = 0 \quad (7\text{-}19)$$

将式（7-19）代入式（7-18）得

$$N_f = 4mkb \left[\int_0^l \cos\alpha(v_R\cos\alpha - v_x)\sec\alpha dx + \int_0^l \sin\alpha(v_R\sin\alpha - v_x\tan\alpha)\sec\alpha dx \right]$$

$$= 4mkb(I_1 + I_2)$$

$$I_1 = \int_0^l (v_R\cos\alpha - v_x)\, dx = \int_0^{x_n} (v_R\cos\alpha - v_x)\, dx - \int_{x_n}^l (v_R\cos\alpha - v_x)\, dx$$

$$= v_R R\left(\frac{\theta}{2} - \alpha_n + \frac{\sin 2\theta}{4} - \frac{\sin 2\alpha_n}{2} \right) + \frac{U(l - 2x_n)}{bh_m}$$

$$I_2 = \int_0^{x_n} (v_R\sin\alpha - v_x\tan\alpha)\tan\alpha dx - \int_{x_n}^l (v_R\sin\alpha - v_x\tan\alpha)\tan\alpha dx$$

$$= v_R R\left(\frac{\theta}{2} - \alpha_n + \frac{\sin 2\alpha_n}{2} - \frac{\sin 2\theta}{4} \right) + \frac{UR}{bh_m}\left[2\ln\tan\left(\frac{\pi}{4} + \frac{\alpha_n}{2} \right) - \right.$$

$$\left. \ln\tan\left(\frac{\pi}{4} + \frac{\theta}{2} \right) \right] + \frac{U(2x_n - l)}{bh_m}$$

$$N_f = 4mkb(I_1 + I_2) = 4mkb\left[v_R R(\theta - 2\alpha_n) + \frac{UR}{bh_m}\ln\frac{\tan^2\left(\dfrac{\pi}{4} + \dfrac{\alpha_n}{2} \right)}{\tan\left(\dfrac{\pi}{4} + \dfrac{\theta}{2} \right)} \right] \qquad (7\text{-}20)$$

式中，变量 α_n 和 x_n 的下标 n 表示中性点。

7.1.4　剪切功率

由式（7-6）可知，$x = l$，$h_x' = b_x' = 0$；$v_y\big|_{x=l} = v_z\big|_{x=l} = 0$；因此，出口截面上不消

耗剪切功率，但是入口截面上消耗的剪切功率为

$$\left| \Delta v_z \right|_{x=0} = \left| 0 - \overline{v_z} \right|_{x=0} = \left| \overline{v_z} \right|_{x=0} = v_0 \frac{\overline{h_x'}}{\overline{h_x}} z = -\frac{v_0 \varepsilon_3}{l} z \tag{7-21}$$

$$N_s = N_{s0} = 4 \int_0^{h_0} k \left| \Delta v_z \right| b \mathrm{d}z = 4k \int_0^{h_0} \frac{v_0 \varepsilon_3}{l} z b \mathrm{d}z = 2klU \frac{h_0 \varepsilon_3}{l^2} = 2klU f_4 , f_4 = \frac{\Delta h}{l^2} \tag{7-22}$$

式中，θ 为咬入角；$k = \sigma_s / \sqrt{3}$ 为屈服剪应力。

7.1.5 总功率泛函及其最小化

总功率泛函 Φ

$$\Phi = N_d + N_f + N_s \tag{7-23}$$

将式（7-15）、式（7-20）及式（7-22）相加可得总功率泛函为

$$\Phi = \frac{8\sigma_s lU}{\sqrt{3}} \left(f_1 + f_3 + \frac{f_4}{4} \right) + \frac{4m\sigma_s}{\sqrt{3}} \left[bv_R R(\theta - 2\alpha_n) + \frac{UR}{h_m} \ln \frac{\tan^2\left(\dfrac{\pi}{4} + \dfrac{\alpha_n}{2}\right)}{\tan\left(\dfrac{\pi}{4} + \dfrac{\theta}{2}\right)} \right] \tag{7-24}$$

式中，v_R 为轧辊的圆周速度；α_n 为中性角。

由式（7-7），式（7-15），式（7-20）和式（7-22）可得

$$\mathrm{d}U/\mathrm{d}\alpha_n = v_R bR\sin 2\alpha_n - v_R b(R + h_1)\sin\alpha_n = N \tag{7-25}$$

$$\frac{\partial N_d}{\partial \alpha_n} = Nl \frac{8\sigma_s}{\sqrt{3}}(f_1 + f_3) ; \frac{\partial N_{s0}}{\partial \alpha_n} = Nl \frac{2\sigma_s}{\sqrt{3}} f_4 \tag{7-26}$$

$$\frac{\partial N_f}{\partial \alpha_n} = \frac{4m\sigma_s}{\sqrt{3}} \left[\frac{2UR}{h_m\cos\alpha_n} - 2v_R bR + \frac{NR}{h_m}\ln \frac{\tan^2\left(\dfrac{\pi}{4} + \dfrac{\alpha_n}{2}\right)}{\tan\left(\dfrac{\pi}{4} + \dfrac{\theta}{2}\right)} \right] \tag{7-27}$$

方程（7-24）对中性角 α_n 求导可得

$$\frac{\mathrm{d}\Phi}{\mathrm{d}\alpha_n} = \frac{\partial N_d}{\partial \alpha_n} + \frac{\partial N_{s0}}{\partial \alpha_n} + \frac{\partial N_f}{\partial \alpha_n} = 0 \tag{7-28}$$

求解式（7-28）可得摩擦因子 m 的表达式为

$$m = Nl\left(f_1 + f_3 + \frac{f_4}{4} \right) \Big/ \left\{ v_R bR - \frac{UR}{h_m\cos\alpha_n} - \frac{NR}{2h_m}\ln \frac{\tan^2\left(\dfrac{\pi}{4} + \dfrac{\alpha_n}{2}\right)}{\tan\left(\dfrac{\pi}{4} + \dfrac{\theta}{2}\right)} \right\} \tag{7-29}$$

将式（7-29）代入式（7-24）中可获得各种摩擦条件下总功率泛函的最小值。于

是，轧制力矩，轧制力以及应力状态系数可按下式确定为

$$M_{\min} = \frac{R}{2v_R}\Phi_{\min}; \quad F_{\min} = \frac{M_{\min}}{\chi \cdot \sqrt{2R\Delta h}}; \quad n_\sigma = \frac{F_{\min}}{4blk} \tag{7-30}$$

式中，力臂系数 χ 可以参照文献［3］取值，一般对于热轧 χ 值大约为 0.5，冷轧大约为 0.45。

7.1.6　实验验证与分析讨论

在首秦公司开展了现场轧制实验。现场轧机的工作辊直径为 1070mm。连铸坯的尺寸为 320mm×1800mm×3650mm，经过第一道次整形轧制后，轧成 303mm厚，之后转钢进入展宽轧制阶段。从第 2 道次至第 9 道次由于轧件宽厚比大于10，所以这些轧制道次近似满足平面变形条件。2~9 道次的轧制速度分别为1.24m/s、1.64m/s、1.26m/s、1.66m/s、1.30m/s、1.86m/s、1.81m/s 和 2.11m/s；力臂系数 χ 分别取 0.49、0.51、0.50、0.49、0.50、0.51、0.55 和 0.55；相应的轧制温度分别为 900℃、886℃、879℃、872℃、872℃、878℃、881℃和 891℃。每道次轧件的出口厚度以及每道次轧制力可在线实测。材料为 Q345 钢，其变形抗力模型为[4]：

$$\left.\begin{array}{l} \sigma_s = 6310.7\varepsilon^{0.407}\dot{\varepsilon}^{0.115}\exp(-2.62 \times 10^{-3}T - 0.669\varepsilon) \\ T = t + 273 \end{array}\right\} \tag{7-31}$$

式中，ε 为等效应变；$\dot{\varepsilon}$ 为等效应变速率；t 为轧制温度；T 为开尔文温度。

上述道次的轧制力矩和轧制力可由公式（7-30）计算。计算结果与实测结果如表 7-1、图 7-2、图 7-3 所示。

表 7-1　按式（7-30）的轧制力、力矩与实测结果比较

道次序号	v_R /m·s^{-1}	T /℃	$\varepsilon =$ $\ln(h_0/h_1)$	实测 F /kN	计算 F /kN	误差 Δ_1/%	实测 M /kN·m	计算 M /kN·m	误差 Δ_2/%
2	1.64	944.56	0.09130	42558	48699	14.43	2421	2771	14.46
3	1.66	933.49	0.09795	43211	44728	3.51	2443	2529	3.52
4	1.68	922.97	0.10824	44184	40160	-9.11	2437	2215	-9.11
5	1.82	924.68	0.11390	47533	48073	1.14	2678	2708	1.12
6	1.97	932.11	0.11288	49823	49921	0.20	2260	2565	13.50
7	2.19	930.42	0.10669	49667	53409	7.53	2718	2923	7.54
8	2.05	957.58	0.09645	45550	45398	-0.33	2260	2252	-0.35
9	2.08	954.14	0.068029	40749	39268	-3.63	1805	1739	-3.66

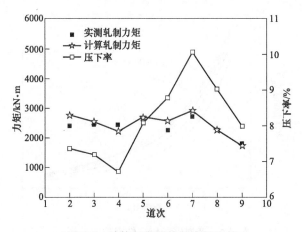

图 7-2　计算与实测轧制力矩比较

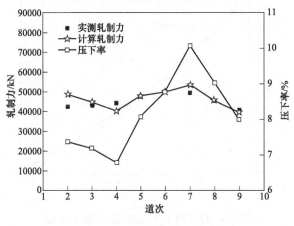

图 7-3　计算与实测轧制力比较

由表 7-1、图 7-2 及图 7-3 可见，计算值与实测值吻合较好，两者最大误差不超过 15%。需要指出的是，在本文中轧辊不考虑弹性压扁，如果考虑的情况下，那么计算轧制轧制力和力矩将适当提高。因为相对于刚性辊来说，弹性工作辊的等效轧制半径将比刚性辊的轧制半径大。该展宽轧制模型已成功指导了首秦 320mm 和 400mm 坯型轧制工艺的设计和计算。

图 7-4 为中性点与摩擦因子以及压下率的变化曲线。随着摩擦因子的降低或压下率的增加，中性点均向出口平面移动。当 $x_n/l \geqslant 0.75$ 时，摩擦因子的微小变化将会导致中性点位置发生很大的变化，在此摩擦区间的轧制将会不稳定。

图 7-5 为应力状态系数 n_σ 与形状因子（或称几何因子）$l/(2h)$ 之间的变化关系。由图可知，n_σ 随着 $l/(2h)$ 减小而增大。尽管 n_σ 在 $m=1$ 时获得最小值，但是摩擦对 n_σ 的影响是很小的。其原因为：对于厚板 $l/(2h) \leqslant 1$ 的热轧，相对

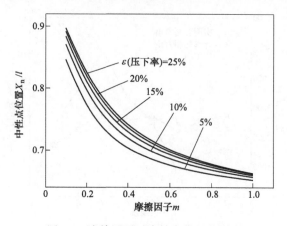

图 7-4　摩擦因子对中性点位置的影响

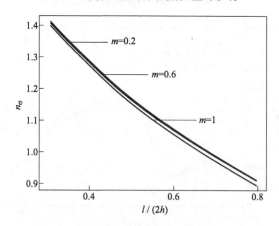

图 7-5　形状因子对应力状态系数的影响

于轧件变形区内的内部变形功率和剪切功率来说，摩擦功率所占比例很小。这导致了摩擦因子对 n_σ 的影响并不明显。

7.2　厚板二次函数速度场解析

7.2.1　二次函数速度场的提出与验证

假设变形区内轧制方向上的速度分量 v_x 符合二次函数分布，即 $v_x = Ax^2 + Bx + C$，则根据出入口的边界条件可得

$$\left.\begin{array}{l} x = 0, v_x = v_0 \\ x = l, v_x = v_1 \\ x = l, v_x' = 0 \end{array}\right\} \qquad (7\text{-}32)$$

$$v_x = \left[\frac{(h_0 b_0 - h_1 b_1)(2lx - x^2)}{h_1 b_1 l^2} + 1 \right] v_0 \tag{7-33}$$

根据式（7-33）所求结果以及速度场的边界条件，可以提出如下速度场：

$$\left. \begin{aligned} v_x &= \left[\frac{(h_0 b_0 - h_1 b_1)(2lx - x^2)}{h_1 b_1 l^2} + 1 \right] v_0 \\ v_y &= -\left\{ \frac{2v_0(h_0 b_0 - h_1 b_1)(l - x)}{h_1 b_1 l^2} + \left[\frac{(h_0 b_0 - h_1 b_1)(2lx - x^2)}{h_1 b_1 l^2} + 1 \right] \frac{v_0 h_x'}{h_x} \right\} y \\ v_z &= \left[\frac{(h_0 b_0 - h_1 b_1)(2lx - x^2)}{h_1 b_1 l^2} + 1 \right] \frac{v_0 h_x'}{h_x} z \end{aligned} \right\} \tag{7-34}$$

根据上述方程，可得该速度场所对应的应变速率场表示如下

$$\left. \begin{aligned} \dot{\varepsilon}_x &= -v_0 \left[\frac{(h_0 b_0 - h_1 b_1)(2lx - x^2)}{h_1 b_1 l^2} + 1 \right] \left(\frac{b_x'}{b_x} + \frac{h_x'}{h_x} \right) \\ \dot{\varepsilon}_y &= \left[\frac{(h_0 b_0 - h_1 b_1)(2lx - x^2)}{h_1 b_1 l^2} + 1 \right] \frac{v_0 b_x'}{b_x} \\ \dot{\varepsilon}_z &= \left[\frac{(h_0 b_0 - h_1 b_1)(2lx - x^2)}{h_1 b_1 l^2} + 1 \right] \frac{v_0 h_x'}{h_x} \end{aligned} \right\} \tag{7-35}$$

$$\left. \begin{aligned} \dot{\varepsilon}_{xz} &= \frac{z}{2} v_x \left[\frac{h_x''}{h_x} - \frac{h_x'}{h_x} \cdot \frac{b_x'}{b_x} - 2 \left(\frac{h_x'}{h_x} \right)^2 \right] \\ \dot{\varepsilon}_{xy} &= \frac{y}{2} v_x \left[\frac{b_x''}{b_x} - \frac{h_x'}{h_x} \cdot \frac{b_x'}{b_x} - 2 \left(\frac{b_x'}{b_x} \right)^2 \right] \\ \dot{\varepsilon}_{yz} &= 0 \end{aligned} \right\} \tag{7-36}$$

由于该速度场是基于边界条件推导得到的，并且满足秒体积流量不变条件。因此，所提出的三维速度场满足运动许可条件。

为了验证提出的二次函数速度场的正确性，以下以轧制数据中的第二道次为例，使用有限元软件 ANSYS LS-DYNA 进行模拟验证，材料为 Q345 钢。相关轧制参数为：$v_0 = v_R = 1.21\text{m/s}$、$h_0 = 0.1537\text{m}$、$h_1 = 0.1374\text{m}$、$b_0 = 1.9901\text{m}$、$b_1 = 1.9914\text{m}$、轧制温度 $t = 1072.6℃$。模拟过程中采用的是 3D-solid 164 单元。轧件的初始速度设置为与轧辊的圆周速度相同。本次有限元模拟所采用的材料参数如表 7-2 所示。

表 7-2　有限元模拟相关参数

分类名称	单元种类	密度/kg·m⁻³	杨氏模量/MPa	泊松比	屈服应力/MPa
轧辊	rigid	7.85×10^3	2.10×10^5	0.30	—
轧件	rigid-plastic	7.85×10^3	0.41×10^5	0.36	58

图 7-6 为轧件变形区各厚度处水平方向速度的变化图。图 7-6 中，符号 $v_x^{h/4}$、$v_x^{h/2}$、$v_x^{3h/4}$ 和 $v_x^{h\mathrm{sur}}$ 分别表示在轧件 1/4、1/2、3/4 厚度截面上以及轧件表面上的水平速度。由图 7-6 可见，变形区内各厚度处的水平速度曲线与所提出的理论速度场基本一致，只有在出口截面处的模拟速度小于理论值。原因在于：设定的初始轧辊转速与轧件水平速度相同，但在咬入阶段，轧件的水平速度会由于轧件与轧辊的碰撞而略有下降。

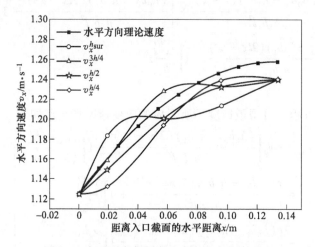

图 7-6　变形区内各厚度处水平方向速度变化

在图 7-7 和图 7-8 中，以中性面为分界面，将整个变形区划分为前滑区和后滑区。其中上标 I、III 和 V 代表入口截面、中性面和出口截面的位置，而上标 II 和 IV 代表前滑区的和后滑区的中点截面位置。

图 7-7 为变形区内不同位置处宽度方向上的速度变化图，图中的点所表示的

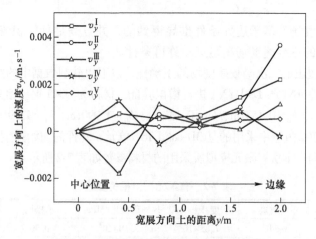

图 7-7　不同位置处的宽展方向速度变化

宽展速度均为厚度方向上的平均值。宽展方向速度较大处主要出现在 $0\sim0.5m$ 和 $1.6\sim2.0m$ 范围内,说明在宽度方向上变形主要发生在轧件中心附近和边缘处。即使在这种情况下,最大宽度速度也仅为 $0.004m/s$,远远小于厚度方向和水平方向的速度数值。因此,在分析速度场时 v_y 对整体的影响很小,可以忽略不计。

图 7-8 为不同位置处厚度方向上的速度变化。考虑到轧件变形的对称性,轧件中心位置的速度设定为零。从图中可以看出,v_z 变化主要发生在后滑区,并且除入口截面的速度 v_z^{I} 外,其他各处 v_z 的数值均从轧件表面到轧件中心逐渐增加,在距离轧件中心位置 $0.04m$ 时达到最大值,然后迅速下降为零。这说明在轧制时特厚板中心附近的实际变形量相对表面较小,有效变形较难渗透到中心位置。

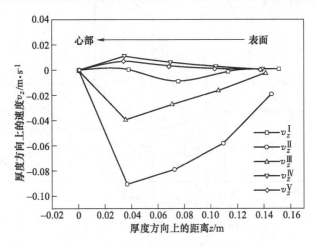

图 7-8 不同位置处厚度方向速度变化

7.2.2 轧制总功率计算

考虑到轧制变形区对称,为了计算方便,只取整体变形区的 1/4 部分进行分析,如图 7-9 所示。

图中,$2h_0$ 为轧件入口厚度;$2h_1$ 为出口厚度;R 为轧辊半径;O 点位于轧件变形区入口位置;v_0 为入口速度;v_1 为出口速度;θ 为咬入角;α 为接触角;x 为变形区任意处到变形区入口的距离;$2h_x$ 为变形区内任意处轧件厚度。

相关参数间的几何关系可上一节中的相关公式得出。中性点处轧件切向速度与此处轧辊的切向速度相等,切向速度不连续量与摩擦功均为零。

图 7-10 为 1/4 部分的宽展俯视图,其中的宽展假定为抛物线形式,其表达式、一阶导数形式以及平均宽展的数学表达式如下:

$$b_x = b_1 - \frac{\Delta b}{l^2}(l-x)^2 \qquad (7\text{-}37)$$

$$b'_x = \frac{2\Delta b}{l^2}(l - x) \tag{7-38}$$

$$\overline{b}_x = \frac{b_0 + 2b_1}{3} \tag{7-39}$$

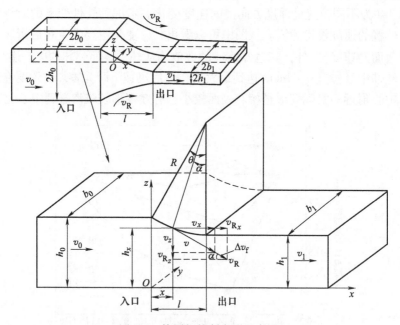

图 7-9　特厚板轧制变形示意图

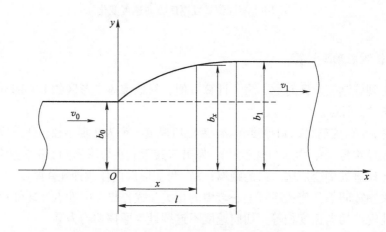

图 7-10　轧制宽度方向变形示意图

7.2.2.1　内部变形功率

变形区内消耗的内部变形功率可以由变形材料的等效应力与等效应变速率来

确定。内部变形功率 $\dot{W}_i$ 可以按照下式计算：

$$\dot{W}_i = \iiint_V \boldsymbol{\sigma}_e \cdot \dot{\boldsymbol{\varepsilon}}_e \mathrm{d}V$$

$$= 4\sqrt{\frac{2}{3}}\,\sigma_s \int_0^{h_x} \int_0^{b_x} \int_0^l \dot{\boldsymbol{\varepsilon}} \cdot \dot{\boldsymbol{\varepsilon}}_0 \mathrm{d}x\mathrm{d}y\mathrm{d}z \tag{7-40}$$

式中，σ_e 为轧件的等效应力；$\dot{\varepsilon}_e$ 为轧件的等效应变速率；$\dot{\boldsymbol{\varepsilon}}$ 为变形过程中的应变速率矢量；$\dot{\boldsymbol{\varepsilon}}_0$ 为单位矢量。

等效应变速率 $\dot{\varepsilon}_e$ 可以通过下式进行计算

$$\dot{\varepsilon}_e = \iiint_V \sqrt{\dot{\varepsilon}_x^2 + \dot{\varepsilon}_y^2 + \dot{\varepsilon}_z^2 + 2\dot{\varepsilon}_{xy}^2 + 2\dot{\varepsilon}_{xz}^2 + 2\dot{\varepsilon}_{yz}^2}\,\mathrm{d}V$$

$$= \iiint_V \left\{ \left[-v_x\left(\frac{b'_x}{b_x} + \frac{h'_x}{h_x}\right) \right]^2 + \left(v_x\frac{b'_x}{b_x}\right)^2 + \left(v_x\frac{h'_x}{h_x}\right)^2 + \right.$$

$$2\left\{ \frac{y}{2}v_x\left[\frac{b''_x}{b_x} - \frac{h'_x}{h_x}\cdot\frac{b'_x}{b_x} - 2\left(\frac{b'_x}{b_x}\right)^2 \right] \right\}^2 +$$

$$\left. 2\left\{ \frac{z}{2}v_x\left[\frac{h''_x}{h_x} - \frac{h'_x}{h_x}\cdot\frac{b'_x}{b_x} - 2\left(\frac{h'_x}{h_x}\right)^2 \right] \right\} \right\}^{\frac{1}{2}}\mathrm{d}V \tag{7-41}$$

将应变速率矢量写作三个主轴方向分量和的形式 $\dot{\boldsymbol{\varepsilon}} = \eta_x\boldsymbol{i} + \eta_y\boldsymbol{j} + \eta_z\boldsymbol{k}$ ，单位向量同样可以表示为 $\dot{\boldsymbol{\varepsilon}}_0 = l_1\boldsymbol{i} + l_2\boldsymbol{j} + l_3\boldsymbol{k}$ 。其中 $l_1 = \cos\alpha$、$l_2 = \cos\beta$ 和 $l_3 = \cos\gamma$ 分别为各主轴方向的分矢量与单位矢量的夹角余弦值。

$$\left. \begin{aligned} l_1 = \cos\alpha = \frac{1}{\sqrt{1 + \left(\dfrac{\mathrm{d}y}{\mathrm{d}x}\right)^2 + \left(\dfrac{\mathrm{d}z}{\mathrm{d}x}\right)^2}} \\[2ex] l_2 = \cos\beta = \frac{1}{\sqrt{1 + \left(\dfrac{\mathrm{d}x}{\mathrm{d}y}\right)^2 + \left(\dfrac{\mathrm{d}z}{\mathrm{d}y}\right)^2}} \\[2ex] l_3 = \cos\gamma = \frac{1}{\sqrt{1 + \left(\dfrac{\mathrm{d}x}{\mathrm{d}z}\right)^2 + \left(\dfrac{\mathrm{d}y}{\mathrm{d}z}\right)^2}} \end{aligned} \right\} \tag{7-42}$$

将轧件的等效应变速率 $\dot{\varepsilon}_e$ 矢量化后，各主轴方向的应变速率可分别表示为

$$\eta_x = |\dot{\varepsilon}_x| = v_x\left(\frac{b_x'}{b_x} + \frac{h_x'}{h_x}\right)$$

$$\eta_y = |\dot{\varepsilon}_y| + |\dot{\varepsilon}_{xy}| = v_x\frac{b_x'}{b_x} + \frac{y}{\sqrt{2}}v_x\left[\frac{b_x''}{b_x} - \frac{h_x'}{h_x}\cdot\frac{b_x'}{b_x} - 2\left(\frac{b_x'}{b_x}\right)^2\right] \qquad (7\text{-}43)$$

$$\eta_z = |\dot{\varepsilon}_z| + |\dot{\varepsilon}_{xz}| = v_x\frac{h_x'}{h_x} + \frac{z}{\sqrt{2}}v_x\left[\frac{h_x''}{h_x} - \frac{h_x'}{h_x}\cdot\frac{b_x'}{b_x} - 2\left(\frac{h_x'}{h_x}\right)^2\right]$$

式中，η_x、η_y 和 η_z 为 x、y 和 z 轴方向上的应变速率。

将式（7-41）所表达的根矢量分解为各个主轴方向的分矢量，式（7-40）可以改写为

$$\dot{W}_i = 4\sqrt{\frac{2}{3}}\sigma_s\left(\iiint_V \eta_x l_1 dV + \iiint_V \eta_y l_2 dV + \iiint_V \eta_z l_3 dV\right)$$

$$= 4\sqrt{\frac{2}{3}}\sigma_s(I_1 + I_2 + I_3) \qquad (7\text{-}44)$$

式（7-40）所表示的方法称为根矢量分解法。从式（7-43）可知，所有待积函数均为 x 的单值函数，因此相关函数可使用积分中值定理进行简化求解：

$$\overline{\frac{b_x'}{b_x}} = \frac{1}{l}\int_0^l \frac{b_x'}{b_x}dx = \frac{1}{l}\int_0^l \frac{db_x}{b_x} = \frac{\ln(b_1/b_0)}{l} = \frac{\varepsilon_2}{l} \qquad (7\text{-}45)$$

$$\overline{\frac{h_x'}{h_x}} = \frac{1}{l}\int_0^l \frac{h_x'}{h_x}dx = -\frac{\ln(h_0/h_1)}{l} = -\frac{\varepsilon_3}{l} \qquad (7\text{-}46)$$

$$\overline{h_x} = \frac{h_0 + 2h_1}{3};\ \overline{h_x''} = \frac{1}{l}\int_0^l h_x''dx = \frac{1}{l}(-\tan\alpha)\Big|_\theta^0 = \frac{\tan\theta}{l} = \frac{1}{R - \Delta h} \qquad (7\text{-}47)$$

$$\overline{\frac{b_x''}{b_x}} = 0;\ \overline{\frac{h_x''}{h_x}} = \frac{3\tan\theta}{l(h_0 + 2h_1)} = \frac{3}{(R - \Delta h)(h_0 + 2h_1)} \qquad (7\text{-}48)$$

式中，$l = \sqrt{2R\Delta h}$ 为变形区接触弧长的水平投影长度；$\overline{h_x}$、$\overline{b_x}$ 和 $\overline{v_x}$ 为使用积分中值定理求得的变形区内轧件的平均厚度、平均宽度和轧制方向的平均水平速度；$\varepsilon_2 = \ln(b_1/b_0)$、$\varepsilon_3 = \ln(h_0/h_1)$ 为宽度、厚度方向的对数主应变。

根据几何关系以及积分中值定理处理的结果可知

$$\frac{dy}{dx} = b_x' \doteq \frac{\Delta b}{l} = \overline{b_x'} \qquad (7\text{-}49)$$

$$\frac{dz}{dx} = h_x' = -\frac{\Delta h}{l} = \overline{h_x'} \qquad (7\text{-}50)$$

$$\frac{dz}{dy} = 0;\ \frac{dx}{dz} = \frac{1}{h_x'} \qquad (7\text{-}51)$$

将式（7-49）～式（7-51）代入式（7-40）后，各主轴方向上的分矢量与单位矢

量的夹角余弦值可以简写为

$$
\left.\begin{aligned}
l_1 = \cos\alpha &= \frac{1}{\sqrt{l^2 + \Delta b^2 + \Delta h^2}} \\
l_2 = \cos\beta &= \frac{\Delta b}{\sqrt{\Delta b^2 + l^2}} \\
l_3 = \cos\gamma &= \frac{\Delta h}{\sqrt{\Delta h + l^2}}
\end{aligned}\right\}
\tag{7-52}
$$

至此，所有求解内部变形功率所需的条件均已知。将式（7-45）~式（7-52）代入式（7-44）后，可以得到 I_1、I_2 和 I_3 的表达式

$$
\begin{aligned}
I_1 &= \int_0^{h_x}\int_0^{b_x}\int_0^l \frac{v_x\left(\dfrac{b_x'}{b_x} + \dfrac{h_x'}{h_x}\right) + \dfrac{\sqrt{2}zv_x}{2}\left[\dfrac{h_x''}{h_x} - \dfrac{h_x'}{h_x}\cdot\dfrac{b_x'}{b_x} - 2\left(\dfrac{h_x'}{h_x}\right)^2\right]}{\sqrt{1 + b_x'^2 + h_x'^2}}\mathrm{d}x\mathrm{d}y\mathrm{d}z \\
&= \frac{l}{\sqrt{l^2 + \Delta b^2 + \Delta h^2}}\int_0^l\left\{v_xh_xb_x\left(\frac{b_x'}{b_x} + \frac{h_x'}{h_x}\right) + \frac{\sqrt{2}v_xh_x^2b_x}{4}\left[\frac{h_x''}{h_x} - \frac{h_x'}{h_x}\cdot\frac{b_x'}{b_x} - 2\left(\frac{h_x'}{h_x}\right)^2\right]\right\}\mathrm{d}x \\
&= \frac{lU\left\{\ln\dfrac{b_1h_0}{b_0h_1} + \dfrac{\sqrt{2}}{4l^2}\left[\dfrac{l^2}{R - \Delta h} + (\varepsilon_2\varepsilon_3 - 2\varepsilon_3^2)\bar{h}_x\right]\right\}}{\sqrt{l^2 + \Delta b^2 + \Delta h^2}} \\
&= Uf_1
\end{aligned}
\tag{7-53}
$$

$$
\begin{aligned}
I_2 &= \int_0^{h_x}\int_0^{b_x}\int_0^l \frac{v_x\dfrac{b_x'}{b_x} + \dfrac{\sqrt{2}yv_x}{2}\left[\dfrac{b_x''}{b_x} - \dfrac{h_x'}{h_x}\cdot\dfrac{b_x'}{b_x} - 2\left(\dfrac{b_x'}{b_x}\right)^2\right]}{\sqrt{1 + (1/b_x')^2}}\mathrm{d}x\mathrm{d}y\mathrm{d}z \\
&= \frac{\Delta b}{\sqrt{\Delta b^2 + l^2}}\int_0^{h_x}\int_0^{b_x}\int_0^l\left\{v_x\frac{b_x'}{b_x} + \frac{\sqrt{2}yv_x}{2}\left[\frac{b_x''}{b_x} - \frac{h_x'}{h_x}\cdot\frac{b_x'}{b_x} - 2\left(\frac{b_x'}{b_x}\right)^2\right]\right\}\mathrm{d}x\mathrm{d}y\mathrm{d}z \\
&= \frac{\Delta b}{\sqrt{\Delta b^2 + l^2}}\left\{\int_0^l v_xb_xh_x\frac{b_x'}{b_x}\mathrm{d}x + \int_0^l\frac{\sqrt{2}v_xb_x^2h_x}{4}\left[\frac{b_x''}{b_x} - \frac{h_x'}{h_x}\cdot\frac{b_x'}{b_x} - 2\left(\frac{b_x'}{b_x}\right)^2\right]\mathrm{d}x\right\} \\
&= \frac{\Delta bU}{\sqrt{\Delta b^2 + l^2}}\left[\int_0^l\frac{b_x'}{b_x}\mathrm{d}x + \frac{\sqrt{2}(\varepsilon_2\varepsilon_3 - 2\varepsilon_3^2)}{4l^2}\int_0^l b_x\mathrm{d}x\right] \\
&= \frac{\Delta bU}{\sqrt{\Delta b^2 + l^2}}\left[\ln\frac{b_1}{b_0} + \frac{\sqrt{2}(\varepsilon_2\varepsilon_3 - 2\varepsilon_3^2)\bar{h}_x}{4l^2}\right] \\
&= Uf_2
\end{aligned}
\tag{7-54}
$$

$$I_3 = \int_0^{h_x} \int_0^{b_x} \int_0^l \frac{v_x \dfrac{h'_x}{h_x}}{\sqrt{1 + (1/h'_x)^2}} \mathrm{d}x \mathrm{d}y \mathrm{d}z$$

$$= \frac{2\Delta h}{\sqrt{4\Delta h^2 + l^2}} \int_0^l v_x h_x b_x \frac{h'_x}{h_x} \mathrm{d}x$$

$$= \frac{2\Delta h U}{\sqrt{4\Delta h^2 + l^2}} \int_0^l \frac{h'_x}{h_x} \mathrm{d}x$$

$$= \frac{2\Delta h U \ln \dfrac{h_0}{h_1}}{\sqrt{4\Delta h^2 + l^2}}$$

$$= U f_3 \tag{7-55}$$

将 I_1、I_2 和 I_3 的积分结果逐项代入式（7-40）后，轧制的内部变形功率表达式可写为

$$\dot{W}_i = 4\sqrt{\frac{2}{3}} \sigma_s U \left\{ \frac{l\ln \dfrac{b_1 h_0}{b_0 h_1}}{\sqrt{l^2 + \Delta b^2 + \Delta h_1^2}} + \frac{\Delta b}{\sqrt{\Delta b^2 + l^2}} \left[\ln \frac{b_1}{b_0} + \frac{(\varepsilon_2 \varepsilon_3 - 2\varepsilon_3^2) \bar{b}_x}{2\sqrt{2} l} \right] + \right.$$

$$\left. \frac{2\Delta h}{\sqrt{4\Delta h^2 + l^2}} \left\{ \ln \frac{h_0}{h_1} + \frac{1}{2\sqrt{2} l} \left[\frac{l^2}{R - \Delta h} + (\varepsilon_2 \varepsilon_3 - 2\varepsilon_3^2) \bar{h}_x \right] \right\} \right\}$$

$$= 4\sqrt{\frac{2}{3}} \sigma_s U (f_1 + f_2 + f_3) \tag{7-56}$$

7.2.2.2　摩擦功率

求解轧制能率泛函中摩擦功率的积分框架为

$$\dot{W}_f = \int_0^l \int_0^{b_x} \tau_f |\Delta v_f| \mathrm{d}S = \frac{4\sigma_s m U}{\sqrt{3}} \int_0^l \int_0^{b_x} \frac{\Delta v_f}{U} \sqrt{1 + h'^2_x} \mathrm{d}x \mathrm{d}y \tag{7-57}$$

轧制变形过程中轧件与轧辊之间的接触面如图 7-11 所示。

如图 7-11a 所示，在变形区内任意位置处轧辊和轧件接触面的速度差量 Δv 可以表示为

$$|\Delta v| = |v_R - v| = |v_R - v_x \sec\alpha| = \sqrt{(v_{R_x} - v_x)^2 + (v_{R_z} - v_z)^2}$$

$$= \sqrt{(v_R \cos\alpha - v_x)^2 + (v_R \sin\alpha - v_x \tan\alpha)^2} \tag{7-58}$$

式中，$v_R = \sqrt{v_{R_x}^2 + v_{R_z}^2}$，$v = v_x \sec\alpha = \sqrt{v_x^2 + v_z^2}$，$v_z = v_x \tan\alpha$。

在平行于截面 xOz 的其他截面上，如图 7-11b 所示，由摩擦作用所带来的速度不连续量为

$$|\Delta v_f| = \sqrt{\Delta v_x^2 + \Delta v_y^2 + \Delta v_z^2}$$

$$= \sqrt{(v_{R_x} - v_x)^2 + v_y^2 + (v_{R_z} - v_z)^2}$$

$$= \sqrt{(v_R\cos\alpha - v_x)^2 + v_y^2 + (v_R\sin\alpha - v_x\tan\alpha)^2}$$

$$= \sqrt{v_y^2 + (v_R - v_x\sec\alpha)^2} \tag{7-59}$$

根据式（7-58）和式（7-59），摩擦功率式（7-57）可被改写成共线向量 Δv_f 和 τ_f 内积的形式

$$\dot{W}_f = 4\int \tau_f \cdot |\Delta v_f|dS$$

$$= 4\int \tau_f \cdot |\Delta v_f|\cos(\tau_f, \Delta v_f)dS$$

$$= 4\int \tau_f \cdot \Delta v_f dS \tag{7-60}$$

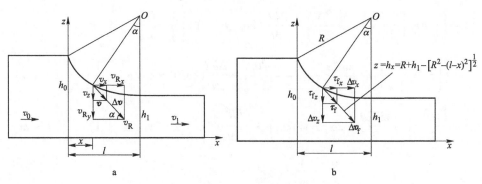

图 7-11　xOz 截面上的速度场和摩擦应力

a—速度场；b—摩擦应力

根据图 7-11 中的几何关系，接触面上速度切线方向各分矢量的夹角余弦值可表示为

$$\cos\alpha = \pm\frac{\sqrt{R^2 - (l-x)^2}}{R}, \cos\beta = \cos\frac{\pi}{2} = 0, \cos\gamma = \sin\alpha = \pm\frac{l-x}{R} \tag{7-61}$$

将接触面上的速度不连续量 Δv_f 改写为矢量的形式

$$\Delta v_f = \Delta v_x i + \Delta v_y j + \Delta v_z k \tag{7-62}$$

辊面上的积分微元为

$$dS = \sqrt{1 + (dz/dx)^2 + (dz/dy)^2}\,dxdy = \sqrt{1 + h_x'^2}\,dxdy \tag{7-63}$$

于是，摩擦功率的表达式改写为

$$\dot{W}_f = 4\int_0^l\int_0^{b_x} \tau_f \cdot \Delta v_f dS$$

$$= 4\int_0^l\int_0^{b_x}(\tau_{f_x}\Delta v_x + \tau_{f_y}\Delta v_y + \tau_{f_z}\Delta v_z)\sqrt{1 + h_x'^2}\,dxdy$$

$$= 4mk \int_0^l \int_0^{b_x} (\Delta v_x \cos\alpha + \Delta v_y \cos\beta + \Delta v_z \cos\gamma) \sec\alpha \, dx dy$$

$$= 4mk \left(\int_0^l \int_0^{b_x} \Delta v_x \cos\alpha \sec\alpha \, dx dy + \int_0^l \int_0^{b_x} \Delta v_y \cos\beta \sec\alpha \, dx dy + \int_0^l \int_0^{b_x} \Delta v_z \cos\gamma \sec\alpha \, dx dy \right)$$

$$= 4mk (I_{f_x} + I_{f_y} + I_{f_z}) \tag{7-64}$$

对上式中的 I_{f_x}、I_{f_y} 和 I_{f_z} 进行逐项积分计算

$$I_{f_x} = \int_0^l \int_0^{b_x} \Delta v_x \cos\alpha \sec\alpha \, dx dy$$

$$= \int_0^l \int_0^{b_x} \Delta v_x \, dx dy$$

$$= \int_0^{x_n} \int_0^{b_x} (v_R \cos\alpha - v_x) \, dx dy - \int_{x_n}^l \int_0^{b_x} (v_R \cos\alpha - v_x) \, dx dy$$

$$= \left\{ -Rv_R \left[\frac{b_1}{2} \left(\alpha_n + \frac{\sin 2\alpha_n}{2} \right) + \frac{\Delta bR}{3l} (\cos^3 \alpha_n - 1) \right] \right\} - \frac{U}{h_m} x_n -$$

$$\left\langle \left\{ -Rv_R \left[\frac{b_1}{2} \left(\theta + \frac{\sin 2\theta}{2} - \alpha_n - \frac{\sin 2\alpha_n}{2} \right) + \frac{\Delta bR}{3l} (\cos^3 \theta - \cos^3 \alpha_n) \right] \right\} - \frac{U}{h_m} (l - x_n) \right\rangle$$

$$= \frac{Rv_R b_1}{2} \left(\theta + \frac{\sin 2\theta}{2} - 2\alpha_n - \sin 2\alpha_n \right) + \frac{\Delta bR^2 v_R}{3l} (\cos^3 \theta - 2\cos^3 \alpha_n + 1) + \frac{U}{h_m} (l - 2x_n)$$

$$\tag{7-65}$$

$$I_{f_y} = 0 \tag{7-66}$$

$$I_{f_z} = \int_0^l \int_0^{b_x} \Delta v_z \cos\gamma \sec\alpha \, dx dy$$

$$= \int_0^l \int_0^{b_x} (v_R \sin\alpha - v_x \tan\alpha) \tan\alpha \, dx dy$$

$$= \int_{x_n}^l \int_0^{b_x} (v_R \sin\alpha - v_x \tan\alpha) \tan\alpha \, dx dy - \int_{x_n}^l \int_0^{b_x} (v_R \sin\alpha - v_x \tan\alpha) \tan\alpha \, dx dy$$

$$= \frac{RU}{h_m} \ln \frac{\tan^2 \left(\dfrac{\alpha_n}{2} + \dfrac{\pi}{4} \right)}{\tan \left(\dfrac{\theta}{2} + \dfrac{\pi}{4} \right)} - \frac{U}{h_m} (l - 2x_n) + \frac{Rv_R b_1}{2} \left(\theta - 2\alpha_n - \frac{\sin 2\theta}{2} + \sin 2\alpha_n \right) +$$

$$\frac{\Delta bR^2 v_R}{l} \left[1 - 2\cos\alpha_n + \cos\theta + \frac{1}{3} (2\cos^3 \alpha_n - 1 - \cos^3 \theta) \right] \tag{7-67}$$

将式（7-55）～式（7-67）代入式（7-64）后，摩擦功率的表达式可以写为

$$\dot{W}_{\mathrm{f}} = 4mk(I_{f_x} + I_{f_z})$$

$$= 4mk\left[\frac{\Delta b R^2 v_{\mathrm{R}}}{l}(1 - 2\cos\alpha_{\mathrm{n}} + \cos\theta) + Rv_{\mathrm{R}}b_1(\theta - 2\alpha_{\mathrm{n}}) + \frac{RU}{h_{\mathrm{m}}}\ln\frac{\tan^2\left(\dfrac{\alpha_{\mathrm{n}}}{2} + \dfrac{\pi}{4}\right)}{\tan\left(\dfrac{\theta}{2} + \dfrac{\pi}{4}\right)}\right]$$

$$(7\text{-}68)$$

7.2.2.3 剪切功率

在变形区的出口截面处没有切向方向的速度，即当 $x = l$ 时存在着 $h'_x = b'_x = 0$ 的关系。因此，在速度场中存在着以下关系

$$v_y\big|_{x=l} = v_z\big|_{x=l} = \Delta v_y\big|_{x=l} = \Delta v_z\big|_{x=l} = 0 \tag{7-69}$$

这意味着在出口截面处变形的剪切功率为零，入口截面的剪切功率即为总剪切功率，其计算式可写作

$$\dot{W}_{\mathrm{s}} = \dot{W}_{\mathrm{s}_0} = 4\int_0^{b_0}\int_0^{h_0} k\,|\Delta v_{\mathrm{t}}|\,\mathrm{d}z\mathrm{d}y \tag{7-70}$$

在入口截面上的切向速度可以表示为

$$|\Delta v_{\mathrm{t}}| = \sqrt{v_y^2 + v_z^2}\,\Big|_{x=0} = v_0\sqrt{\left(\frac{b'_x}{b_x}\right)^2 y^2 + \left(\frac{h'_x}{h_x}\right)^2 z^2}\,\Bigg|_{x=0} = v_0\sqrt{\left(\frac{\Delta b}{lb_0}\right)^2 y^2 + \left(\frac{\tan\theta}{h_0}\right)^2 z^2}$$

$$(7\text{-}71)$$

入口截面上的二重积分区域如图 7-12 所示。二重积分域由 $x = 0$ 入口截面上

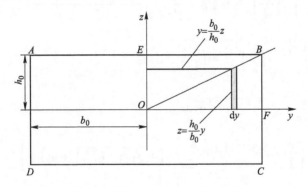

图 7-12　入口截面上的变上限积分域

的一条对角线 OB 分成两部分。分别对 $\triangle OBF$ 和 $\triangle OBE$ 区域进行变上限积分可得

$$\dot{W}_{\mathrm{s}} = 4k\left(\int_{OBF}|\Delta v_{\mathrm{t}}|\,\mathrm{d}S + \int_{OBE}|\Delta v_{\mathrm{t}}|\,\mathrm{d}S\right)$$

$$= 4k\left[v_0\int_0^{b_0}\int_0^{h_0}\sqrt{\left(\frac{\Delta b}{lb_0}\right)^2 y^2 + \left(\frac{\tan\theta}{h_0}\right)^2 z^2}\,\mathrm{d}z\mathrm{d}y\right]$$

$$= 4kv_0 \left[\int_0^{b_0} \int_0^{z = \frac{h_0}{b_0}y} \sqrt{\left(\frac{\Delta b}{lb_0}\right)^2 y^2 + \left(\frac{\tan\theta}{h_0}\right)^2 z^2} \, \mathrm{d}z\mathrm{d}y + \right.$$

$$\left. \int_0^{h_0} \int_0^{y = \frac{b_0}{h_0}z} \sqrt{\left(\frac{\Delta b}{lb_0}\right)^2 y^2 + \left(\frac{\tan\theta}{h_0}\right)^2 z^2} \, \mathrm{d}y\mathrm{d}z \right]$$

$$= 4kv_0(s_1 + s_2) \qquad\qquad\qquad (7\text{-}72)$$

由于 $\Delta b/(lb_0)$、$\tan\theta/h_0$ 和 h_0/b_0 等为 x 的单值函数或者常数，其存在不影响积分结果，为了方便计算，在积分运算过程中分别记为 $a = \Delta b/(lb_0)$、$b = \tan\theta/h_0$、$c = h_0/b_0$ 和 $d = 1/c = b_0/h_0$。积分结果 s_1、s_2 如下

$$s_1 = \int_0^{b_0} \int_0^{z = \frac{h_0}{b_0}y} \sqrt{\left(\frac{\Delta b}{lb_0}\right)^2 y^2 + \left(\frac{\tan\theta}{h_0}\right)^2 z^2} \, \mathrm{d}z\mathrm{d}y$$

$$= \int_0^{b_0} \int_0^{z = cy} \sqrt{a^2 y^2 + b^2 z^2} \, \mathrm{d}z\mathrm{d}y$$

$$= \int_0^{b_0} \left\{ \frac{z}{2}\sqrt{a^2 y^2 + b^2 z^2} + \frac{a^2 y^2}{2b}\left[\ln b + \ln(\sqrt{a^2 y^2 + b^2 z^2} + bz)\right] \right\} \Bigg|_0^{z = cy} \mathrm{d}y$$

$$= \int_0^{b_0} \frac{y^2}{2}\mathrm{d}y \left[c\sqrt{a^2 + (bc)^2} + \frac{a^2}{b}\ln \frac{\sqrt{a^2 + (bc)^2} + bc}{a} \right]$$

$$= \frac{b_0 h_0}{6}\left[\sqrt{\left(\frac{\Delta b}{l}\right)^2 + \tan^2\theta} + \frac{\Delta b^2}{l^2\tan\theta}\ln \frac{\sqrt{\Delta b^2 + l^2\tan^2\theta} + l\tan\theta}{\Delta b} \right] \qquad (7\text{-}73)$$

$$s_2 = \int_0^{h_0} \int_0^{y = \frac{b_0}{h_0}z} \sqrt{\left(\frac{b_x'}{b_x}\right)^2 y^2 + \left(\frac{h_x'}{h_x}\right)^2 z^2} \, \mathrm{d}y\mathrm{d}z$$

$$= \int_0^{h_0} \int_0^{y = dz} \sqrt{a^2 y^2 + b^2 z^2} \, \mathrm{d}y\mathrm{d}z$$

$$= \int_0^{h_0} \left\{ \frac{y}{2}\sqrt{a^2 y^2 + b^2 z^2} + \frac{b^2 z^2}{2a}\ln\left[a(\sqrt{a^2 y^2 + b^2 z^2} + ay)\right] \right\} \Bigg|_0^{y = dz} \mathrm{d}z$$

$$= \int_0^{h_0} \frac{z^2}{2}\mathrm{d}z \left[d\sqrt{(ad)^2 + b^2} + \frac{b^2}{a}\ln \frac{\sqrt{(ad)^2 + b^2} + ad}{b} \right]$$

$$= \frac{b_0 h_0}{6}\left[\sqrt{\left(\frac{\Delta b}{l}\right)^2 + \tan^2\theta} + \frac{l\tan^2\theta}{\Delta b}\ln \frac{\sqrt{\Delta b^2 + l^2\tan^2\theta} + \Delta b}{l\tan\theta} \right] \qquad (7\text{-}74)$$

式中，$\tan\theta = \Delta h/l$。

将式（7-73）和式（7-74）代入式（7-72）后，可以得到的剪切功率的数学

表达式为

$$\dot{W}_s = 4kv_0(s_1 + s_2)$$

$$= \frac{2kU}{3}\left[2\sqrt{\left(\frac{\Delta b}{l}\right)^2 + \tan^2\theta} + \frac{\Delta b^2}{l^2\tan\theta}\ln\frac{\sqrt{\Delta b^2 + l^2\tan^2\theta} + l\tan\theta}{\Delta b} + \right.$$

$$\left. \frac{l\tan^2\theta}{\Delta b}\ln\frac{\sqrt{\Delta b^2 + l^2\tan^2\theta} + \Delta b}{l\tan\theta}\right] \qquad (7\text{-}75)$$

7.2.2.4 总功率泛函最小化

将式（7-56）、式（7-68）和式（7-75）代入 $J^* = \dot{W}_d + \dot{W}_f + \dot{W}_s$ 后可以得到总功率泛函的表达式为

$$J^* = 4\sqrt{\frac{2}{3}}\sigma_s U(f_1 + f_2 + f_3) + 4mk(I_{f_x} + I_{f_z}) + 4kv_0(s_1 + s_2) \qquad (7\text{-}76)$$

总功泛函的最小值计算以及轧制力的计算参考式（7-30）进行。同样的，此处使用的变形抗力模型考虑了温升和温度场分布的影响，其公式为

$$\overline{\sigma_s} = \frac{1}{h_0}\int_0^{h_0}\sigma_s \mathrm{d}z$$

$$= 6310.7\overline{\varepsilon}^{-0.407}\dot{\overline{\varepsilon}}^{0.115}\exp\left[-2.62\times10^{-3}\left(t_{\text{surface}} + \frac{2\Delta t}{3} + 273\right) - 0.669\overline{\varepsilon}\right]$$

$$(7\text{-}77)$$

式中，$\Delta t = |t_{\text{core}} - t_{\text{surface}}|$ 为轧件中心与表面的温差。

7.2.2.5 模型验证与参数分析

以下验证用的特厚板轧制数据来源于国内某厂现场实测值。轧件的尺寸为 320mm×2050mm×3825mm（高×长×宽），轧辊的直径为 1100mm。本章的计算中，各道次的力臂系数 χ 分别取值为 0.544、0.537、0.525、0.524 和 0.525。经过第一道次整形轧制后轧件的初始厚度为 299.36mm，采用第 2~6 道次数据进行验证。轧件各道次时的具体几何参数列于表 7-3 中。

表 7-3 各道次下的轧制几何参数

道次序号	轧辊速度 $v/\mathrm{m}\cdot\mathrm{s}^{-1}$	入口厚度 $2h_0/\mathrm{m}$	出口厚度 $2h_1/\mathrm{m}$	入口宽度 $2b_0/\mathrm{m}$	出口宽度 $2b_1/\mathrm{m}$
2	1.21	0.307	0.275	3.980	3.983
3	1.23	0.275	0.243	3.983	3.985
4	1.26	0.243	0.216	3.985	3.987
5	1.30	0.216	0.193	3.987	3.989
6	1.30	0.193	0.174	3.989	3.992

在表 7-4 中，F_w 和 F_m 分别为没有采用平均变形抗力公式与采用了平均抗力公式的模型预测轧制力，ΔF_w 和 ΔF_m 则是二者预测值与实际测量值之间的误差。由上表可见，即使未考虑平均变形抗力公式时，轧制力模型的预测误差也在 9.54% 以内，已经能够满足工业生产 10% 以内误差的需求，证明基于所提出的二次函数速度场所建立的该轧制力模型有着较高的预测精度。而考虑了平均变形抗力模型影响后的轧制力预测误差降到了 5.14% 以内，则表明计算时将特厚板心表温差考虑进来更符合实际轧制情况。

表 7-4　理论轧制力与实测值的对比

道次序号	σ_s /MPa	$\overline{\sigma}_s$ /MPa	温差 Δt	实测轧制力 F/kN	理论轧制力 F_w/kN	误差 ΔF_w/%	理论轧制力 F_m/kN	误差 ΔF_m/%
2	60.70	58.08	25.25	41408	41734	0.79	39934	-3.56
3	68.53	65.19	28.58	41243	45179	9.54	42979	4.21
4	69.38	65.57	32.36	38272	41002	7.13	38749	1.25
5	69.36	65.10	36.31	35143	37595	6.98	35285	0.41
6	66.87	62.35	40.12	31617	32170	1.75	29993	-5.14

以下揭示轧制力模型中各参数对模型预测轧制力的影响规律。图 7-13 为不同压下率下各轧制功率的变化关系图。由图可知，在各压下率下，内部变形功率总是轧制过程中消耗能量的最主要部分，且它在总轧制功率中的占比随着压下率的增加而增加，摩擦功率和剪切功率几乎在同一个数量级且摩擦功率数值最小。摩擦功率和剪切功率虽然都与压下率成正相关，但其数值均远小于内部变形功率。当摩擦因子为 0.6 时，剪切功率与摩擦功率在压下率为 0.35 时相等，而当摩擦因子为 0.8 时，二者在压下率为 0.3 时相等。此外，随着摩擦因子的增加，摩擦功率的增长速率大于剪切功率的增长速率。因此，随着摩擦因子的增加，摩擦功率等于剪切功率时的所需的压下率会下降。

图 7-14 为不同压下率下变形区长度 l 与中性点位置 x_n/l 的关系图。随着压下率的增大，变形区的总长度虽然变长了，但中性点在变形区内的相对位置并未向出口移动，反而是向变形区中点（图中的中点线）发生了偏移。

图 7-15 为轧件心表温差、压下率与模型预测轧制力之间的关系图。如图 7-15 所示，预测轧制力与单道次的轧制压下率成正相关关系，而随着轧件心表温差增大，预测轧制力则出现了小幅度的下降。

图 7-16 为厚径比、压下量与模型预测轧制力之间的变化关系图。由图 7-16 可见，轧制力与厚径比成近似线性正相关，而与压下率成近似抛物线变化的关系。轧件厚度与轧辊半径的比值越大，轧制时所需的轧制力越大。

图 7-17 为摩擦因子、压下量与总轧制功率之间的变化关系图。由图可见，总轧制功率与压下量成正比关系，而与摩擦因子成反比关系。在压下率较大的情况下，摩擦因子对轧制功率的影响较大。

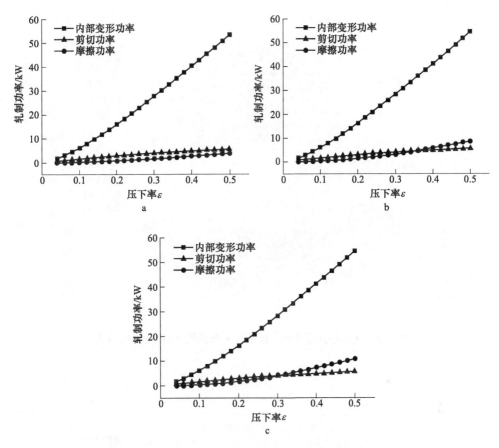

图 7-13 不同压下率下各轧制功率的变化关系图

a—摩擦因子 $m=0.2$; b—摩擦因子 $m=0.6$; c—摩擦因子 $m=0.8$

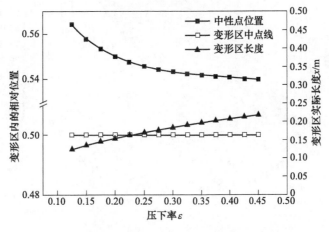

图 7-14 不同压下率下变形区长度与中性点位置的关系

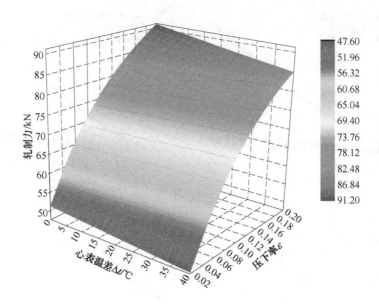

图 7-15 轧件心表温差 Δt、压下率 ε 与预测轧制力的变化关系

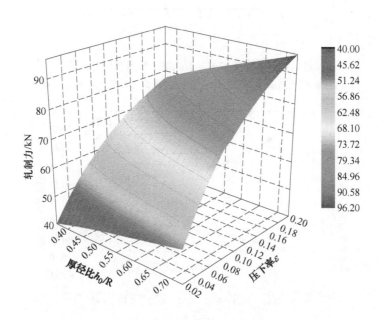

图 7-16 厚径比、压下量与模型预测轧制力之间的变化关系

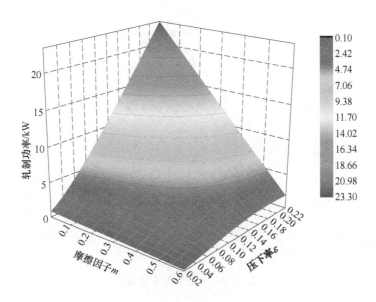

图 7-17　摩擦因子 m、压下率 ε 与总轧制功率之间的变化关系图

7.3　厚板差温轧制正弦速度场解析

7.3.1　正弦速度场的提出

当板材宽厚比满足 $b/h \geqslant 10$ 时，宽度方向的流动可以忽略，此时的轧制过程可以视为二维平面变形问题。

特厚板轧制变形如图 7-18 所示。取坐标系的原点位于轧件的入口位置，x 轴代表轧制方向，y 轴代表宽度方向，z 轴代表厚度方向。图中，圆点 O 位于轧辊中心，R 为轧辊半径，θ 为接触角，l 为变形区接触弧长度，h_0、h_1 分别为轧件入口和出口厚度，v_0、v_1 分别为轧件的入口和出口速度。因为变形区是对称分布的，因此仅需要研究 1/4 的变形区（厚度与宽度各取一半）。

定义与入口相距 x 的轧件厚度为 h_x，则接触弧方程为

$$h_x = 2R + h - \sqrt{R^2 - (l - x)^2} \tag{7-78}$$

定义 BE 弧对应的圆心角为 α，则接触弧的参数方程为

$$\left.\begin{array}{l} h_x = 2R + h - R\cos\alpha \\[2mm] x = R\sin\alpha \\[2mm] \mathrm{d}x = R\cos\alpha\,\mathrm{d}\alpha \end{array}\right\} \tag{7-79}$$

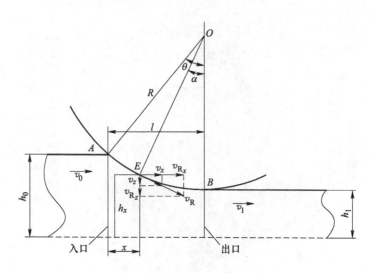

图 7-18　轧制变形示意图

接触弧 h_x 的一阶与二阶多数为

$$\left.\begin{aligned} h'_x &= \frac{\mathrm{d}h_x}{\mathrm{d}x} = \frac{l - x}{\sqrt{R^2 - (l - x)^2}} = \tan\alpha \\[3mm] h''_x &= \frac{\mathrm{d}h'_x}{\mathrm{d}x} = (R\cos^3\alpha)^{-1} \end{aligned}\right\}\qquad(7\text{-}80)$$

根据图 7-18 可知如下边界条件:

$$\left.\begin{aligned} x = 0, &\quad \alpha = \theta, \quad h_x = h_0, \quad h'_x = \tan\theta, \quad v_x = v_1 \\ x = l, &\quad \alpha = 0, \quad h_x = h_1, \quad h'_x = 0, \quad v_x = v_0, \quad v'_x = 0 \end{aligned}\right\}\quad(7\text{-}81)$$

在轧制过程中，因为有 $b/h \geqslant 10$，板坯宽度可以忽略，因而可以近似认为 $y \equiv b$。

基于以上条件，通过假定水平方向的速度分量满足正弦函数分布，可建立如下二维速度场:

$$\left.\begin{aligned} v_x &= v_1\sin\left[\left(\frac{\pi}{2} - \arcsin\frac{v_0}{v_1}\right)\frac{x}{l} + \arcsin\frac{v_0}{v_1}\right] \\[2mm] v_y &= 0 \\[2mm] v_z &= v_x\tan\alpha = v_1\sin\left[\left(\frac{\pi}{2} - \arcsin\frac{v_0}{v_1}\right)\frac{x}{l} + \arcsin\frac{v_0}{v_1}\right]\frac{h'_x}{h_x}z \end{aligned}\right\}\quad(7\text{-}82)$$

式中，v_x、v_y 以及 v_z 为轧制方向、宽展方向以及厚向压缩方向的速度分量。

根据式（7-82）与几何方程，可得如下应变速率场:

$$\dot{\varepsilon}_x = \frac{\mathrm{d}v_x}{\mathrm{d}x} = \frac{v_1(\pi/2 - \arcsin v_0/v_1)}{l}\cos\left[\left(\frac{\pi}{2} - \arcsin v_0/v_1\right)\frac{x}{l} + \arcsin v_0/v_1\right] = \dot{\varepsilon}_{\max}$$

$$\dot{\varepsilon}_y = 0$$

$$\dot{\varepsilon}_z = -\dot{\varepsilon}_{\max} = -\frac{v_1(\pi/2 - \arcsin v_0/v_1)}{l}\cos\left[\left(\frac{\pi}{2} - \arcsin v_0/v_1\right)\frac{x}{l} + \arcsin v_0/v_1\right] = \dot{\varepsilon}_{\min}$$

$$\dot{\varepsilon}_{xy} = 0$$

$$\dot{\varepsilon}_{yz} = 0$$

$$\dot{\varepsilon}_{zx} = \frac{1}{2}\left(\frac{\mathrm{d}v_x}{\mathrm{d}z} + \frac{\mathrm{d}v_z}{\mathrm{d}x}\right) = \frac{z}{2}\left[\dot{\varepsilon}_x\frac{h_x'}{h_x} + v_x\frac{h_x''}{h_x} - v_x\left(\frac{h_x'}{h_x}\right)^2\right]$$

$$\tag{7-83}$$

在以上两式可知，$x=0$，$v_x=v_0$；$x=l$，$v_x=v_1$，$z=0$，$v_z=0$；$z=h_x$，$v_z=v_x\tan\alpha$；$\dot{\varepsilon}_x+\dot{\varepsilon}_y+\dot{\varepsilon}_z=0$。因此，此处提出的正弦速度场满足运动许可条件，能够用于轧制能量分析。

7.3.2 轧制功率计算

7.3.2.1 内部变形功率

轧制过程的内部变形功率可按下式计算

$$W_i = \sqrt{\frac{2}{3}}\sigma_s\iiint_V\sqrt{\dot{\varepsilon}_{ik}\dot{\varepsilon}_{ik}}\,\mathrm{d}V \tag{7-84}$$

把式（7-83）表示的应变速率场代入式（7-84）可得

$$W_i = 4\sqrt{\frac{2}{3}}\sigma_s b\iint_S\sqrt{\dot{\varepsilon}_x^2 + \dot{\varepsilon}_z^2 + \dot{\varepsilon}_{xz}^2 + \dot{\varepsilon}_{zx}^2}\,\mathrm{d}x\mathrm{d}z$$

$$= \frac{8\sigma_s}{\sqrt{3}}b\iint_S\sqrt{\dot{\varepsilon}_x^2 + \dot{\varepsilon}_{zx}^2}\,\mathrm{d}x\mathrm{d}z \tag{7-85}$$

由于非线性 Mises 比能率的存在，式（7-85）难以积分。为解决此问题，此处利用根矢量分解法求解。于是，式（7-85）转变为

$$W_i = \frac{8\sigma_s}{\sqrt{3}}b\int_0^l\int_0^{h_x}\left(\frac{\dot{\varepsilon}_x}{\sqrt{1 + (\dot{\varepsilon}_{xz}/\dot{\varepsilon}_x)^2}} + \frac{\dot{\varepsilon}_{xz}}{\sqrt{1 + (\dot{\varepsilon}_{xz}/\dot{\varepsilon}_x)^{-2}}}\right)\mathrm{d}x\mathrm{d}z$$

$$= \frac{8\sigma_s}{\sqrt{3}}b\int_0^l\int_0^{h_x}(\dot{\varepsilon}_x l_1 + \dot{\varepsilon}_{xz} l_2)\,\mathrm{d}x\mathrm{d}z$$

$$= \frac{8\sigma_s}{\sqrt{3}}b\iint_S\dot{\varepsilon}\cdot\dot{\varepsilon}^0\mathrm{d}x\mathrm{d}z \tag{7-86}$$

式中，方向余弦、应变速率矢量以及单位矢量分别为

$$l_1 = \left[1 + (\dot{\varepsilon}_{xz}/\dot{\varepsilon}_x)^2\right]^{-1/2}, l_2 = \left[1 + (\dot{\varepsilon}_{xz}/\dot{\varepsilon}_x)^{-2}\right]^{-1/2} \tag{7-87}$$

$$\dot{\boldsymbol{\varepsilon}} = \dot{\varepsilon}_x \boldsymbol{e}_1 + \dot{\varepsilon}_{xz} \boldsymbol{e}_2, \dot{\boldsymbol{\varepsilon}}^0 = l_1 \boldsymbol{e}_1 + l_2 \boldsymbol{e}_2 \tag{7-88}$$

式（7-86）中的非零项 $\dot{\varepsilon}_{xz}/\dot{\varepsilon}_x$ 可以按积分中值定理求出

$$\frac{\dot{\varepsilon}_{xz}}{\dot{\varepsilon}_x} \approx \overline{\dot{\varepsilon}_{xz}/\dot{\varepsilon}_x} = \frac{z}{2}\left[\frac{1}{l}\int_0^l \frac{h_x'}{h_x}\mathrm{d}x + \frac{1}{l}\int_0^l \frac{v_x(h_x''h_x - h_x'^2)}{v_x'h_x^2}\mathrm{d}x\right] = \frac{v_0\tan\theta}{2(v_1 - v_0)h_0}z \tag{7-89}$$

定义道次压下系数为 $\eta = h_0/h_1$，则可根据体积不变条件 $v_0 h_0 b = v_1 h_1 b$ 得

$$\frac{v_1}{v_0} = \frac{h_0}{h_1} = \eta \tag{7-90}$$

因为 $\tan\theta = h_x'\big|_{x=l} \approx 2\Delta h/l$，所以式（7-89）中可以进一步写成

$$\dot{\varepsilon}_{xz}/\dot{\varepsilon}_x = \frac{2\left(\dfrac{h_0}{h_1} - 1\right)z}{2\left(\dfrac{v_1}{v_0} - 1\right)\eta l} = \frac{2(\eta - 1)z}{2(\eta - 1)\eta l} = \frac{z}{l\eta} \tag{7-91}$$

代入式（7-86）可得

$$W_i = I_1 + I_2 = \frac{8}{\sqrt{3}}\sigma_s bl\eta\left[v_1\ln\left(\frac{h_1}{l\eta} + \sqrt{1 + \left(\frac{h_1}{l\eta}\right)^2}\right) - v_0\ln\left(\frac{h_0}{l\eta} + \sqrt{1 + \left(\frac{h_0}{l\eta}\right)^2}\right) - \right.$$
$$\frac{U}{bh_m}\ln\frac{h_1 + \sqrt{(l\eta)^2 + h_1^2}}{h_0 + \sqrt{(l\eta)^2 + h_0^2}} + v_0\frac{l\eta\tan\theta}{4h_0}\left(\frac{h_0\sqrt{(l\eta)^2 + h_0^2}}{(l\eta)^2} + \frac{1}{2}\ln\frac{\sqrt{(l\eta)^2 + h_0^2} - h_0}{\sqrt{(l\eta)^2 + h_0^2} + h_0}\right) +$$
$$\left.\frac{U\ln\eta}{2l\eta bl}\left(\sqrt{(l\eta)^2 + h_1^2} - \sqrt{(l\eta)^2 + h_0^2}\right)\right] \tag{7-92}$$

式中

$$I_1 = \frac{8}{\sqrt{3}}\sigma_s b\int_0^l\int_0^{h_x}\dot{\varepsilon}_x l_1 \mathrm{d}x\mathrm{d}z$$

$$= \frac{8}{\sqrt{3}}\sigma_s b\int_0^l\int_0^{h_x}\frac{\dot{\varepsilon}_x}{\sqrt{1 + (z/l\eta)^2}}\mathrm{d}x\mathrm{d}z$$

$$= \frac{8}{\sqrt{3}}\sigma_s bl\eta\left[v_1\ln\left(\frac{h_1}{l\eta} + \sqrt{1 + \left(\frac{h_1}{l\eta}\right)^2}\right) - v_0\ln\left(\frac{h_0}{l\eta} + \sqrt{1 + \left(\frac{h_0}{l\eta}\right)^2}\right) - \right.$$
$$\left.\frac{U}{bh_m}\ln\frac{h_1 + \sqrt{(l\eta)^2 + h_1^2}}{h_0 + \sqrt{(l\eta)^2 + h_0^2}}\right]$$

$$I_2 = \frac{8}{\sqrt{3}}\sigma_s b \int_0^l \int_0^{h_x} \dot{\varepsilon}_{xz} l_2 \mathrm{d}x\mathrm{d}z$$

$$= \frac{8}{\sqrt{3}}\sigma_s b \int_0^l \int_0^{h_x} \frac{\dot{\varepsilon}_{xz}}{\sqrt{1+(z/l\eta)^{-2}}}\mathrm{d}x\mathrm{d}z$$

$$= \frac{8}{\sqrt{3}}\sigma_s b \cdot \frac{(l\eta)^2}{4}\left[v_0 \frac{\tan\theta}{h_0}\left(\frac{h_0\sqrt{(l\eta)^2+h_0^2}}{(l\eta)^2} + \frac{1}{2}\ln\frac{\sqrt{(l\eta)^2+h_0^2}-h_0}{\sqrt{(l\eta)^2+h_0^2}+h_0} \right) + \right.$$

$$\left. \frac{2U\ln\eta}{(l\eta)^2 bl}\left(\sqrt{(l\eta)^2+h_1^2} - \sqrt{(l\eta)^2+h_0^2} \right) \right] \tag{7-93}$$

$U=v_0 h_0 b = v_1 h_1 b = v_n h_n b = v_R b\cos\alpha_n(R+h_1-R\cos\alpha_n)$ 为秒体积流量。

7.3.2.2 摩擦功率
摩擦功率的计算公式为

$$W_f = 4\int_0^l \int_0^{b_x} \tau_f |\Delta v_f|\mathrm{d}s \tag{7-94}$$

由于共线的特征，上式表示的摩擦功率可以写成矢量内积的形式，即

$$W_f = 4\int_0^l \int_0^b \boldsymbol{\tau}_f \cdot \Delta\boldsymbol{v}_f\mathrm{d}s \tag{7-95}$$

式中，$\tau_f = mk$ 为摩擦剪应力；$k=\sigma_s/\sqrt{3}$ 为剪切屈服强度；辊面上速度不连续量 $\Delta\boldsymbol{v}_f$ 可以写成如下矢量的形式：

$$\Delta\boldsymbol{v}_f = \Delta v_x \boldsymbol{i} + \Delta v_y \boldsymbol{j} + \Delta v_z \boldsymbol{k} = (v_R\cos\alpha - v_x)\boldsymbol{i} + (v_R\sin\alpha - v_x\tan\alpha)\boldsymbol{k} \tag{7-96}$$

接触辊面的弧微分以及方向余弦为

$$\mathrm{d}s = \sqrt{1+h_x'^2}\mathrm{d}x\mathrm{d}y \tag{7-97}$$

$$\left.\begin{array}{l} \cos\alpha = \pm\sqrt{R^2-(l-x)^2}/R \\ \cos\beta = 0 \\ \cos\gamma = \pm(l-x)/R = \sin\alpha \end{array}\right\} \tag{7-98}$$

代入以上条件至式（7-95）可得

$$W_f = 4mk\int_0^l \int_0^b \cos\alpha(v_R\cos\alpha - v_x)\sec\alpha\mathrm{d}x\mathrm{d}y +$$

$$4mk\int_0^l \int_0^b \sin\alpha(v_R\sin\alpha - v_x\tan\alpha)\sec\alpha\mathrm{d}x\mathrm{d}y$$

$$= 4mkb\left[v_R R(\theta - 2\alpha_n) + \frac{UR}{bh_m}\ln\frac{\tan^2\left(\frac{\pi}{4}+\frac{\alpha_n}{2}\right)}{\tan\left(\frac{\pi}{4}+\frac{\theta}{2}\right)} \right] \tag{7-99}$$

7.3.2.3 剪切功率
在轧制变形区的出口截面有：$x=0$，$h_x'=b_x'=0$，$v_y|_{x=l} = v_z|_{x=l} = 0$。因此，

仅在入口截面消耗功率。因此，总的剪切功率等于入口处的剪切功率，即

$$W_\mathrm{s} = \int_S k \mid \Delta v \mid \mathrm{d}S \approx 4kb \int_0^h \mid \Delta \bar{v}_z \mid \mathrm{d}z = kU\tan\theta \qquad (7\text{-}100)$$

7.3.2.4　总功率及其变分

因为总功率泛函为 $\Phi = W_\mathrm{i} + W_\mathrm{f} + W_\mathrm{s}$，因此有

$$\Phi = 8kbl\eta\left[v_1\ln\left(\frac{h_1}{l\eta} + \sqrt{1 + \left(\frac{h_1}{l\eta}\right)^2}\right) - v_0\ln\left(\frac{h_0}{l\eta} + \sqrt{1 + \left(\frac{h_0}{l\eta}\right)^2}\right) - \right.$$

$$\frac{U}{bh_\mathrm{m}}\ln\frac{h_1 + \sqrt{(l\eta)^2 + h_1^2}}{h_0 + \sqrt{(l\eta)^2 + h_0^2}} + v_0\frac{l\eta\tan\theta}{4h_0}\left(\frac{h_0\sqrt{(l\eta)^2 + h_0^2}}{(l\eta)^2} + \frac{1}{2}\ln\frac{\sqrt{(l\eta)^2 + h_0^2} - h_0}{\sqrt{(l\eta)^2 + h_0^2} + h_0}\right) + $$

$$\left. \frac{U\ln\eta}{2l\eta bl}\left(\sqrt{(l\eta)^2 + h_1^2} - \sqrt{(l\eta)^2 + h_0^2}\right)\right] + 4mkb\left[v_\mathrm{R}R(\theta - 2\alpha_\mathrm{n}) + \frac{UR}{bh_\mathrm{m}}\ln\frac{\tan^2\left(\frac{\pi}{4} + \frac{\alpha_\mathrm{n}}{2}\right)}{\tan\left(\frac{\pi}{4} + \frac{\theta}{2}\right)}\right] + $$

$$kU\tan\theta \qquad (7\text{-}101)$$

总功率泛函 Φ 对中性角 α_n 的一阶导数为

$$\frac{\partial\Phi}{\partial\alpha_\mathrm{n}} = \frac{\partial W_\mathrm{i}}{\partial\alpha_\mathrm{n}} + \frac{\partial W_\mathrm{f}}{\partial\alpha_\mathrm{n}} + \frac{\partial W_\mathrm{s}}{\partial\alpha_\mathrm{n}}$$

$$= 8kbl\eta\left(-\frac{N}{bh_\mathrm{m}}\ln\frac{h_1 + \sqrt{(l\eta)^2 + h_1^2}}{h_0 + \sqrt{(l\eta)^2 + h_0^2}} + \frac{N\ln\eta}{2l\eta bl}\left(\sqrt{(l\eta)^2 + h_1^2} - \sqrt{(l\eta)^2 + h_0^2}\right)\right) + $$

$$4mk\left[\frac{NR}{h_\mathrm{m}}\ln\frac{\tan^2\left(\frac{\pi}{4} + \frac{\alpha_\mathrm{n}}{2}\right)}{\tan\left(\frac{\pi}{4} + \frac{\theta}{2}\right)} + \frac{2UR}{h_\mathrm{m}\cos\alpha_\mathrm{n}} - 2v_\mathrm{R}Rb\right] + kN\tan\theta \qquad (7\text{-}102)$$

式中，$N = \partial U / \partial\alpha_\mathrm{n} = v_\mathrm{R}b\sin2\alpha_\mathrm{n} - v_\mathrm{R}b(R + h_1)\sin\alpha_\mathrm{n}$。

把最小的轧制功率 $\Phi_{\min}$ 代入到下面的计算公式，则可得轧制力矩、轧制力以及应力状态系数

$$\left.\begin{aligned} M_{\min} &= \frac{R}{2v_\mathrm{R}}\Phi_{\min} \\[2mm] F_{\min} &= \frac{M_{\min}}{\chi\sqrt{2R\Delta h}} \\[2mm] n_\sigma &= \frac{F_{\min}}{4blk} \end{aligned}\right\} \qquad (7\text{-}103)$$

式中，χ 为力臂系数，在热轧时取值在 0.5 左右。

7.3.2.5 厚向温度分布描述

在差温轧制过程中，厚向温度分布是不均匀的，心表存在较大温差。在此处，假定板坯表面至中心的分布符合二次分布，即 $T = az^2 + bz + c$，代入边界条件 $z=0$，$T=T_s$，$T'=0$；$z=h_0$，$T=T_f$ 可得

$$T = \left(\frac{T_f - T_s}{h_0^2}\right) z^2 + T_s \tag{7-104}$$

基于该表达式，可以根据积分中值定理求出整个板材在厚度方向的平均温度 $\overline{T} = (T_f + 2T_s)/3$。

7.3.3 模型验证与参数分析

7.3.3.1 模型验证

为验证模型的正确性，将本书结果与文献 [5] 中的实测值进行比较。轧件材料为 E355DD，坯料尺寸为 300mm×1800mm×2800mm，其变形抗力为[6]

$$\sigma = 167.639 \times \exp\left(-2.079 \times \frac{T}{1000} + 2.668\right) \times \left(\frac{\dot{\varepsilon}}{10}\right)^{0.299 \times \frac{T}{1000} - 0.248} \times$$

$$\left[1.646 \times \left(\frac{\varepsilon}{0.4}\right)^{0.470} - 0.646 \times \left(\frac{\varepsilon}{0.4}\right)\right] \tag{7-105}$$

式中，T 为变形温度；ε 为应变；$\dot{\varepsilon}$ 为应变速率。

式（7-104）中的力臂系数参照下式计算[7]

$$\chi = 0.78 + 0.017(R/h_1) - 0.163\sqrt{R/h_1} \tag{7-106}$$

式中，R 为轧辊半径；h_1 为轧件出口厚度。

表 7-5 给出了差温轧制的工艺参数条件。

表 7-5 差温轧制工艺参数条件

道次序号	入口厚度 h_0/mm	出口厚度 h_1/mm	表面温度 T_f/℃	中心温度 T_s/℃	轧制速度 v_0/m·s^{-1}	力臂系数 χ
1	300.00	273.20	826.3	1149.7	1.00	0.54
2	273.20	247.83	926.8	1149.6	1.00	0.53
3	247.83	226.42	821.1	1148.7	1.00	0.52
4	226.42	207.69	892.1	1147.7	1.00	0.51
5	207.69	179.34	821.5	1144.7	1.00	0.49

轧制力的理论计算值与实验值的对比情况如表 7-6 所示，从表可知，解析轧制力与实测值之间的最大误差为 10.21%，小于工程允许的 15% 的要求，具有潜在的应用价值。

表 7-6　理论与实验轧制力的对比

道次序号	平均温度 $\overline{T}/℃$	实测轧制力 F/kN	计算轧制力 F_A/kN	相对误差 $\Delta = \dfrac{F_A - F}{F}/\%$
1	1041.90	29509680	30812054	4.41
2	1074.33	27184320	27282236	0.36
3	1039.50	29184720	27574039	-5.52
4	1062.50	26318520	24157768	-8.21
5	1036.97	28920480	31873770	10.21

7.3.3.2　参数分析

图 7-19 给出了板材上半部变形抗力的变化曲线。由图 7-19 可知，随着表面温度的增加，变形抗力显著下降。同时可看出，变形抗力从中心到表面逐渐增加，并且越靠近表面，变化越剧烈。据此现象表明，厚向温度梯度的存在将有利于较软的芯部优先变形。

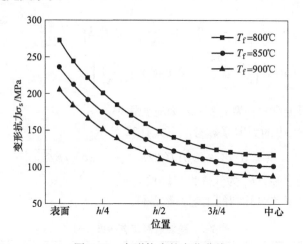

图 7-19　变形抗力的变化曲线

图 7-20 给出了表面温度与心表温差对轧制力的影响。由图 7-20 可见，随着表面温度的增加，轧制力逐步降低。在相同的表面温度下，温差越大，板材的整体变形抗力增加，轧制力增加。

图 7-21 给出了厚径比与压下率对轧制力的影响。由图 7-21 可见，轧制力随着压下率的增加而增加。在相同的压下率下，轧制力随着厚径比的增加而增加。

图 7-22 给出了形状因子与摩擦因子对应力状态系数的影响。由图 7-22 可见，应力状态系数随着形状因子的增加而减少。摩擦因子的增加将会引起应力状态系数的减少，但这种影响不明显，主要原因在于热轧过程的摩擦不是轧制变形的主要影响因素。

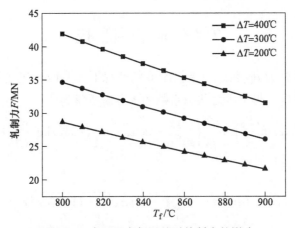

图 7-20 表面温度与温差对轧制力的影响

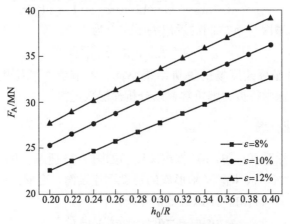

图 7-21 厚径比与压下率对轧制力的影响

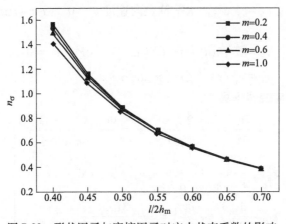

图 7-22 形状因子与摩擦因子对应力状态系数的影响

7.4　锥　模　拉　拔

在不考虑后张力 σ_{zb} 和定径带长度 L 的情况下，Avitzur 建立了棒线材拉拔的球坐标连续速度场，得出应力状态系数的上界解析解为[8]

$$n_\sigma = 2f(\alpha)\ln\left(\frac{R_0}{R_1}\right) + \frac{2}{\sqrt{3}}\left\{\frac{\alpha}{\sin^2\alpha} - \cot\alpha + m\left[(\cot\alpha)\ln\left(\frac{R_0}{R_1}\right) + \frac{L}{R_1}\right]\right\} \quad (7\text{-}107)$$

式中

$$f(\alpha) = (\sin^2\alpha)^{-1} \cdot \left[1 - \cos\alpha\sqrt{1 - 11\sin^2\alpha/12} + \right.$$

$$\left. \frac{1}{\sqrt{11 \times 12}}\ln\frac{1 + \sqrt{11/12}}{\sqrt{11/12}\cos\alpha + \sqrt{1 - 11\sin^2\alpha/12}}\right]$$

最佳模角 α 和摩擦因子 m 之间的近似关系式[9]为

$$\alpha_{opt} \approx \sqrt{3m\ln(R_0/R_1)/2} \quad (7\text{-}108)$$

与 Avitzur 球坐标速度场的解析结果不同，本节建立了拉拔柱坐标速度场，用根矢量分解法探索拉拔力解析解，以分析深层次规律。

7.4.1　柱坐标速度场

建立圆柱坐标系 (r, θ, z) 拉拔速度场如图 7-23 所示。图 7-23 中坐标原点为 O，s_1、s_0 为半径 R_1、R_0 绕 z 轴形成的速度不连续面，变形区由旋转模面 AA_1 与两个不连续圆面组成。由秒体积流量相等条件有

$$\pi R_0^2 v_0 = \pi R_1^2 v_1 = \pi R_z^2 v_z = C \quad (7\text{-}109)$$

式中，$R_z = z\tan\alpha$，$R_0 = z_0\tan\alpha$，$R_1 = z_1\tan\alpha$；C、α 与 z 无关。

A 点径向速度 $v_{0r} = v_0\tan\alpha$，水平轴径向速度 $v_{0r} = 0$，故 $v_r = v_z\tan\alpha_r = v_z r/z$，速度场为

$$\left.\begin{array}{l} v_z = C/(\pi R_z^2) = -C/(\pi\tan^2\alpha \cdot z^2), v_\theta = 0 \\[2mm] v_r = v_z r/z = -Cr/(\pi\tan^2\alpha \cdot z^3) \end{array}\right\} \quad (7\text{-}110)$$

由几何方程可得应变速率场

$$\left.\begin{array}{l} \dot\varepsilon_z = \dfrac{\partial v_z}{\partial z} = \dfrac{2C}{\pi\tan^2\alpha \cdot z^3}, \dot\varepsilon_r = \dfrac{\partial v_r}{\partial r} = \dfrac{-C}{\pi\tan^2\alpha \cdot z^3} \\[4mm] \dot\varepsilon_\theta = \dfrac{v_r}{r} = \dfrac{-C}{\pi\tan^2\alpha \cdot z^3}, \dot\varepsilon_{\theta r} = \dot\varepsilon_{\theta z} = 0 \\[4mm] \dot\varepsilon_{rz} = \dfrac{1}{2}\left(\dfrac{\partial v_r}{\partial z} + \dfrac{\partial v_z}{\partial r}\right) = \dfrac{3Cr}{2\pi\tan^2\alpha \cdot z^4} \end{array}\right\} \quad (7\text{-}111)$$

圆棒拉拔视为轴对称问题，由体积不变条件得

$$\dot{\varepsilon}_z + \dot{\varepsilon}_r + \dot{\varepsilon}_\theta = 0, \dot{\varepsilon}_z = -(\dot{\varepsilon}_r + \dot{\varepsilon}_\theta) = -2\dot{\varepsilon}_r$$

$$\dot{\varepsilon}_r = \dot{\varepsilon}_\theta = -\dot{\varepsilon}_z/2 = \frac{-C}{\pi \tan^2\alpha \cdot z^3} \tag{7-112}$$

$$\frac{\dot{\varepsilon}_{rz}}{\dot{\varepsilon}_z} = \frac{3}{2}\frac{Cr}{\pi \tan^2\alpha \cdot z^4} \times \frac{\pi \tan^2\alpha \cdot z^3}{2C} = \frac{3}{4}\frac{r}{z} \tag{7-113}$$

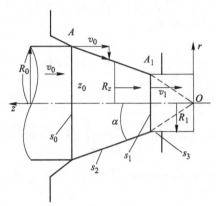

图 7-23 棒材拉拔柱坐标速度场

由图 7-23，沿入口截面 s_0、出口截面 s_1、接触面 s_2、s_3（定径带）的切向速度不连续量依次为

$$\Delta v_{0t} = |0 - v_{0r}| = \frac{Cr}{\pi \tan^2\alpha \cdot z_0^3} = \frac{C \cdot \tan\alpha}{\pi R_0^3} \cdot r$$

$$\Delta v_{1t} = |0 - v_{1r}| = \frac{Cr}{\pi \tan^2\alpha \cdot z_1^3} = \frac{C \cdot \tan\alpha}{\pi R_1^3} \cdot r \tag{7-114}$$

$$\Delta v_{s_2} = \frac{v_z}{\cos\alpha} = \frac{-C \cdot \cos\alpha}{\pi \sin^2\alpha \cdot z^2}, \Delta v_{s_3} = v_1$$

7.4.2 变形功率与应力状态系数

7.4.2.1 内部变形功率应变矢量内积

注意到 $dV = 2\pi r dr dz$，$R_z = z \cdot \tan\alpha$，$z_0/z_1 = R_0/R_1$，将式（7-111）代入下式，得

$$N_d = (2\sigma_s/\sqrt{3})\int_V \sqrt{\dot{\varepsilon}_{ij}\dot{\varepsilon}_{ij}/2}\,dV$$

$$= \frac{2\sigma_s}{\sqrt{3}}\int_V |\dot{\boldsymbol{\varepsilon}}||\dot{\boldsymbol{\varepsilon}}^0|\cos(\dot{\boldsymbol{\varepsilon}}, \dot{\boldsymbol{\varepsilon}}^0)\,dV = \frac{2\sigma_s}{\sqrt{3}}\int_V \dot{\boldsymbol{\varepsilon}} \cdot \dot{\boldsymbol{\varepsilon}}^0 dV$$

$$= (2\sigma_s/\sqrt{3}) \int_V \left(\frac{\sqrt{3}}{2}\dot{\varepsilon}_z l_1 + \dot{\varepsilon}_{rz}l_2\right) \mathrm{d}V = (2\sigma_s/\sqrt{3})(I_1 + I_2) \quad (7\text{-}115)$$

应变速率矢量及其单位矢量为

$$\dot{\boldsymbol{\varepsilon}} = \sqrt{3}\dot{\varepsilon}_z \boldsymbol{e}_1/2 + \dot{\varepsilon}_{rz}\boldsymbol{e}_2, \dot{\boldsymbol{\varepsilon}}^0 = l_1\boldsymbol{e}_1 + l_2\boldsymbol{e}_2 \quad (7\text{-}116)$$

单位矢量方向余弦为

$$\left.\begin{array}{l} l_1 = \dfrac{\sqrt{3}\dot{\varepsilon}_z/2}{\sqrt{3\dot{\varepsilon}_z^2/4 + \dot{\varepsilon}_{rz}^2}} = \left[1 + 4\dot{\varepsilon}_{rz}^2/(3\dot{\varepsilon}_z^2)\right]^{-1/2} \\[4mm] l_2 = \dfrac{\dot{\varepsilon}_{rz}}{\sqrt{3\dot{\varepsilon}_z^2/4 + \dot{\varepsilon}_{rz}^2}} = \left[1 + 3\dot{\varepsilon}_z^2/(4\dot{\varepsilon}_{rz}^2)\right]^{-1/2} \end{array}\right\} \quad (7\text{-}117)$$

式（7-116）表示的分矢量积分为

$$I_1 = \int_{z_1}^{z_0}\int_0^{R_z} \frac{\sqrt{3}}{2}\dot{\varepsilon}_z l_1 2\pi r \mathrm{d}z\mathrm{d}r = \frac{8C}{\sqrt{3}\,\tan^2\alpha}\left[\sqrt{1 + 3\tan^2\alpha/4} - 1\right]\ln\frac{R_0}{R_1} \quad (7\text{-}118)$$

$$I_2 = \int_0^{R_z}\int_{z_1}^{z_0} \dot{\varepsilon}_{rz} l_2 2\pi r \mathrm{d}z\mathrm{d}r = (2C/\sqrt{3})\ln(R_0/R_1) \cdot$$

$$\left[\sqrt{1 + 3\tan^2\alpha/4} - \frac{8}{3\tan^2\alpha}(\sqrt{1 + 3\tan^2\alpha/4} - 1)\right] \quad (7\text{-}119)$$

将式（7-118）、式（7-119）代入式（7-115）整理得

$$N_d = \frac{16\sigma_s C}{9\tan^2\alpha}\left[\sqrt{(1 + 3\tan^2\alpha/4)^3} - 1\right]\ln\frac{R_0}{R_1} \quad (7\text{-}120)$$

7.4.2.2　剪切功率与摩擦功率

由 $k = \sigma_s/\sqrt{3}$，将式（7-114）代入下式，出入口剪切功率

$$N_{s_0} + N_{s_1} = \int_{s_0} k\Delta v_{0t}\mathrm{d}S_0 + \int_{s_1} k\Delta v_{1t}\mathrm{d}S_1 = 2kC\tan\alpha\left(\int_0^{R_0} \frac{r^2\mathrm{d}r}{R_0^3} + \int_0^{R_1} \frac{r^2\mathrm{d}r}{R_1^3}\right)$$

$$= 4\sigma_s C\tan\alpha/(3\sqrt{3}) \quad (7\text{-}121)$$

变形区接触面与定径带摩擦功率为

$$N_{s_2} + N_{s_3} = \int_{s_2} \tau_f\Delta v_{2t}\mathrm{d}S_2 + \int_{s_3} \tau_f\Delta v_{3t}\mathrm{d}S_3 = m\frac{2\sigma_s C}{\sqrt{3}}\frac{\tan\alpha}{\sin^2\alpha}\ln\frac{R_0}{R_1} + m\frac{\sigma_s}{\sqrt{3}}v_1 2\pi R_1 L$$

$$(7\text{-}122)$$

式中，L 为定径带长度。

7.4.2.3　总能率与应力状态系数

令 $J = \pi R_1^2\sigma_d v_1 = -\pi R_0^2\sigma_e v_0 = N_d + N_{s_0} + N_{s_1} + N_{s_2} + N_{s_3}$，将式（7-120）~式（7-122）代入该式，注意到式（7-109），则

$$n_\sigma = \frac{\sigma_d}{\sigma_s} = \left[\frac{16}{9\tan^2\alpha}(\sqrt{(3\tan^2\alpha/4 + 1)^3} - 1) + \frac{2m}{\sqrt{3}}\frac{\tan\alpha}{\sin^2\alpha}\right]\ln\frac{R_0}{R_1} + \frac{4\tan\alpha}{3\sqrt{3}} + \frac{2m}{\sqrt{3}}\frac{L}{R_1}$$
$$(7\text{-}123)$$

式中，σ_d、σ_e 分别为出口和入口处的拉拔应力。

式（7-123）对 α 求导，并令 $dn_\sigma/d\alpha = 0$，可得摩擦因子 m 和道次加工率 ε 为

$$m = \sqrt{3}\tan2\alpha\sqrt{(3\tan^2\alpha/4 + 1)} - \frac{16\sqrt{3}\,\cos^3\alpha}{9\sin\alpha\cos2\alpha}[(3\tan^2\alpha/4 + 1)^{\frac{3}{2}} - 1] +$$
$$2\sin^2\alpha/[3\cos2\alpha\ln(R_0/R_1)] \qquad\qquad (7\text{-}124)$$

$$\varepsilon = \ln\left(\frac{R_0}{R_1}\right)^2 \leqslant \left(1 - \frac{4\tan\alpha}{3\sqrt{3}} - \frac{2m}{\sqrt{3}}\frac{L}{R_1}\right) \Big/$$
$$\left[\frac{2}{9\tan^2\alpha}(\sqrt{(3\tan^2\alpha/4 + 1)^3} - 1) + \frac{m}{\sqrt{3}}\frac{\tan\alpha}{\sin^2\alpha}\right] \qquad (7\text{-}125)$$

以式（7-124）确定的 α（也称最佳模角 α_{opt}）代入式（7-123）可得 n_σ 最小值；以式（7-125）可确定极限道次加工率。

7.4.3 采用中值定理

7.4.3.1 内部变形功率

将 $r/z = \tan\alpha_i$（$0 \leqslant \alpha_i \leqslant \alpha$），代入式（7-115）并应用中值定理得

$$\dot{\varepsilon}_{rz}/\dot{\varepsilon}_z = 3r/(4z) = 3\tan\alpha_i/4,\quad \overline{\dot{\varepsilon}_{rz}/\dot{\varepsilon}_z} = \frac{1}{\alpha}\int_0^\alpha \frac{3}{4}\tan\alpha_i d\alpha_i = -\frac{3}{4}\frac{\ln\cos\alpha}{\alpha}$$
$$(7\text{-}126)$$

将式（7-122）与式（7-111）代入式（7-115），内积的第一项积分为

$$I_1 = \int_{z_1}^{z_0}\int_0^{R_z}\frac{\sqrt{3}}{2}\dot{\varepsilon}_z l_1 2\pi rdzdr = \sqrt{3}\,\pi\int_{z_1}^{z_0}\int_0^{R_z}\frac{\dot{\varepsilon}_z rdzdr}{\sqrt{1 + 4(\dot{\varepsilon}_{rz}/\dot{\varepsilon}_z)^2/3}}$$

$$= \sqrt{3}\,\pi\int_{z_1}^{z_0}\int_0^{R_z}\frac{\dot{\varepsilon}_z rdzdr}{\sqrt{1 + 4(\overline{\dot{\varepsilon}_{rz}/\dot{\varepsilon}_z})^2/3}} = 2\alpha\sqrt{3}\,C\ln(R_0/R_1)/\sqrt{4\alpha^2 + 3(\ln\cos\alpha)^2}$$
$$(7\text{-}127)$$

同样步骤，第二项积分为

$$I_2 = \frac{\tan\alpha\sqrt{3}\,C\ln\cos\alpha}{\sqrt{4\alpha^2 + 3(\ln\cos\alpha)^2}}\ln\frac{R_0}{R_1} \qquad\qquad (7\text{-}128)$$

将分矢量积分结果式（7-127）、式（7-128）代入式（7-115）整理得

$$N_d = 2\sigma_s C\left(\frac{2\alpha + \tan\alpha\ln\cos\alpha}{\sqrt{4\alpha^2 + 3(\ln\cos\alpha)^2}}\right)\ln\frac{R_0}{R_1} \qquad (7\text{-}129)$$

7.4.3.2　总能率与应力状态系数

令 $J = \pi R_1^2 \sigma_d v_1 = -\pi R_0^2 \sigma_e v_0 = N_d + N_{s_0} + N_{s_1} + N_{s_2} + N_{s_3}$，将式（7-129）、式（7-121）、式（7-122）代入前式，注意到式（7-109），则

$$n_\sigma = \frac{\sigma_d}{\sigma_s} = \left(\frac{2\alpha + \tan\alpha \ln\cos\alpha}{\sqrt{4\alpha^2 + 3(\ln\cos\alpha)^2}} \right) \ln\left(\frac{R_0}{R_1}\right)^2 + \frac{4\tan\alpha}{3\sqrt{3}} + \frac{2m}{\sqrt{3}} \frac{\tan\alpha}{\sin^2\alpha} \ln\frac{R_0}{R_1} + \frac{2m}{\sqrt{3}} \frac{L}{R_1}$$

$$(7\text{-}130)$$

式（7-130）对 α 求导，并令 $\mathrm{d}n_\sigma/\mathrm{d}\alpha = 0$，可以得到 m 与 α 之间的关系式为

$$m = \tan\alpha \cdot \tan 2\alpha / \left[3\ln(R_0/R_1) \right] + \frac{\sqrt{3}\sin^2\alpha}{1 - \tan^2\alpha} \left[\frac{2 + \sec^2\alpha \ln\cos\alpha - \tan^2\alpha}{\sqrt{4\alpha^2 + 3(\ln\cos\alpha)^2}} - \right.$$
$$\left. \left[8\alpha^2 - 2\alpha\tan\alpha \ln\cos\alpha - 3\tan^2\alpha (\ln\cos\alpha)^2 \right] \left[4\alpha^2 + 3(\ln\cos\alpha)^2 \right]^{-3/2} \right]$$

$$(7\text{-}131)$$

以式（7-131）确定的最佳模角 α_{opt} 代入式（7-130）可得 n_σ 的最小值，式（7-130）确定的极限道次加工率为

$$\varepsilon = \ln\left(\frac{R_0}{R_1}\right)^2 \leqslant \left(1 - \frac{4\tan\alpha}{3\sqrt{3}} - \frac{2m}{\sqrt{3}} \frac{L}{R_1} \right) \bigg/ \left(\frac{2\alpha + \tan\alpha \ln\cos\alpha}{\sqrt{4\alpha^2 + 3(\ln\cos\alpha)^2}} + \frac{m}{\sqrt{3}} \frac{\tan\alpha}{\sin^2\alpha} \right)$$

$$(7\text{-}132)$$

7.4.4　算例与比较

算例：铜棒直径 $D_0 = 10\mathrm{mm}$，$D_1 = 8.37\mathrm{mm}$，减缩率 $r = 0.3$，$\mu = 0.08$，模角 α 为 $12°$，$\sigma_s = 235\mathrm{N/mm^2}$，$L = 4\mathrm{mm}$，分别按式（7-108）、式（7-124）、式（7-131）计算不同摩擦因子 m 时的最佳模角如图 7-24 所示。

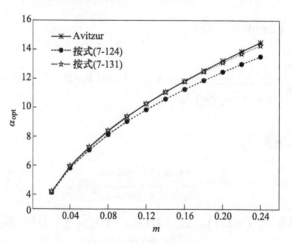

图 7-24　不同摩擦条件下的最佳模角

α_{opt}代入式（7-107）、式（7-123）、式（7-130）得应力状态系数如图7-25所示。

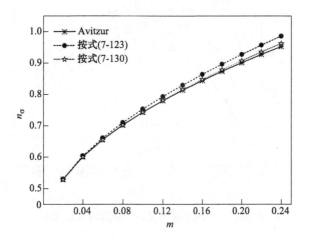

图7-25　不同公式应力状态系数计算结果比较

不同 α 对 n_σ 的影响如图7-26所示。

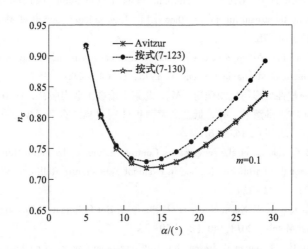

图7-26　摩擦因子为0.1时的最佳模角

不同 m 与 α 条件下的极限道次加工率如图7-27所示。

由图7-24和图7-25可知，最佳模角 α_{opt} 和 n_σ 均随 m 增大而增大；图7-26表明 m 一定时，最佳模角处 n_σ 有最小值；图7-27表明 m 增大时，极限加工率减小，且极限加工率峰值移向 α 增大的方向。

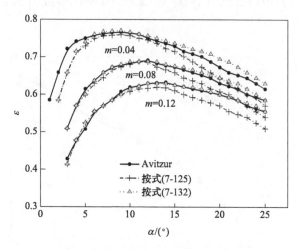

图 7-27 不同摩擦与模角的极限道次加工率

参 考 文 献

[1] Zhang S H, Zhao D W, Gao C R. The calculation of roll torque and roll separating force for broadside rolling by stream function method [J]. International Journal of Mechanical Sciences, 2012, 57 (1): 74~78.

[2] Oh S I, Kobayashi S. An approximate method for a three-dimensional analysis of rolling [J]. International Journal of Mechanical Sciences, 1975, 17 (4): 293~305.

[3] 赵志业. 金属塑性变形与轧制理论 [M]. 北京: 冶金工业出版社, 1980.

[4] 陈庆军, 康永林, 洪慧平, 等. 低合金宽薄板轧制过程的有限元模拟 [J]. 塑性工程学报, 2005, 12 (增刊): 163~167.

[5] Ding J, Zhao Z, Jiao Z, et al. Temperature Control Technology by Finite Difference Scheme with Thickness Unequally Partitioned Method in Gradient Temperature Rolling Process [J]. ISIJ Int, 2017, 57 (7): 1141~1148.

[6] Haiyang L, Dengpeng J, Xiaohang Z, et al. Study on Hot Deformation Resistance of Q345D Steel [J]. Shanghai Metals, 2018, 40 (2): 19~23.

[7] Tao X, Xiaoru C, Chengnan T. Research on rolling moment model of medium plate finishing rolling mill [J]. Research on Iron and Steel, 2008 (3): 17~20.

[8] Avitzur B. Metal forming: processes and analysis [M]. NewYork: McGaw-Hall Inc, 1968.

[9] Avitzur B. Tube sinking and expanding [J]. Transaction American Society of Mechanical Engineers, 1965, 87: 71~77.

8 人工智能与传统方法相结合在轧制过程中的应用

由于理论模型不可避免地采用一定的简化或假设，因而总会带来一定的误差。以神经网络为代表的人工智能技术由于直接从实际数据中提取价值信息，信息真实而全面，因而能够更好地反映实际过程的特性，具有给出高精度预测结果的潜力。然而，目前建立的神经网络模型还都是黑箱模型，难以显现输入与输出参数之间的映射关系，不便于现场应用。鉴于此，以轧制力的预测为例，提出融合神经网络与理论模型而构建整合模型的新思路，成功解决了理论模型精度不足的问题，对于提高轧制过程的控制精度起到了重要作用。

8.1 人工智能与传统方法相结合的原理

综合运用几种求解机制，采用人工智能与其他方法相结合的途径来解决轧制过程中的各类复杂问题，近年也有了很快的进展。例如数学模型和神经网络的结合、数值分析与神经网络的结合等都有在轧制中应用的例子。

8.1.1 神经网络与数学模型结合改进轧制力预设定

轧制力预设定精度无疑对产品质量有重要的影响。过去曾有一种过分依赖于自适应功能来提高轧制力预报精度的思想，但是这要以牺牲变规格品种时前几块钢板的精度为代价。近年来，随着用户对产品质量的要求越来越高，竞争越来越激烈，促使人们对轧制力的预设定精度给予充分的重视。利用在传统方法的基础上加上人工智能来提高预报精度已经成为一种公认的有效方法。

轧制力计算中一个关键问题是平均单位压力的计算，而平均单位压力可分为金属的变形抗力和应力状态系数两大部分，提高变形抗力的预报精度对轧制力的计算精度是至关重要的。目前还没有成熟的理论能够准确地算出生产条件下的轧件变形抗力。过去常用实验的方法得到变形抗力曲线或变形抗力模型。这种方法难以处理同一钢种化学成分波动对变形抗力的影响。有的公式虽然形式上考虑了C、Mn等部分元素对变形抗力的影响作用，但实际上往往是仅取钢种成分的标准值进行计算，难以处理实际生产中不同炉号化学成分的波动。

为了提高轧制力的预报精度，奥地利 VAI 公司开发了一种利用神经网络与数学模型相结合的新方法，并已经把这种方法用于生产实际中。其基本思想是把轧制力模型分为变形应力和其他影响两部分，变形应力用神经网络预报解决，其他影响由数学模型和自适应来解决。其基本框架如图 8-1 所示[1]。

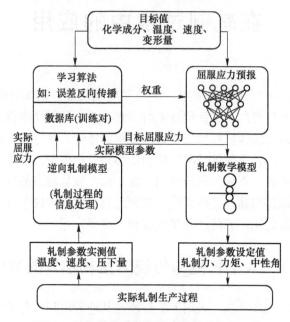

图 8-1   神经网络与数学模型结合的应用示例

训练预报屈服应力神经网络所用的数据可以有两个来源：利用热模拟实验数据或利用生产中实测的轧制力数据。

利用热模拟实验来确定金属的屈服应力是一种常用的方法。对具有特定的化学成分和组织结构的钢种，在不同的变形温度、变形速度、变形程度下进行压缩、拉伸或扭转实验，即可测得相应的屈服应力。过去常用多元回归的办法来对实测数据进行处理，得到这一钢种的屈服应力模型。但是这样首先要对屈服应力模型的函数类型做出假设（如通常采用指数型函数），而实际上屈服应力的变化规律并不能在大范围内与所选择的函数类型完全一致。特别是当考虑静态再结晶、应变积累、动态再结晶、相变等因素的影响时，屈服应力的变化很复杂（图 8-2），难以用所选定的函数来描述，因而这种方法势必带来较大的误差。

利用神经网络预报屈服应力，不需要假设数学模型的类型，只是通过权值矩阵来记住什么条件下会得到什么结果，因而可以避免上述误差。

利用生产中测得的轧制力数据来预测屈服应力是一个新思路。轧制力计算公式的一般形式如下：

$$P = pF = n_\sigma \sigma_s lb \tag{8-1}$$

式中，p 为平均单位压力；F 为接触面积；σ_s 为屈服应力；l 为接触弧长；b 为变形区平均宽度；n_σ 为应力状态系数，采用不同的平均单位压力公式时，应力状态系数有不同的表达形式。

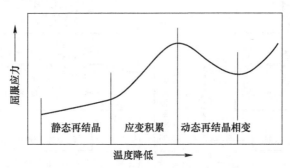

图 8-2 屈服应力随温度的变化

当已知实测轧制力、带钢宽度、入口厚度、出口厚度、工作辊径、轧制温度和轧制速度时，可算出变形区平均宽度 b 和接触弧长 l，采用逆向轧制模型（图 8-1）可以推算出应力状态系数、变形程度和变形速度，这样就能够反算出在确定的变形温度、变形程度和变形速度条件下的屈服应力 σ_s

$$\sigma_s = \frac{p}{n_\sigma lb} \tag{8-2}$$

利用这种方法得到屈服应力后，再利用数学模型式（8-1）预报轧制力，把那些利用几何关系可以确定的量（如接触弧长、平均宽度等）用数学模型来解决，用神经网络来预报屈服应力。两者结合起来，效果比单用神经网络预报轧制力要好。据介绍，奥地利 VAI 公司 Linz 厂通过采用这种方法提高轧制力的预报精度，并结合其他措施已经轧制 4mm 厚带钢的厚度精度分别提高到 0.019mm（中部）和 0.023mm（头部），为 ASTM 标准偏差的 1/4，板形精度已达 12I 单位。

8.1.2 轧制力智能纠偏网络

利用神经网络预报变形抗力，利用数学模型计算应力状态系数，实现了数学模型与神经网络的结合。下面介绍一种数学模型与神经网络结合的新方法，来进一步提高轧制力的预报精度。

新方法的基本思想是利用数学模型预报轧制力的主值，利用神经网络来预报轧制力的偏差，把两者综合起来，作为轧制力的预报值，即

$$P = P_m + \delta P_{ANN} \tag{8-3}$$

或
$$P = P_m + \lambda P_{ANN} \tag{8-4}$$

式中，P_m 为轧制力的主值，由数学模型预报；δP_{ANN}、λP_{ANN} 分别为轧制力的偏差值、偏差系数，由神经网络预报。

对应于式（8-3）和式（8-4），开发了两种网络，分别称为加法网络与乘法网络，用来预报热带精轧机组的轧制力，如图 8-3 所示。

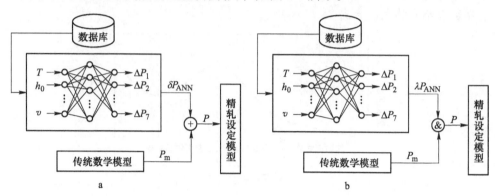

图 8-3　数学模型与神经网络结合的加法网络(a)与乘法网络(b)

根据轧制力偏差表现的特点，确定选用加法网络还是乘法网络。如果轧制力经常出现一个稳定的偏差，可选用加法网络；如果偏差与轧制力的大小相关，可选用乘法网络。

这种数学模型和神经网络相结合的方法利用了两者的优点：数学模型具有坚实的理论依据，能够反映轧制力变化的主要趋势，所以用它来预报轧制力的主值；神经网络容易反映扰动因素对轧制力的影响，所以用它来纠正轧制力的偏差。两者优点的结合，可收到最佳的效果。

实际上，利用数学模型预报轧制力是现有轧机控制系统的普遍做法，考虑到现有轧机的适度规模改造和软件维护，完全摒弃数学模型而另起炉灶未必是最佳选择。因而仍以数学模型为主预报轧制力主值，辅以神经网络为其纠正偏差。这样做的好处是对现有系统的改动小，技术难度小，动作风险小，投入产出效果明显，是在现有轧机上采用智能技术的一个容易被接受的方案。

按照上述思想开发了轧制力的智能纠偏系统，用 Turbo C 语言在计算机上编制基于 BP 神经网络和数学模型结合的离线学习预报和模拟在线学习预报程序。软件由 5 个模块构成，即数据处理模块、轧制力离线模拟计算模块、改进型 BP 算法离线学习模块、网络预报模块和统计分析模块。网络训练次数为 10000 次时达到稳定，预报时间小于 1s，基本可满足在线应用的时间要求。

利用某钢铁公司热轧带钢厂生产过程中的实际数据，对轧制力预报综合神经网络进行离线学习和预报，以建立网络各层的权系数矩阵。训练样本采用 700 块带钢，另外选取 50 块带钢为预报样本。网络训练输入向量包括：轧件入口厚度、压下率、带钢前后张力、工作辊直径、轧辊转速、带钢温度、带钢各成分含量。输出为 7 个机架的轧制力计算值与实测值之间的差值。再与数学模型相结合，即得到精度很高的轧制力预设定值。

利用所开发的轧制力智能纠偏系统预报轧制力的效果如图 8-4c 所示。为了便于比较，图中同时给出了仅用数学模型（图 8-4a）、仅用神经网络（图 8-4b）的预报结果。在这个例子中，仅用数学模型的预报偏差约在 15% 以内，仅用神经网络的预报偏差可控制在 10% 以内，而综合运用数学模型与神经网络的预报偏差基本上在 5% 以内。

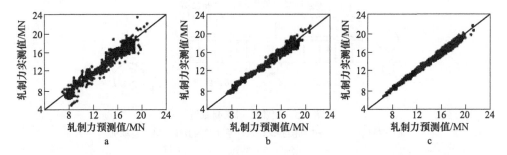

图 8-4　轧制力预报值与实测值的比较

a—数学模型的预报结果；b—神经网络的预报结果；c—数学模型+神经网络的预报结果

8.1.3　神经网络与数学模型结合预测带钢卷曲温度

卷曲温度控制是热轧带钢生产中一个重要环节，它直接影响带钢最终的组织性能。目前卷曲温度控制主要靠数学模型完成，而带钢冷却过程中的热交换是非常复杂的非线性过程，并且带钢在冷却过程中要发生组织转变，这些都难以用数学模型精确表达。在实际生产中，卷曲温度模型要经过自适应功能进行修正，效果并不十分理想。因此，提高卷曲温度的控制精度是一个具有现实意义的课题。利用神经网络和数学模型相结合的方法来提高卷曲温度的预报精度，提供了一条解决这个问题的新途径。

我国某热轧带钢厂层流冷却控制系统如图 8-5 所示。该系统是前馈-反馈控制系统。沿轧件长度方向冷却区分为主冷区和精冷区，其中主冷区采用前馈控制，精冷区有前馈和反馈两种控制。精冷区前馈控制的依据是中间测温仪实测的带钢温度，因为带钢在冷却区运行中表面易产生水雾，使温度实测值偏差较大，影响了前馈的效果。

计算工件温度的数学模型如下：

$$T(t) = T_{u} + (T_{e} - T_{u}) \times e^{-\varphi t} \tag{8-5}$$

式中，$T(t)$ 为 t 时刻工件的平均温度；t 为带钢进入冷却区的时间；T_{u} 为环境温度；T_{e} 为终轧温度；φ 为模型系数，按下式计算：

$$\varphi = \frac{2a\alpha}{\lambda h} \tag{8-6}$$

式中，a 为带钢导温系数；α 为带钢与介质间的热交换系数；h 为带钢厚度。

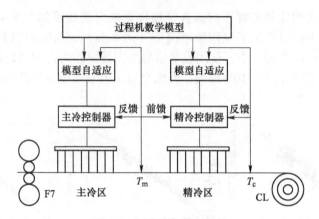

图 8-5　层流冷却控制系统

F7—精轧机；T_m—中间测温仪；T_c—卷曲前测温仪；CL—卷取机

该模型结构简单，加上前馈效果不佳，造成带钢沿长度方向温度波动，卷曲温度控制精度不高，对产品质量产生不利影响。

上述模型中影响因素考虑不够全面，如带钢运行速度的影响没有得到反映。为了克服数学模型的缺点，建立一套神经网络系统，与数学模型结合起来进行卷曲温度的预报。

该神经网络的部分输入直接来自实测数据，如精轧温度、带钢厚度、带钢速度等；部分输入来自数学模型的中间计算结果，如冷却时间。网络输出只有一个，就是卷曲温度。神经网络与数学模型的组合方式如图 8-6 所示。

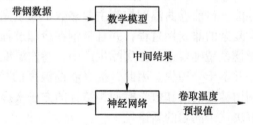

图 8-6　神经网络与数学模型的组合方式

利用某热轧带钢厂三个月采集到的生产实测数据，取其一半作为训练样本，另一半作为测试样本，利用计算机模拟现场过程，对网络离线训练 2 万次，利用训练好的网络对卷曲温度进行预测，预测结果见图 8-7。

由图 8-7 可以看出，用数学模型与神经网络相结合的方法，能够较准确地预报带钢的卷曲温度。目前进行的是离线学习和测试，下一步可以考虑在线应用。在线应用可有两种方式：

（1）通过建立测试数据库，获取现场卷曲温度的实际数据与相关的工艺条件，利用离线训练环节建立网络权值矩阵，将此矩阵装入过程计算机进行在线预测。为了保证预测精度，可以根据季节、生产条件的变化等，定期或随时更换网络的权值矩阵。

（2）建立实时数据库，利用在线数据实时进行神经网络的训练。利用滚动优化的方法随时调整网络参数，使之长期工作在最佳状态，对卷曲温度做出准确预报。

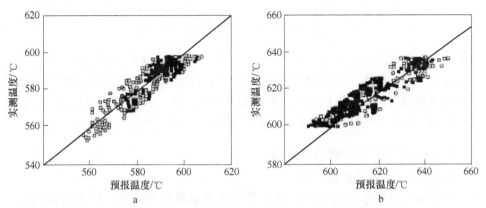

图 8-7　卷曲温度预测值与实际值的比较
a—600℃以下；b—600℃以上

8.1.4　神经网络与有限元结合用于在线参数预报

有限元作为一种最为广泛的数值计算方法，在轧制过程模拟中发挥了很大的作用。但是用有限元法模拟时需要占用大量的计算时间，因而有限元只能用于离线模拟。迄今为止，还没有见到单独使用有限元法做在线参数预报的例子。神经网络作为一种有效的数据处理工具，为有限元结果的在线应用提供了可能。瑞典 MEFOS 研究所的列文（J. Leven）等曾利用神经网络与有限元结合来预报平整轧制过程的轧制力，取得了较好的效果。

8.2　轧制力整合建模实例

第 6.3 节中提出了描述厚板轧制的椭圆速度场，并以 IM 比能率取代法获得了该速度场上轧制能率的解析式：

$$\Phi = 4.731\sigma_s U \cdot \ln\eta + \frac{2kU\Delta h}{l} + 4mkb\left[v_R R(\theta - 2\alpha_n) + \frac{UR}{bh_m}\ln\frac{\tan^2\left(\frac{\pi}{4} + \frac{\alpha_n}{2}\right)}{\tan\left(\frac{\pi}{4} + \frac{\theta}{2}\right)}\right]$$

$$(8-7)$$

式中，Φ 为轧制总功率；σ_s 为屈服应力；η 为轧件入口厚度与出口厚度的比值；m 为摩擦因数；k 为剪切屈服强度；l 为变形区长度；Δh 为压下量；b 为板宽；v_R 为轧辊转速；R 为轧辊半径；θ 为变形区所占轧辊角度；α_n 为中性角；h_m 为轧件平均厚度；U 为变形区秒流量。

通过式 (8-7)，可按式 (8-8) 分别计算轧制力矩、轧制力以及应力状态系数

$$M_{\min} = \frac{R}{2v_R}\Phi_{\min}, F_{\min} = \frac{M_{\min}}{\chi\sqrt{2R\Delta h}}, n_\sigma = \frac{F_{\min}}{4blk} \tag{8-8}$$

式中，力臂参数 χ 可以参考文献 [2]，一般对于热轧取 0.5，冷轧取 0.45。

该模型已成功用于轧制力与轧制力矩的预测，然而，由于推导过程中采用了不少假定和简化，其预测精度还不能控制在 10% 以下，尚有提升的空间。以下将建立高精度的神经网络模型，继而通过二者的融合来提升理论模型的精度。

8.2.1　基于大数据的神经网络建模

8.2.1.1　样本数据预处理

从实际生产数据中选取了 1213 组数据用来训练神经网络，所有数据均来自国内某厂的 Q345 钢的实际轧制数据。采用 Matlab 软件构建 BP 神经网络：输入层包括 5 个参量，依次为板厚 h_0、压下率 r、温度 T、轧辊转速 v_R 以及板宽 b，输出层为轧制力 P 与轧制力矩 M。该网络的结构如图 8-8 所示[3]。

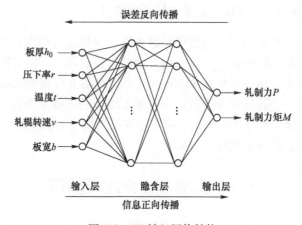

图 8-8　BP 神经网络结构

所有输入的数据被分为训练集 (train set)、验证集 (validation set) 以及测试集 (test set)，各个数据集的占比为 0.7∶0.15∶0.15。训练集用于模型拟合，验证集用于初步评估模型的能力并调整模型的参数，测试集用于最终评估模型的泛化能力。

在训练之前，需要将数据进行归一化处理。所有输入和输出数据被缩小或放大到 [0, 1] 这个范围，以符合 S 形激活函数的值域范围。这一步骤保证了所有参量都具有相同的重要程度，同时可以减少网络的训练时间。文中采用的归一化的算法为：

$$x_i = \frac{x - x_{\min}}{x_{\max} - x_{\min}} \tag{8-9}$$

式中，x_i 为经过归一化处理后的数据；x 为原始数据；x_{min} 为所有 x 的最小值；x_{max} 为所有 x 的最大值。

神经网络训练迭代次数最大值设为 1000，训练目标为 1×10^{-3}，学习率为 0.01。采用的训练函数是 Matlab 工具箱中的拟牛顿法（BFGS Quasi-Newton）。

8.2.1.2 神经网络模型建立与分析

神经网络模型需要确定神经网络的结构形式，包括确定网络层数和各层网络节点数，主要是确定隐含层及其神经元的数量。网络的好坏可以用相关系数 R（correlation coefficient）来评判，表达式满足：

$$R^2 = \frac{(m \sum_{i=1}^{m} \hat{y}_i \cdot y_i - \sum_{i=1}^{m} \hat{y}_i \cdot \sum_{i=1}^{m} y_i)^2}{[m \sum_{i=1}^{m} \hat{y}_i^2 - (\sum_{i=1}^{m} \hat{y}_i)^2][m \sum_{i=1}^{m} y_i^2 - (\sum_{i=1}^{m} y_i)^2]} \tag{8-10}$$

在 Matlab 中，可以直接在神经网络结果中查看每一个集的 R 值。文中从单隐含层开始，通过逐步增长法寻找最高 R 值的神经元组合。通过不断测试，最终确定第一隐含层神经元个数为 7，第二层隐含层神经元个数也为 7。该模型训练迭代次数为 121，该组合的每个集合与总体的 R 值如图 8-9 所示。

由图 8-9 可见，此时训练集、验证集、测试集上的 R 值以及总的 R 值均很高，表明神经网络模型对实际数据具有很高的逼近程度。另外，获得了该模型的误差分布直方图，如图 8-10 所示。

图 8-10 中，横轴为目标值与输出值的差值，即误差；纵轴为 1213 组数据在各误差程度区间的分布数量。可以看出，大部分数据的误差都集中在一个较小的范围，误差较大的数据很少。综上可见，建立的神经网络模型的预测精度很高，可以实现轧制力、轧制力矩的精确预测。

为评估模型的泛化能力，选取了另外一组轧制数据对已构建的神经网络模型进行了分析。选取的轧制数据来自国内某厂现场数据，连铸坯尺寸为 320mm×3470mm×2000mm，轧辊直径为 1120mm。经过第一道次的整形轧制后，厚度为 299.36mm，然后转钢 90°进行展宽轧制。表 8-1 为第 2 道次至第 6 道次的轧制数据。

表 8-1 实测轧制参数

道次序号	轧辊转速 /m·s⁻¹	温度 /℃	入口板厚 h_0 /mm	出口板厚 h_1 /mm	压下率 r /%	板宽 /mm	实测轧制力 P_M /kN	实测轧制力矩 M_M /kN·m
2	-1.64	1134	299.36	272.02	9.13	3472.03	43607	2640
3	1.66	1130	272.02	245.37	9.79	3474.37	44006	2694
4	-1.68	1128	245.37	218.80	10.82	3476.56	43172	2665
5	1.82	1126	218.80	193.87	11.39	3478.65	42269	2430
6	-1.97	1123	193.87	173.17	10.67	3480.51	39061	2101

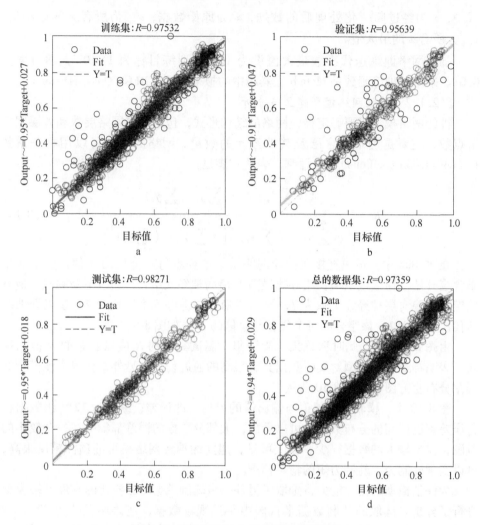

图 8-9　神经网络的各数据集的预测精度

a—训练集；b—验证集；c—测试集；d—总的数据集

根据式（8-7）与式（8-8），可以计算出表 8-1 中的理论轧制力 P_T 与轧制力矩 M_T，其中采用的变形抗力模型见式（8-11）。

$$\left.\begin{array}{c} \sigma_s = 3583.195 \mathrm{e}^{-2.233\times10^{-3}T} \cdot \varepsilon^{0.42437} \cdot \dot{\varepsilon}^{-0.3486\times10^{-3}T+0.46339} \\[2mm] T = t + 273 \end{array}\right\} \quad (8\text{-}11)$$

式中，ε 为等效应变；$\dot{\varepsilon}$ 为等效应变速率；t 为轧制温度；T 为开尔文温度。

同时，将数据代入神经网络模型中进行计算，获得了神经网络预测轧制力 P_{ANN} 与轧制力矩 M_{ANN}。以上两种模型的计算结果如表 8-2 所示，其中 ε_{P_T} 表达式为 $(P_T - P_M)/P_M$；$\varepsilon_{P_{ANN}}$ 表达式为 $(P_{ANN} - P_M)/P_M$。

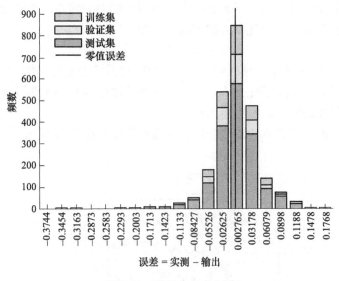

图 8-10　误差分布直方图

表 8-2　理论与神经网络对轧制力、轧制力矩的预测值与实测值误差

理论轧制力 P_T /kN	理论轧制力矩 M_T /kN·m	理论轧制力相对误差 ε_{P_T}/%	理论轧制力矩相对误差 ε_{M_T}/%	神经网络轧制力 P_{ANN} /kN	神经网络轧制力矩 M_{ANN} /kN·m	神经网络轧制力相对误差 $\varepsilon_{P_{ANN}}$/%	神经网络轧制力矩相对误差 $\varepsilon_{M_{ANN}}$/%
38170	2347	−12.47	−11.10	43350	2618	−0.59	−0.82
38544	2354	−12.41	−12.64	41849	2554	−4.90	−5.20
39182	2390	−9.24	−10.33	41750	2483	−3.29	−6.84
38516	2276	−8.88	−6.36	39994	2367	−5.38	−2.58
34824	1874	−10.85	−10.81	36439	1993	−6.71	−5.15

　　如表 8-2 所示，理论模型和神经网络模型都可以给出较为合理的结果。其中，理论轧制力平均误差为 $\overline{\varepsilon}_{P_T}=-10.77\%$，轧制力矩平均误差为 $\overline{\varepsilon}_{M_T}=-10.25\%$；神经网络轧制力平均误差 $\overline{\varepsilon}_{P_{ANN}}=-4.17\%$，轧制力矩平均误差为 $\overline{\varepsilon}_{M_{ANN}}=-4.12\%$。可以看出，神经网络预测值相对于理论计算值更加精确。

8.2.2　整合模型的构建与讨论

　　前已述及，虽然神经网络模型的精度高于理论模型，但神经网络模型无法呈现输入-输出参数间的函数制约关系，因此，本书提出利用神经网络模型对理论模型进行修正，融合构造出优势互补的整合模型。该模型融合的基本思想是以理

论模型预测轧制力的主值，以大数据模型预测轧制力的偏差，按照偏差补偿的原则把两者整合起来，作为轧制力的预测值，即

$$P = P_{\mathrm{T}} + \delta P_{\mathrm{d}} = P_{\mathrm{T}} + \delta P_{\mathrm{ANN}} - \delta P_{\mathrm{T}} \tag{8-12}$$

式中，$\delta P_{\mathrm{ANN}} = P_{\mathrm{M}} - P_{\mathrm{ANN}}$，$\delta P_{\mathrm{T}} = P_{\mathrm{M}} - P_{\mathrm{T}}$，为轧制力平均误差；$\delta P_{\mathrm{d}}$ 为理论模型与神经网络模型误差的间距；δM_{T}、δM_{ANN} 为神经网络与理论轧制力矩平均误差；δM_{d} 为理论与神经网络轧制力矩误差的间距。

这种模型融合方法称为加法补偿，原理示意图如图 8-11 所示。

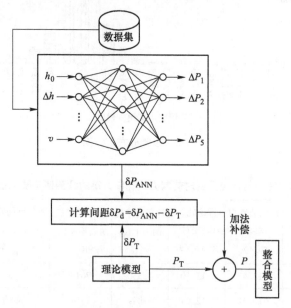

图 8-11　神经网络误差补偿原理

根据原理图，可得误差补偿后的轧制力矩与轧制力表达式为

$$\left. \begin{aligned} M &= M_{\min} + \delta M_{\mathrm{d}} = \frac{R}{2v_{\mathrm{R}}} \Phi_{\min} + \delta M_{\mathrm{d}} \\ P &= P_{\min} + \delta P_{\mathrm{d}} = \frac{M_{\min}}{\chi\sqrt{2R\Delta h}} + \delta P_{\mathrm{d}} \end{aligned} \right\} \tag{8-13}$$

对于表 8-1 的轧制规程，计算可得 δP_{ANN} 的均值为 $-1747\mathrm{kN}$，δP_{T} 的均值为 $-4576\mathrm{kN}$，故而 $\delta P_{\mathrm{d}} = 2829\mathrm{kN}$，同理可得 $\delta M_{\mathrm{d}} = 155\mathrm{kN} \cdot \mathrm{m}$，因此，经过整合后的轧制力、轧制力矩以及其误差如表 8-3 所示。

整合模型预测的轧制力平均误差为 $\overline{\varepsilon}_{\mathrm{P}} = -4.09\%$，轧制力矩平均误差为 $\overline{\varepsilon}_{\mathrm{M}} = -4.01\%$。整合模型的误差均小于理论模型和神经网络模型，具有更高的预测精度。

表 8-3 整合模型预测轧制力与轧制力矩

整合模型预测的轧制力 P /kN	整合模型预测的轧制力相对误差 ε_P /%	整合模型预测的轧制力矩 M /kN·m	整合模型预测的轧制力矩相对误差 ε_M /%
40999	−5.98	2502	−5.22
41373	−5.98	2509	−6.88
42011	−2.69	2545	−4.51
41345	−2.19	2431	0.02
37652	−3.61	2030	−3.42

对轧制力与轧制力矩的实测值、理论计算值、神经网络预测值以及整合模型计算值进行对比，如图 8-12 和图 8-13 所示。可以看出，整合模型的轧制力、轧

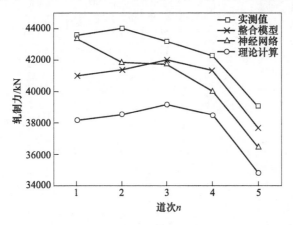

图 8-12 轧制力对比

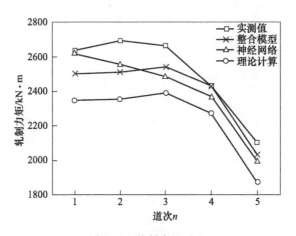

图 8-13 轧制力矩对比

制力矩显著优于理论模型。神经网络预测值在第一道次时较高，但之后下降较快。当道次数大于 3 时，整合模型更加接近实测值，预测结果更为稳定。

参 考 文 献

[1] 王国栋，刘相华. 金属轧制过程人工智能优化 [M]. 北京：冶金工业出版社，2000.
[2] Harris J N, John N. Mechanical Working of Metals：Theory and Practice [M]. Oxford：Pergamon Press，1983.
[3] 章顺虎，姜兴睿，尤凤翔，等. 融合工业大数据的热轧厚板轧制力模型研究 [J]. 精密成形工程，2020，12 (2)：8~14.